ゼロからはじめる ドコモ【アクオス センスエイト】

AQU S

スマートガ

ドコモ完全対応版

【AQUOS sense8 SH-54D】

技術評論社編集部 著

12:34
5G 100%
dポイント
d払い
My docomo
フォト
カメラ
dメニュー
dマーケット
dcard
Play ストア
Google

技術評論社

CONTENTS

Chapter 1 AQUOS sense8 SH-54D のキホン

Section 01 AQUOS sense8 SH-54Dについて ………… 8
Section 02 電源のオン／オフとロックの解除 ………… 10
Section 03 SH-54Dの基本操作を覚える ………… 12
Section 04 ホーム画面の使い方 ………… 14
Section 05 情報を確認する ………… 16
Section 06 ステータスパネルを利用する ………… 18
Section 07 アプリを利用する ………… 20
Section 08 ウィジェットを利用する ………… 22
Section 09 文字を入力する ………… 24
Section 10 テキストをコピー&ペーストする ………… 30
Section 11 Googleアカウントを設定する ………… 32
Section 12 ドコモのIDとパスワードを設定する ………… 36

Chapter 2 電話機能を使う

Section 13 電話をかける／受ける ………… 42
Section 14 履歴を確認する ………… 44
Section 15 伝言メモを利用する ………… 46
Section 16 通話音声メモを利用する ………… 48
Section 17 ドコモ電話帳を利用する ………… 50

Section 18 着信拒否を設定する 56
Section 19 通知音や着信音を変更する 58
Section 20 操作音やマナーモードを設定する 60

Chapter 3
インターネットとメールを利用する

Section 21 Webページを閲覧する 64
Section 22 Webページを検索する 66
Section 23 複数のWebページを同時に開く 68
Section 24 ブックマークを利用する 72
Section 25 SH-54Dで使えるメールの種類 74
Section 26 ドコモメールを設定する 76
Section 27 ドコモメールを利用する 80
Section 28 メールを自動振分けする 84
Section 29 迷惑メールを防ぐ 86
Section 30 +メッセージを利用する 88
Section 31 Gmailを利用する 92
Section 32 Yahoo!メール／PCメールを設定する 94

CONTENTS

Chapter 4
Google のサービスを使いこなす

Section 33 Googleのサービスとは …… 98
Section 34 Googleアシスタントを利用する …… 100
Section 35 Google Playでアプリを検索する …… 102
Section 36 アプリをインストール・アンインストールする …… 104
Section 37 有料アプリを購入する …… 106
Section 38 Googleマップを使いこなす …… 108
Section 39 紛失したSH-54Dを探す …… 112
Section 40 YouTubeで世界中の動画を楽しむ …… 114

Chapter 5
音楽や写真、動画を楽しむ

Section 41 パソコンから音楽・写真・動画を取り込む …… 118
Section 42 本体内の音楽を聴く …… 120
Section 43 写真や動画を撮影する …… 122
Section 44 カメラの撮影機能を活用する …… 126
Section 45 Googleフォトで写真や動画を閲覧する …… 132
Section 46 Googleフォトを活用する …… 137

Chapter 6
ドコモのサービスを利用する

Section 47 dメニューを利用する …… 140
Section 48 my daizを利用する …… 142

Section 49 My docomoを利用する 144
Section 50 d払いを利用する 148
Section 51 マイマガジンでニュースをまとめて読む 150
Section 52 ドコモデータコピーを利用する 152

Chapter 7
SH-54D を使いこなす

Section 53 ホーム画面をカスタマイズする 156
Section 54 壁紙を変更する 158
Section 55 不要な通知を表示しないようにする 160
Section 56 画面ロックに暗証番号を設定する 162
Section 57 指紋認証で画面ロックを解除する 164
Section 58 顔認証で画面ロックを解除する 166
Section 59 スクリーンショットを撮る 168
Section 60 スリープモードになるまでの時間を変更する 170
Section 61 リラックスビューを設定する 171
Section 62 電源キーの長押しで起動するアプリを変更する 172
Section 63 アプリのアクセス許可を変更する 173
Section 64 エモパーを活用する 174
Section 65 画面のダークモードをオフにする 177
Section 66 おサイフケータイを設定する 178
Section 67 バッテリーや通信量の消費を抑える 180
Section 68 Wi-Fiを設定する 182

Section 69 Wi-Fiテザリングを利用する 184
Section 70 Bluetooth機器を利用する 186
Section 71 SH-54Dをアップデートする 188
Section 72 SH-54Dを初期化する 189

ご注意：ご購入・ご利用の前に必ずお読みください

●本書に記載した内容は、情報の提供のみを目的としています。したがって、本書を用いた運用は、必ずお客様自身の責任と判断によって行ってください。これらの情報の運用の結果について、技術評論社および著者、アプリの開発者はいかなる責任も負いません。

●ソフトウェアに関する記述は、特に断りのない限り、2023年12月現在での最新バージョンをもとにしています。ソフトウェアはバージョンアップされる場合があり、本書での説明とは機能内容や画面図などが異なってしまうこともあり得ます。あらかじめご了承ください。

●本書は以下の環境で動作を確認しています。ご利用時には、一部内容が異なることがあります。あらかじめご了承ください。
端末：AQUOS sense8 SH-54D（Android 13）
パソコンのOS：Windows 11

●本書はSH-54Dの初期状態と同じく、ダークモードがオンの状態で解説しています（Sec.65参照）。

●インターネットの情報については、URLや画面などが変更されている可能性があります。ご注意ください。

以上の注意事項をご承諾いただいたうえで、本書をご利用願います。これらの注意事項をお読みいただかずに、お問い合わせいただいても、技術評論社は対処しかねます。あらかじめ、ご承知おきください。

Chapter
1

AQUOS sense8 SH-54Dのキホン

Section 01　AQUOS sense8 SH-54Dについて
Section 02　電源のオン／オフとロックの解除
Section 03　SH-54Dの基本操作を覚える
Section 04　ホーム画面の使い方
Section 05　情報を確認する
Section 06　ステータスパネルを利用する
Section 07　アプリを利用する
Section 08　ウィジェットを利用する
Section 09　文字を入力する
Section 10　テキストをコピー&ペーストする
Section 11　Googleアカウントを設定する
Section 12　ドコモのIDとパスワードを設定する

Section 01

AQUOS sense8 SH-54Dについて

OS・Hardware

AQUOS sense8 SH-54Dは、ドコモから発売されたシャープ製のスマートフォンです。Googleが提供するスマートフォン向けOS「Android」を搭載しています。

SH-54Dの各部名称を覚える

正面

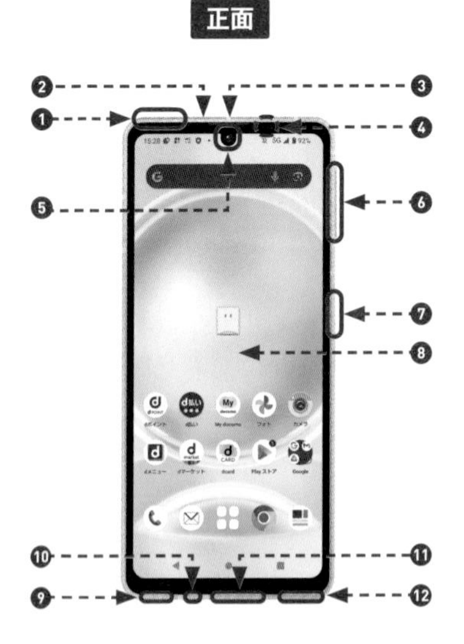
1
2
3
4
5
6
7
8
9
10
11
12

背面

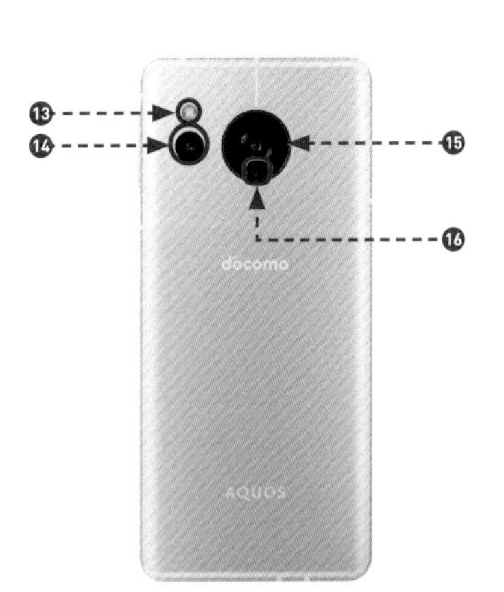
13
14
15
16
docomo
AQUOS

❶	nanoSIMカード／microSDカードトレイ	❾	送話口／マイク
❷	マイク	❿	イヤホンマイク端子
❸	受話口	⓫	USB Type-C接続端子
❹	近接センサー／明るさセンサー	⓬	スピーカー
❺	インカメラ	⓭	モバイルライト
❻	音量UP／DOWNキー	⓮	広角カメラ
❼	電源キー／指紋センサー	⓯	標準カメラ
❽	ディスプレイ／タッチパネル	⓰	マーク

SH-54Dの特徴

AQUOS sense8 SH-54Dは、5Gによる高速通信に対応したAndroid 13搭載のスマートフォンです。従来の携帯電話のように、通話やメール、インターネットなどを利用できるだけでなく、ドコモやGoogleが提供する各種サービスとの強力な連携機能を備えています。なお、本書では同端末をSH-54Dと型番で表記します。

●標準と広角の2つのカメラ

標準と広角の2つのカメラを搭載しています。AIオートによって被写体やシーンを自動的に判別し、色合いが自動補正されるので、誰でもかんたんにきれいな写真を撮ることができます。最大8倍のデジタル×光学ズームで写真を撮影できます。

●大容量バッテリー

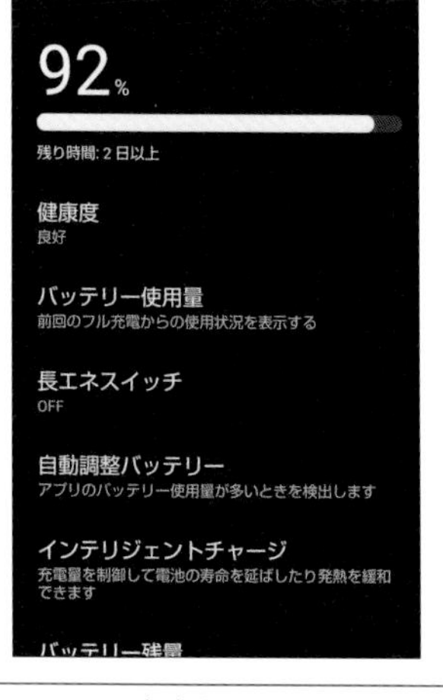
92%
残り時間: 2 日以上
健康度
良好
バッテリー使用量
前回のフル充電からの使用状況を表示する
長エネスイッチ
OFF
自動調整バッテリー
アプリのバッテリー使用量が多いときを検出します
インテリジェントチャージ
充電量を制御して電池の寿命を延ばしたり発熱を緩和できます

4570mAhの大容量バッテリーを搭載しています。また、バッテリーの劣化や膨張を抑える「インテリジェントチャージ」に対応しています。

●4種類のカラー

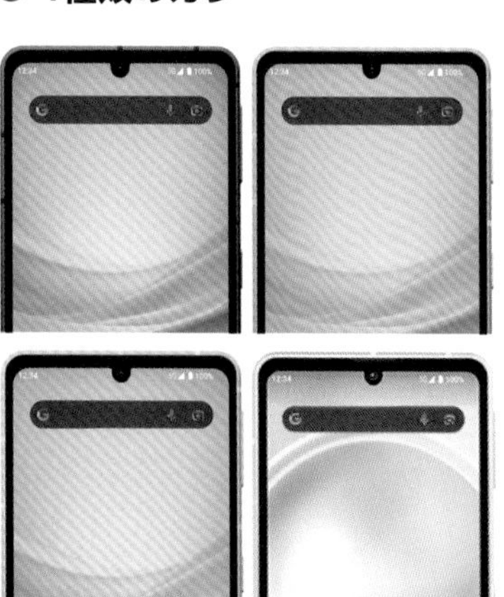

本体は持ちやすい、上質のアルミボディーを採用しています。本体カラーはコバルトブラック、ブルー、ライトカッパ、ペールグリーン（オンラインショップ限定）の4種類から選択できます。

Section 02

電源のオン／オフとロックの解除

OS・Hardware

電源の状態には、オン、オフ、スリープモードの3種類があります。3つのモードは、すべて電源キーで切り替えが可能です。一定時間操作しないと、自動でスリープモードに移行します。

 ロックを解除する

1. スリープモードで電源キー／指紋センサーを押します。

押す

2. ロック画面が表示されるので、画面を上方向にスライド（P.13参照）します。

スライドする

3. ロックが解除され、ホーム画面が表示されます。再度、電源キーを押すと、スリープモードになります。

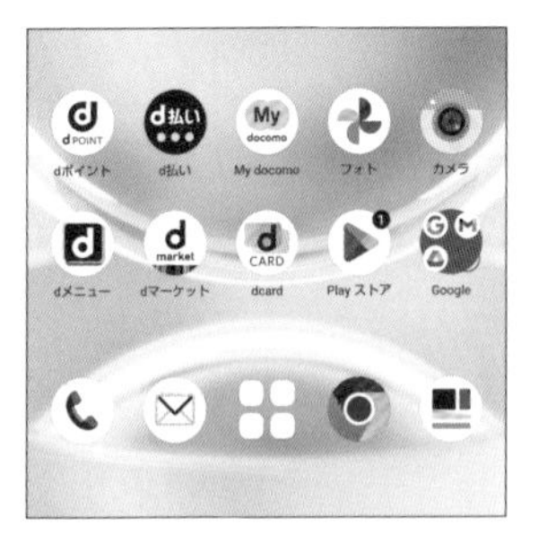
dポイント
d払い
My docomo
フォト
カメラ
dメニュー
dマーケット
dcard
Play ストア
Google

MEMO スリープモードとは

スリープモードは画面の表示を消す機能です。本体の電源は入ったままなので、すぐに操作を再開できます。ただし、通信などを行っているため、その分バッテリーを消費してしまいます。電源を完全に切り、バッテリーをほとんど消費しなくなる電源オフの状態と使い分けましょう。

電源を切る

① 音量UPキーと電源キーを同時に押します。

同時に押す

② 表示された画面の［電源を切る］をタッチすると、数秒後に電源が切れます。

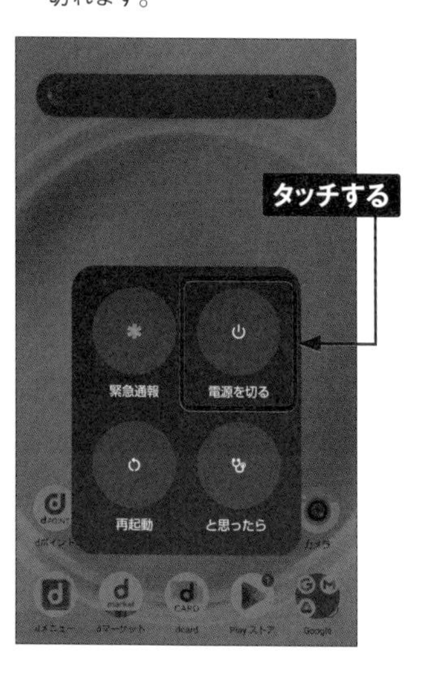

タッチする
緊急通報
電源を切る
再起動
と思ったら

③ 電源をオンにするには、電源キーを3秒以上押します。

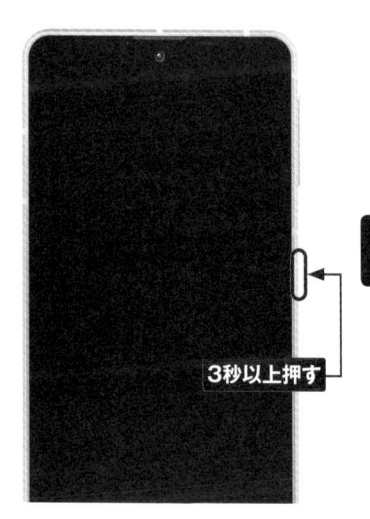

3秒以上押す

MEMO ロック画面からのカメラの起動

ロック画面からカメラを起動するには、ロック画面で◎を画面中央にスワイプします。

スワイプする

Section 03

SH-54Dの基本操作を覚える

OS・Hardware

SH-54Dのディスプレイはタッチパネルです。指でディスプレイをタッチすることで、いろいろな操作が行えます。また、本体下部のナビゲーションバーにあるキーの使い方も覚えましょう。

ナビゲーションバーのキーの操作

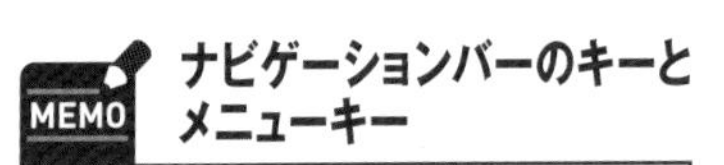

MEMO ナビゲーションバーのキーとメニューキー

本体下部のナビゲーションバーには、3つのキーがあります。キーは、基本的にすべてのアプリで共通する操作が行えます。また、一部の画面ではナビゲーションバーの右側か画面右上にメニューキー⋮が表示されます。メニューキーをタッチすると、アプリごとに固有のメニューが表示されます。

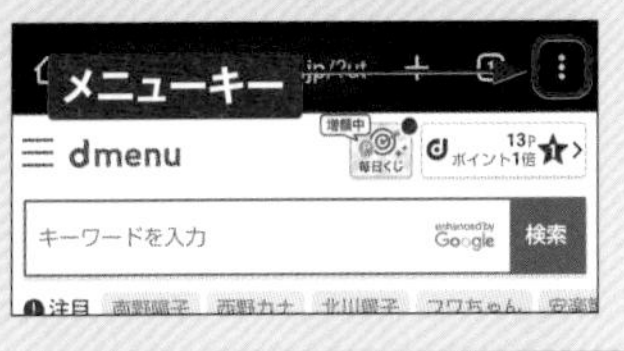
メニューキー
dmenu
キーワードを入力
検索

ナビゲーションバーのキーとそのおもな機能	
◀ 戻るキー／閉じるキー	1つ前の画面に戻ります。
● ホームキー	ホーム画面が表示されます。一番左のホーム画面以外を表示している場合は、一番左の画面に戻ります。ロングタッチでGoogleアシスタント（Sec.34参照）が起動します。
■ アプリ使用履歴キー	最近使用したアプリが表示されます（P.21参照）。

タッチパネルの操作

タッチ

タッチパネルに軽く触れてすぐに指を離すことを「タッチ」といいます。

ロングタッチ

アイコンやメニューなどに長く触れた状態を保つことを「ロングタッチ」といいます。

ピンチアウト／ピンチイン

2本の指をタッチパネルに触れたまま指を開くことを「ピンチアウト」、閉じることを「ピンチイン」といいます。

スライド（スワイプ）

画面内に表示しきれない場合など、タッチパネルに軽く触れたまま特定の方向へなぞることを「スライド」または「スワイプ」といいます。

フリック

タッチパネル上を指ではらうように操作することを「フリック」といいます。

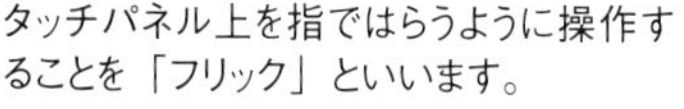

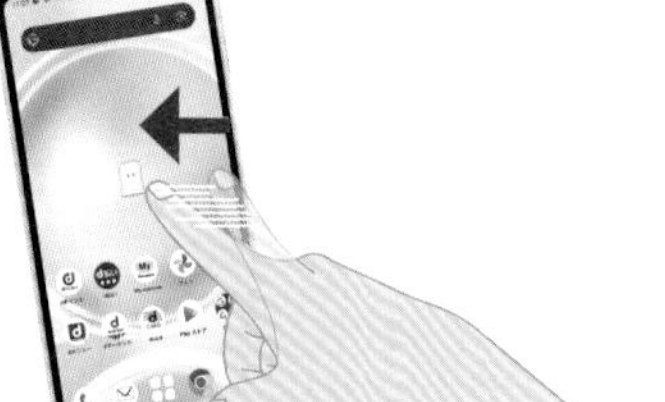

ドラッグ

アイコンやバーに触れたまま、特定の位置までなぞって指を離すことを「ドラッグ」といいます。

1

Section 04

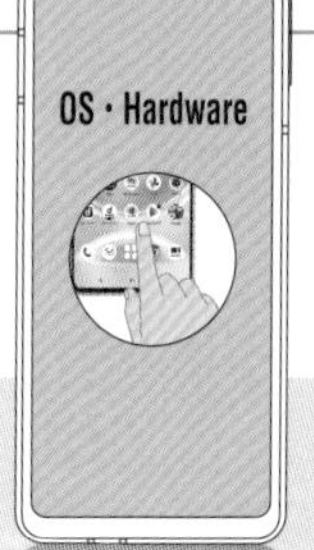
OS・Hardware

ホーム画面の使い方

タッチパネルの基本的な操作方法を理解したら、ホーム画面の見方や使い方を覚えましょう。本書ではホームアプリを「docomo LIVE UX」に設定した状態で解説を行っています。

ホーム画面の見方

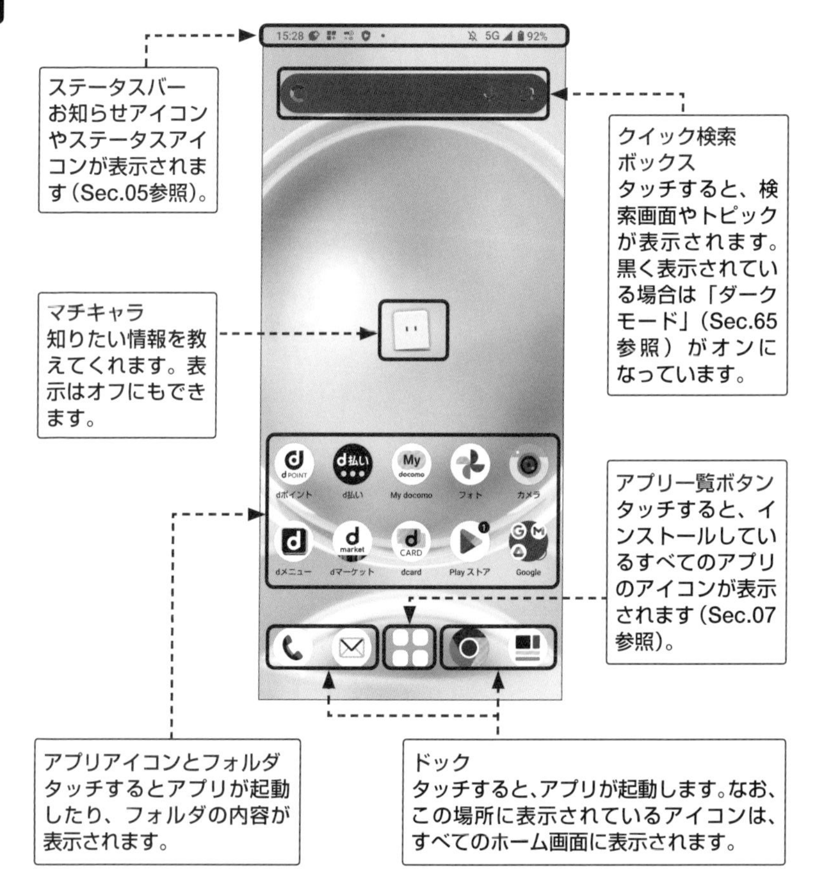
15:28
5G 92%
dポイント
d払い
My docomo
フォト
カメラ
dメニュー
dマーケット
dcard
Play ストア
Google
ステータスバー
お知らせアイコンやステータスアイコンが表示されます（Sec.05参照）。
クイック検索ボックス
タッチすると、検索画面やトピックが表示されます。黒く表示されている場合は「ダークモード」（Sec.65参照）がオンになっています。
マチキャラ
知りたい情報を教えてくれます。表示はオフにもできます。
アプリ一覧ボタン
タッチすると、インストールしているすべてのアプリのアイコンが表示されます（Sec.07参照）。
アプリアイコンとフォルダ
タッチするとアプリが起動したり、フォルダの内容が表示されます。
ドック
タッチすると、アプリが起動します。なお、この場所に表示されているアイコンは、すべてのホーム画面に表示されます。

ホーム画面を左右に切り替える

① ホーム画面は左右に切り替えることができます。ホーム画面を左方向にフリックします。

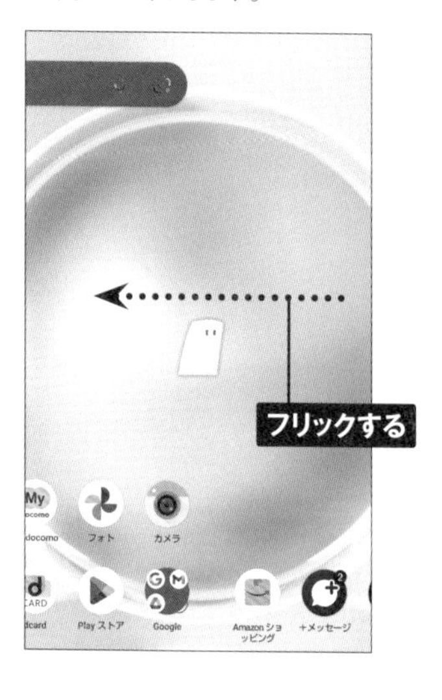

フリックする

② ホーム画面が1つ右の画面に切り替わります。

③ ホーム画面を右方向にフリックすると、もとの画面に戻ります。

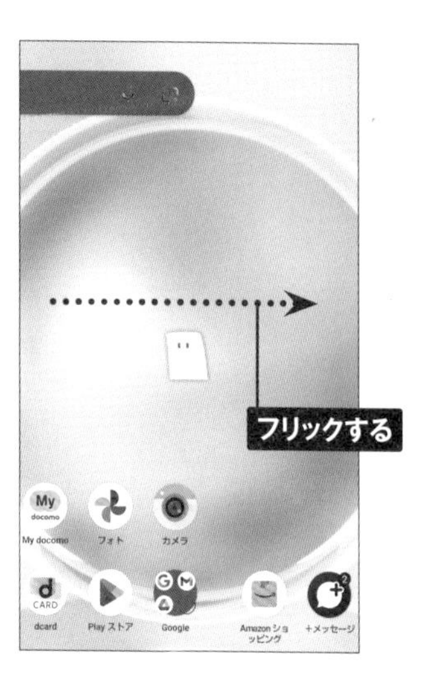

フリックする

MEMO マイマガジンやmy daizの表示

ホーム画面を上方向にフリックすると、「マイマガジン」（Sec.51参照）が表示されます。また、ホーム画面でマチキャラをタッチすると「my daiz」（Sec.48参照）が表示されます。

マイマガジン
マイニュース
エンタメ
スポーツ
社会
11/28（火）
天気設定
11月28日は「フランスパンの日」

Section 05

OS・Hardware

情報を確認する

画面上部に表示されるステータスバーから、さまざまな情報を確認することができます。ここでは、通知される表示の確認方法や、通知を削除する方法を紹介します。

ステータスバーの見方

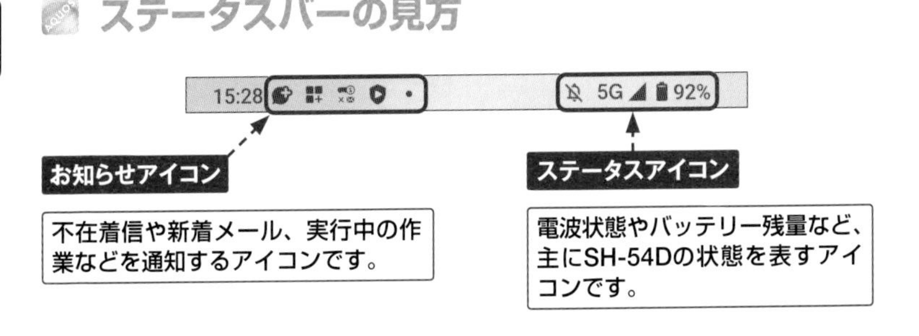
15:28
5G
92%
お知らせアイコン
不在着信や新着メール、実行中の作業などを通知するアイコンです。
ステータスアイコン
電波状態やバッテリー残量など、主にSH-54Dの状態を表すアイコンです。

お知らせアイコン	
[icon]	新着Gmailあり
[icon]	不在着信あり
[icon]	伝言メモあり
[icon]	新着+メッセージあり
[icon]	アラーム情報あり
[icon]	何らかのエラーの表示

ステータスアイコン	
[icon]	マナーモード（ミュート）設定中
[icon]	マナーモード（バイブレーション）設定中
[icon]	Wi-Fiのレベル（5段階）
[icon]	電波のレベル（5段階）
[icon]	バッテリー残量
[icon]	Bluetooth接続中

通知を確認する

1 メールや電話の通知、SH-54Dの状態を確認したいときは、ステータスバーを下方向にドラッグします。

ドラッグする

2 ステータスパネルが表示されます。各項目の中から不在着信やメッセージの通知をタッチすると、対応するアプリが起動します。ここでは［すべて消去］をタッチします。

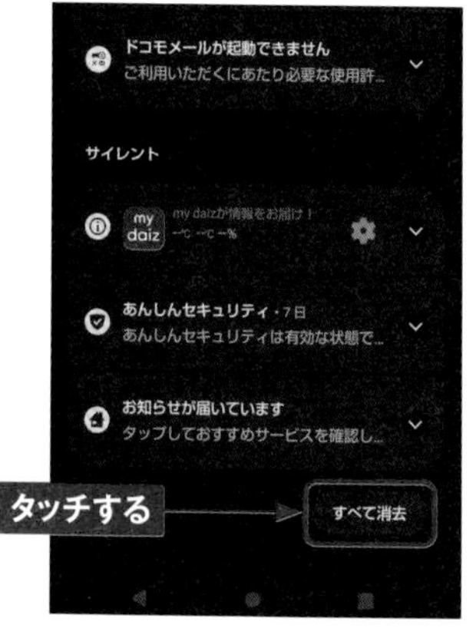
ドコモメールが起動できません
ご利用いただくにあたり必要な使用許...
サイレント
my daiz
あんしんセキュリティ・7日
あんしんセキュリティは有効な状態で...
お知らせが届いています
タップしておすすめサービスを確認し...
タッチする
すべて消去

3 ステータスパネルが閉じ、お知らせアイコンの表示も消えます（消えないお知らせアイコンもあります）。なお、ステータスパネルを上方向にスライドすることでも、ステータスパネルが閉じます。

14:11
5G 87%
お知らせアイコンが消える
着信がありました

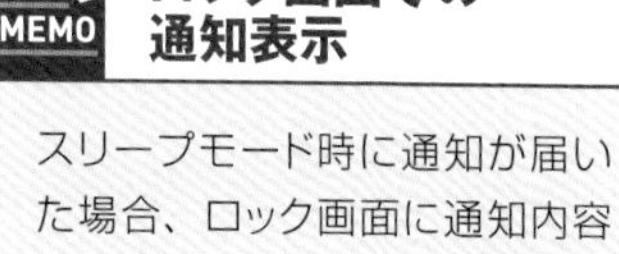

ロック画面での通知表示

MEMO

スリープモード時に通知が届いた場合、ロック画面に通知内容が表示されます。ロック画面に通知を表示させたくない場合は、P.161のMEMOを参照してください。

Section 06

ステータスパネルを利用する

OS・Hardware

ステータスパネルは、主な機能をかんたんに切り替えられるほか、状態もひと目でわかるようになっています。ステータスパネルが黒く表示されている場合は、ダークモード（Sec.65参照）がオンになっています。

ステータスパネルを展開する

① ステータスバーを下方向にドラッグすると、ステータスパネルと機能ボタンが表示されます。機能ボタンをタッチすると、機能のオン／オフを切り替えることができます。

② 機能ボタンが表示された状態で、さらに下方向にドラッグすると、ステータスパネルが展開されます。

15:05 11月28日(火)
5G 87%
Wi-Fi
Bluetooth
マナーモード
ライト
Appcloud・4日
ドラッグする
セットアップを完了させてください
ここをタップして始めましょう
性別・年齢を選択するだけで
あなたにぴったりのアプリ
をおすすめ！

③ ステータスパネルの画面を左方向にフリックすると、次のパネルに切り替わります。

11月28日(火)
15:06
docomo 5G 87%
Wi-Fi
ON
Bluetooth
OFF
マナーモード
(ミュート)
ライト
OFF
フリックする
自動回転
OFF
ON
ウォレット

MEMO そのほかの表示方法

ステータスバーを2本指で下方向にドラッグして、ステータスパネルを展開することもできます。ステータスパネルを非表示にするには、上方向にドラッグするか、◀をタッチします。

ステータスパネルの機能ボタン

タッチで機能ボタンのオン／オフを切り替えられるだけでなく、機能ボタンによっては、ロングタッチすると詳細な設定が表示されるものもあります。

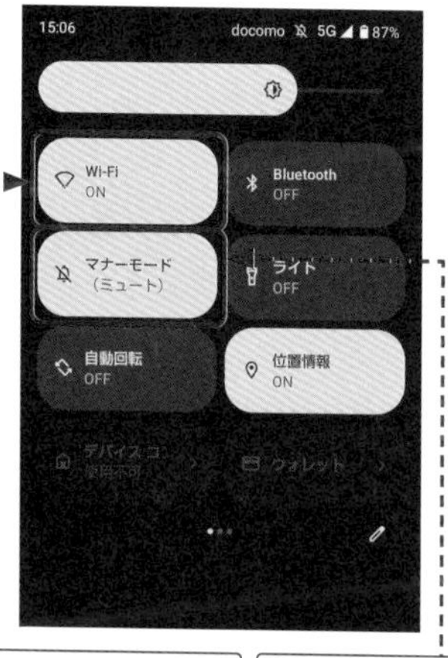
15:06
docomo 5G 87%
Wi-Fi
ON
Bluetooth
OFF
マナーモード
（ミュート）
ライト
OFF
自動回転
OFF
位置情報
ON
ロングタッチすると詳細な設定が表示される。
オン／オフを切り替えられる。

15:05
docomo 5G 87%
リラックスビュ-
OFF
機内モード
OFF
テザリング
OFF
画面の明るさを調節できる。
ニアバイシェ
グローブモード
OFF
スクリーンレ
開始
このボタンをタッチすると、機能ボタンをドラッグして並べ替え・追加・削除などができる画面が表示表示される。

機能ボタン	オンにしたときの動作
Wi-Fi	Wi-Fi（無線LAN）をオンにし、アクセスポイントを表示します（Sec.68参照）。
Bluetooth	Bluetoothをオンにします（Sec.70参照）。
マナーモード	マナーモードを切り替えます（P.61参照）。
ライト	SH-54Dの背面のモバイルライトを点灯します。
自動回転	SH-54Dを横向きにすると、画面も横向きに表示されます。
機内モード	すべての通信をオフにします。
位置情報	位置情報をオンにします。
リラックスビュー	目の疲れない暗めの画面になります（Sec.61参照）。
テザリング	Wi-Fiテザリングをオンにします（Sec.69参照）。
長エネスイッチ	バッテリーの消費を抑えます（P.180参照）。
ニアバイシェア	付近のデバイスとのファイル共有について設定します。
画面のキャスト	対応ディスプレイやパソコンにWi-Fiで画面を表示します。
スクリーンレコード	表示中の画面を動画として録画できます。
アラーム	アラームを鳴らす時間を設定します。

Section 07

アプリを利用する

OS・Hardware

アプリ画面には、さまざまなアプリのアイコンが表示されています。それぞれのアイコンをタッチするとアプリが起動します。ここでは、アプリの終了方法や切り替え方もあわせて覚えましょう。

アプリを起動する

① ホーム画面のアプリ一覧ボタンをタッチします。

dポイント
d払い
My docomo
フォト
カメラ
dメニュー
dマーケット
dcard
Play ストア
Google
タッチする

② アプリ一覧画面が表示されるので、任意のアプリのアイコン（ここでは［設定］）をタッチします。

docomo
Google
ツール
カメラ
ドコモメール
ドコモ電話帳
フォト
設定
電話
Chrome
Play ストア
Smart home HUB
+メッセージ
My docomo
Lemino
ドライブ
エモパー
からだメイト
My AQUOS
タッチする

③ 設定メニューが開きます。アプリの起動中に◀をタッチすると、1つ前の画面（ここではアプリ一覧画面）に戻ります。

お困りのときは
よくあるご質問、使いこなしガイド、セルフチェックなど
タッチする

MEMO アプリのアクセス許可

アプリの初回起動時に、アクセス許可を求める画面が表示されることがあります。その際は［許可］をタッチして進みます。許可しない場合、アプリが正しく機能しないことがあります（対処法はSec.63参照）。

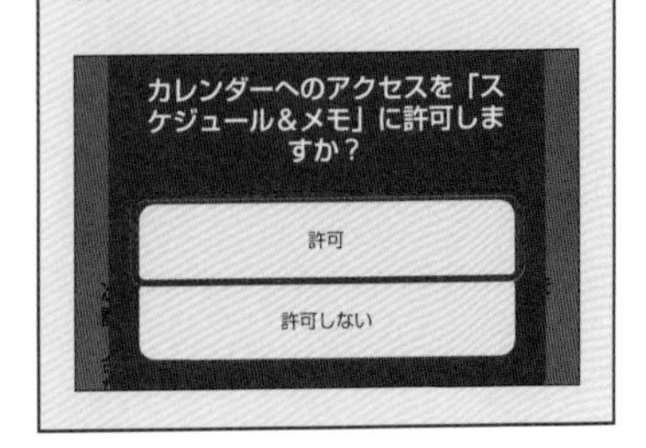
カレンダーへのアクセスを「スケジュール&メモ」に許可しますか？
許可
許可しない

アプリを終了する

① アプリの起動中やホーム画面で■をタッチします。

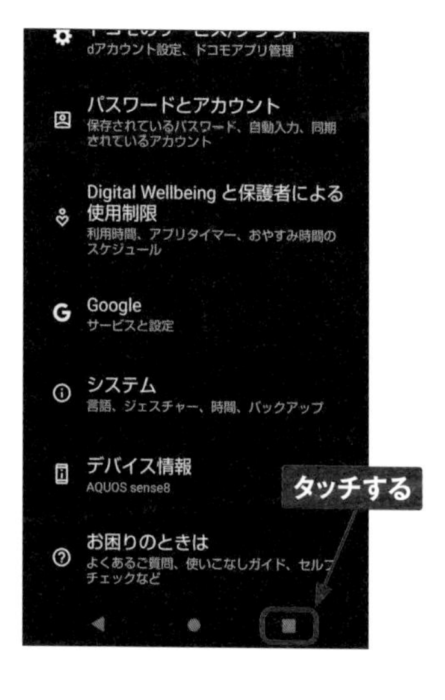
dアカウント設定、ドコモアプリ管理
パスワードとアカウント
保存されているパスワード、自動入力、同期されているアカウント
Digital Wellbeing と保護者による使用制限
利用時間、アプリタイマー、おやすみ時間のスケジュール
Google
サービスと設定
システム
言語、ジェスチャー、時間、バックアップ
デバイス情報
AQUOS sense8
お困りのときは
よくあるご質問、使いこなしガイド、セルフチェックなど
タッチする

② 最近使用したアプリが一覧表示されるので、終了したいアプリを上方向にフリックします。

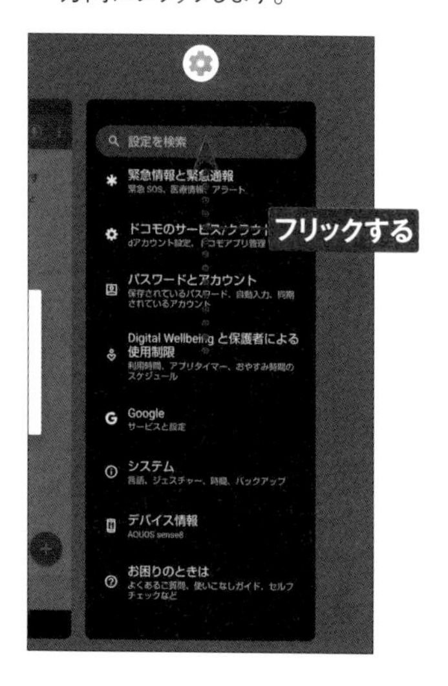
設定を検索
緊急情報と緊急通報
フリックする
パスワードとアカウント
Digital Wellbeing と保護者による使用制限
Google
システム
デバイス情報
お困りのときは

③ フリックしたアプリが終了します。すべてのアプリを終了したい場合は、右方向にフリックし、[すべてクリア] をタッチします。

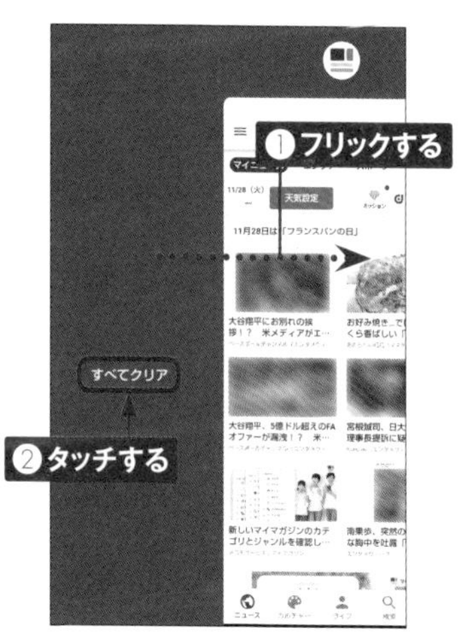
①フリックする
11月28日は「フランスパンの日」
すべてクリア
②タッチする

MEMO **アプリの切り替え**

手順②の画面でアプリをタッチすると、そのアプリの画面に切り替わります。

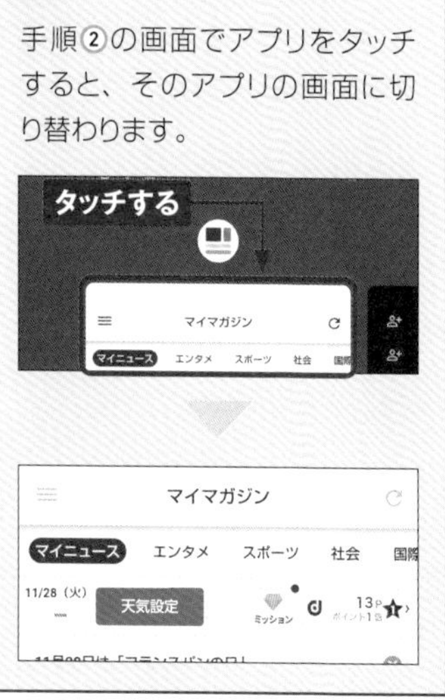
タッチする
マイマガジン
マイニュース
エンタメ
スポーツ
社会
11/28（火）
天気設定
ミッション

Section 08

OS・Hardware

ウィジェットを利用する

SH-54Dのホーム画面にはウィジェットが表示されています。ウィジェットを使うことで、情報の確認やアプリへのアクセスをホーム画面上からかんたんに行うことができます。

ウィジェットとは

ウィジェットは、ホーム画面で動作する簡易的なアプリのことです。さまざまな情報を自動的に表示したり、タッチすることでアプリにアクセスしたりできます。SH-54Dに標準でインストールされているウィジェットは50種類以上あり、Google Play（Sec.35参照）でダウンロードするとさらに多くの種類のウィジェットを利用できます。また、ウィジェットを組み合わせることで、自分好みのホーム画面の作成が可能です。

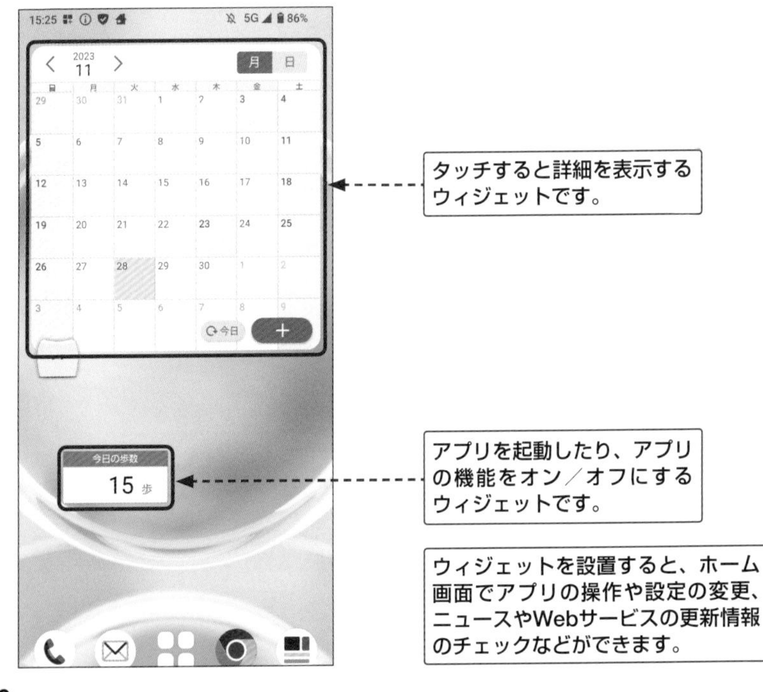
15:25
5G 86%
2023
11
月
日
今日
今日の歩数
15 歩
タッチすると詳細を表示するウィジェットです。
アプリを起動したり、アプリの機能をオン／オフにするウィジェットです。
ウィジェットを設置すると、ホーム画面でアプリの操作や設定の変更、ニュースやWebサービスの更新情報のチェックなどができます。

ホーム画面にウィジェットを追加する

1 ホーム画面の何もない箇所をロングタッチし、表示されたメニューの［ウィジェット］をタッチします。

壁紙
ウィジェット
ホーム設定
①ロングタッチする
②タッチする

2 「ウィジェット」画面でウィジェットのカテゴリの1つをタッチして展開し、ホーム画面に追加したいウィジェットをロングタッチします。

ウィジェット
検索
①タッチする
エモパー
からだメイト
1,234
からだメイト
3x1
②ロングタッチする
からだメイト

3 ホーム画面に切り替わるので、ウィジェットを配置したい場所までドラッグします。

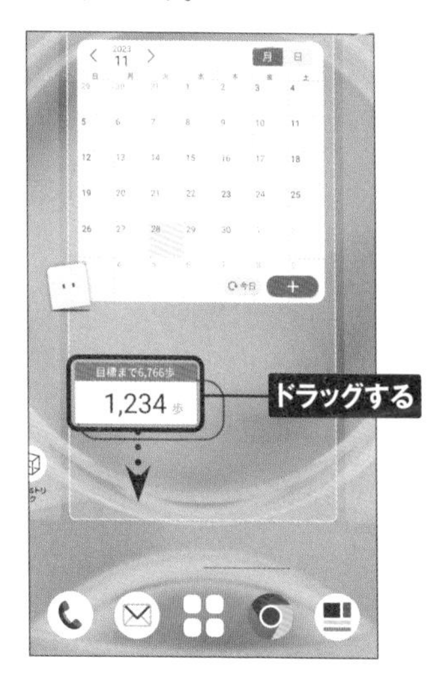

1,234
ドラッグする

4 ホーム画面にウィジェットが追加されます。ウィジェットをロングタッチしてドラッグすると、ウィジェットの位置を移動できます。

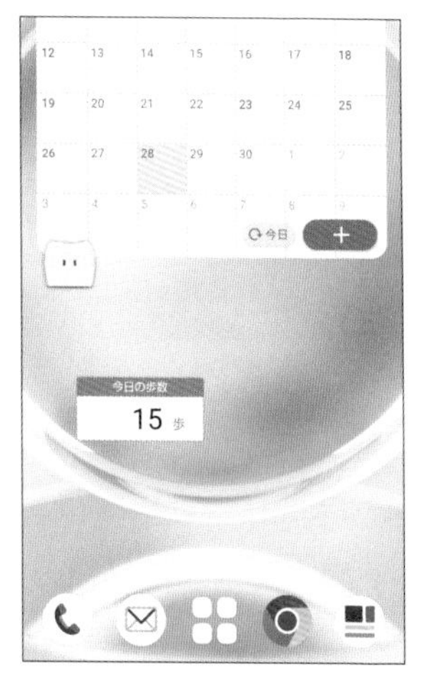

今日の歩数
15

Section 09

文字を入力する

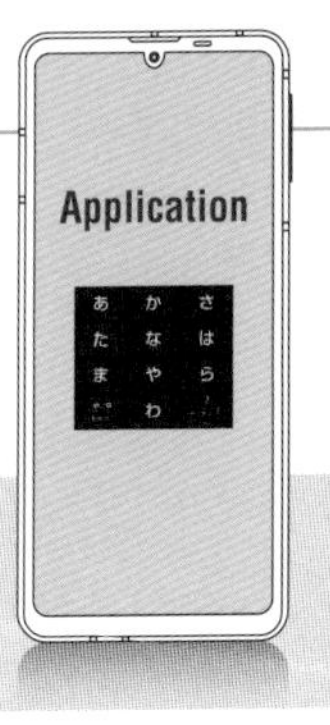
Application
あ か さ
た な は
ま や ら
わ

SH-54Dでは、ソフトウェアキーボードで文字を入力します。「テンキーボード」(一般的な携帯電話の入力方法)や「QWERTYキーボード」などを切り替えて使用できます。

 SH-54Dの文字入力方法

Gboard

ToDo
入力オプションを表示
GIF
あ か さ
た な は
記 ま や ら
あa1 わ
タッチすると音声入力が有効になる

音声入力

ToDo
入力オプションを表示
お話しください
あ か さ
た な は
記 ま や ら
あa1 わ
音声入力が有効の状態

2種類の入力方法

SH-54Dは標準で「Gboard」と「音声入力」の2種類の入力方法を利用できます。本書の解説では「Gboard」を使用しています。

キーボードを切り替える

1. キー入力が可能な画面になると、Gboardのキーボードが表示されます。⚙をタッチします。

2. ［言語］をタッチします。

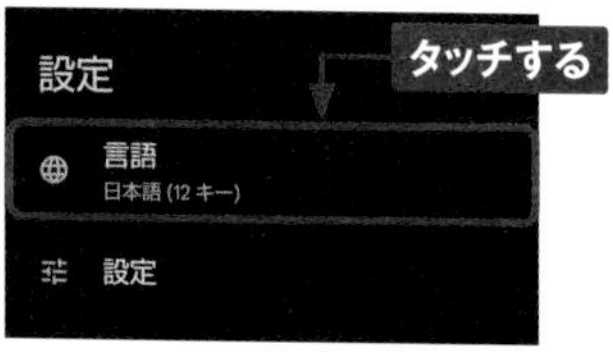

3. ［日本語］をタッチします。

4. この画面で［QWERTY］をタッチします。

5. 「QWERTY」にチェックが入ったことを確認し、［完了］をタッチします。

6. 「QWERTY」が追加されたことを確認し、←をタッチします。

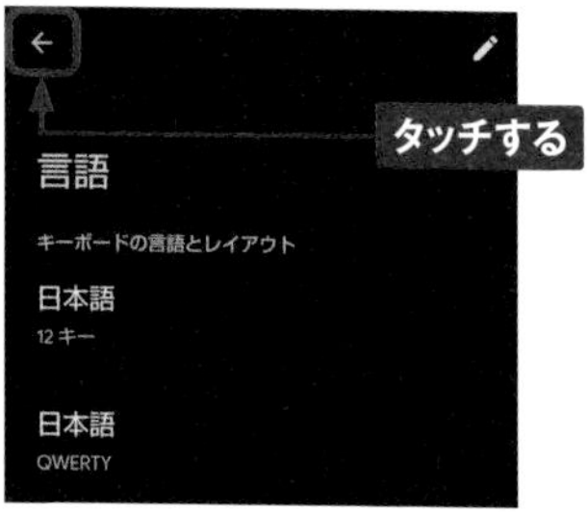

7. キーボードに表示された🌐をタッチすると、12キーキーボードとQWERTYキーボードを切り替えできます。

1

テンキーボードで文字を入力する

●トグル入力をする

1 テンキーボードは、一般的な携帯電話と同じ要領で入力が可能です。たとえば、あを5回→かを1回→さを2回タッチすると、「おかし」と入力されます。

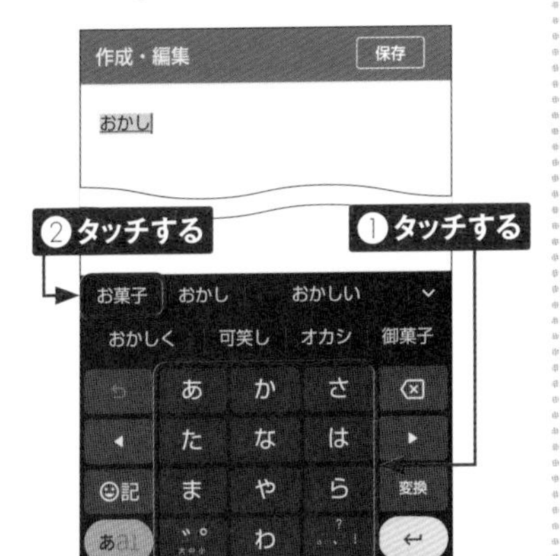
作成・編集
保存
おかし
②タッチする
①タッチする
お菜子
おかし
おかしい
おかしく
可笑し
オカシ
御菓子

2 変換候補から選んでタッチすると、変換が確定します。手順①で∨をタッチして、変換候補の欄をスライドすると、さらにたくさんの候補を表示できます。

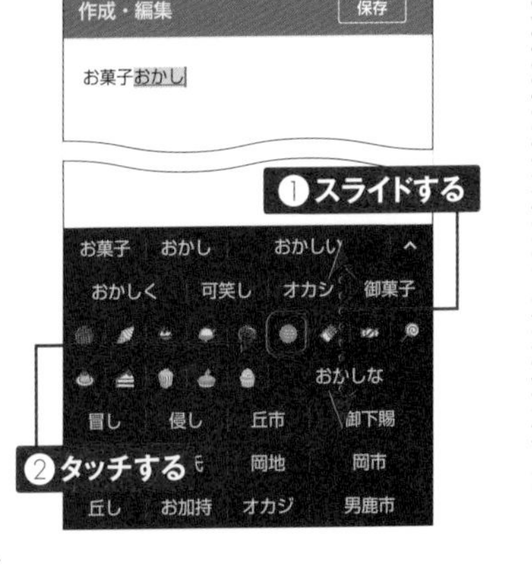
作成・編集
保存
お菓子おかし
①スライドする
②タッチする
おかしな
冒し
侵し
丘市
御下賜
岡地
岡市
丘し
お加持
オカジ
男鹿市

●フリック入力をする

1 テンキーボードでは、キーを上下左右にフリックすることでも文字を入力できます。キーをタッチするとガイドが表示されるので、入力したい文字の方向へフリックします。

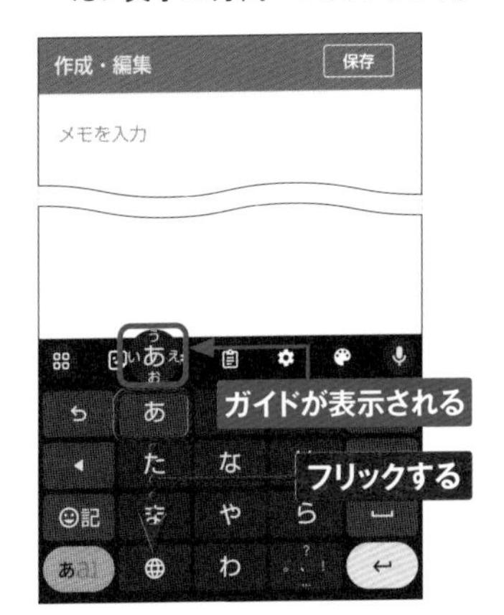
作成・編集
保存
メモを入力
ガイドが表示される
フリックする

2 フリックした方向の文字が入力されます。ここでは、あを下方向にフリックしたので、「お」が入力されました。

作成・編集
保存
お

QWERTYキーボードで文字を入力する

① QWERTYキーボードでは、パソコンのローマ字入力と同じ要領で入力が可能です。たとえば、sekaiとタッチすると、変換候補が表示されます。候補の中から変換したい単語をタッチすると、変換が確定します。

せかい
②タッチする
①タッチする

② 文字を入力し、[変換] をタッチしても文字が変換されます。

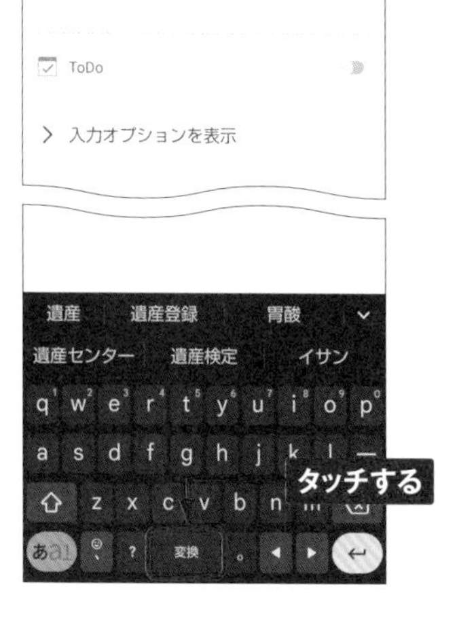

世界いさん
ToDo
入力オプションを表示
タッチする

③ 希望の変換候補にならない場合は、◀/▶をタッチして範囲を調節します。

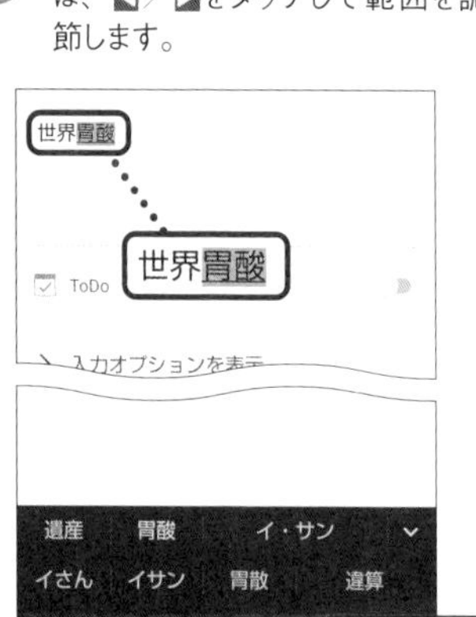

世界胃酸
ToDo
タッチする

④ ↩をタッチすると、ハイライト表示の文字部分の変換が確定します。

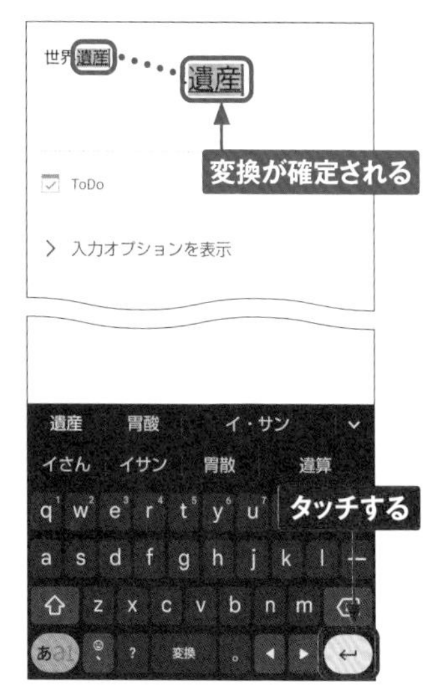

世界遺産
遺産
変換が確定される
ToDo
入力オプションを表示
タッチする

文字種を変更する

① あa1をタッチするごとに、「ひらがな漢字」→「英字」→「数字」の順に文字種が切り替わります。あのときには、日本語を入力できます。

作成・編集
保存
あたらしい
タッチする
新しい
あたらしい
新しい価値
新しい年
新しい風
変換

② aのときには、半角英字を入力できます。あa1をタッチします。

作成・編集
保存
あたらしいAquos
タッチする
新しいAquos
あたらしいAquos
atarasiiAquos
日本語

③ 1のときには、半角数字を入力できます。再度あa1をタッチすると、日本語入力に戻ります。

MEMO キーボードの設定

キーボードの画面で⚙→［設定］の順にタッチすると、片手モードのオン／オフ、キー操作音のオン／オフ、キー操作音の音量など、キーボード入力のさまざまな設定ができます。

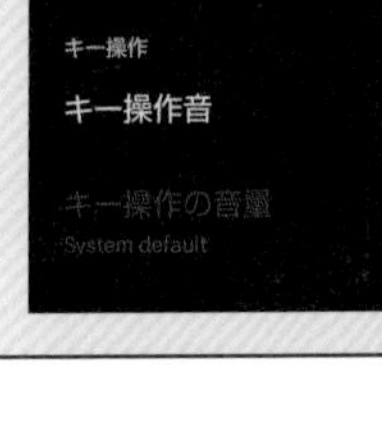

レイアウト
片手モード
オフ
キー操作
キー操作音
キー操作の音量
System default

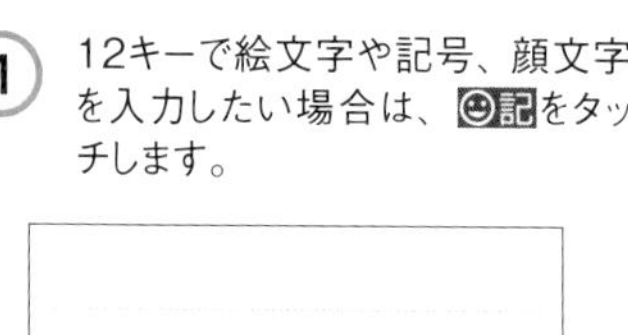

絵文字や記号、顔文字を入力する

1 12キーで絵文字や記号、顔文字を入力したい場合は、☺記をタッチします。

ToDo
入力オプションを表示
タッチする

2 「絵文字」の表示欄を上下にスライドし、目的の絵文字をタッチすると入力できます。☆をタッチします。

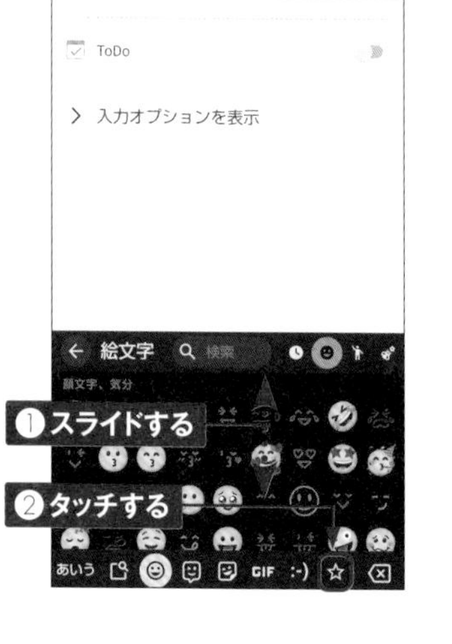
ToDo
入力オプションを表示
絵文字
①スライドする
②タッチする

3 「記号」を手順②と同様の方法で入力できます。:-)をタッチします。

記号
タッチする

4 「顔文字」を入力できます。あいうをタッチします。

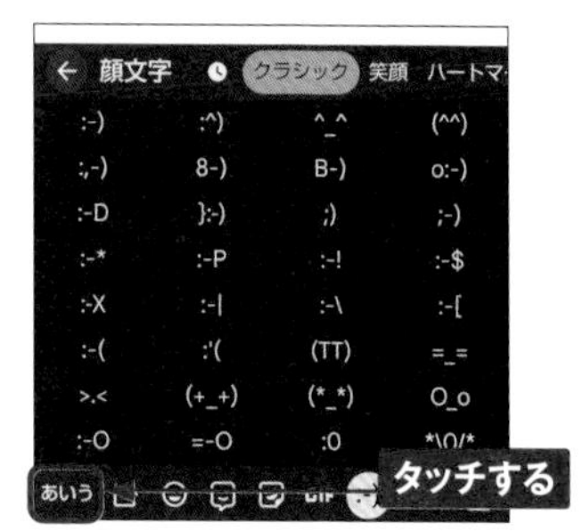
顔文字
クラシック
笑顔
タッチする

5 通常の文字入力画面に戻ります。

テキストを コピー&ペーストする

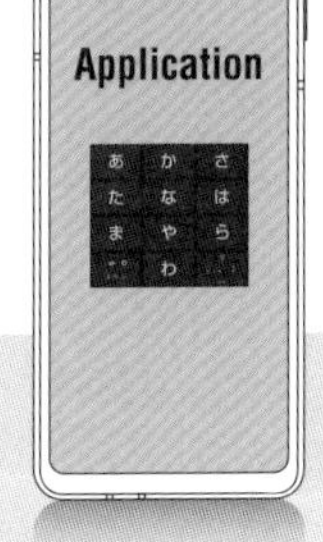
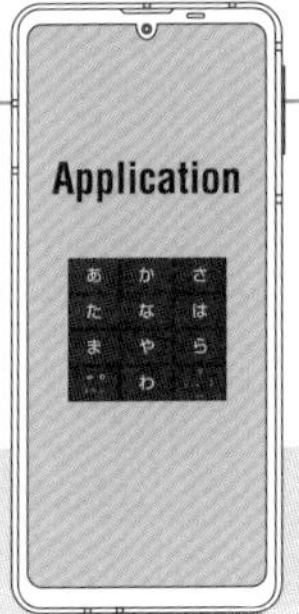
Application

SH-54Dは、パソコンと同じように自由にテキストをコピー&ペーストできます。コピーしたテキストは、別のアプリにペースト（貼り付け）して利用することもできます。

テキストをコピーする

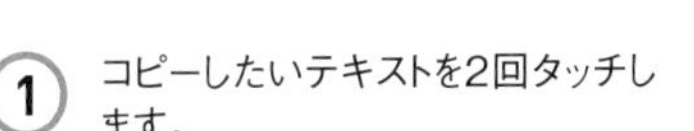

① コピーしたいテキストを2回タッチします。

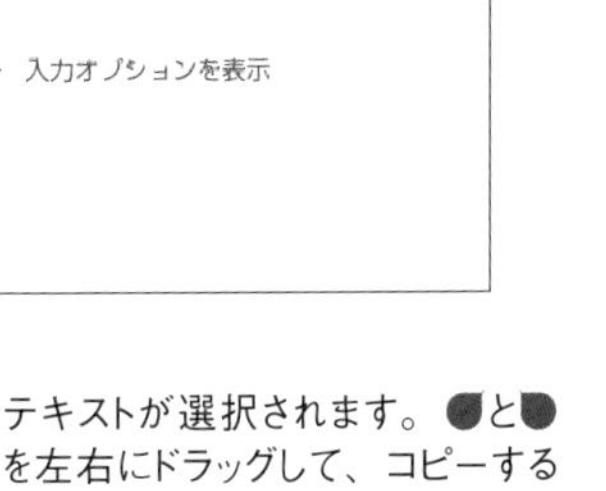
作成・編集
保存
米沢牛ステーキコース
2回タッチする
ToDo
入力オプションを表示

② テキストが選択されます。●と●を左右にドラッグして、コピーする範囲を調整します。

保存
切り取り
コピー
共有
すべて選択
米沢牛ステーキコース
ドラッグする
ToDo
入力オプションを表示

③ ［コピー］をタッチします。

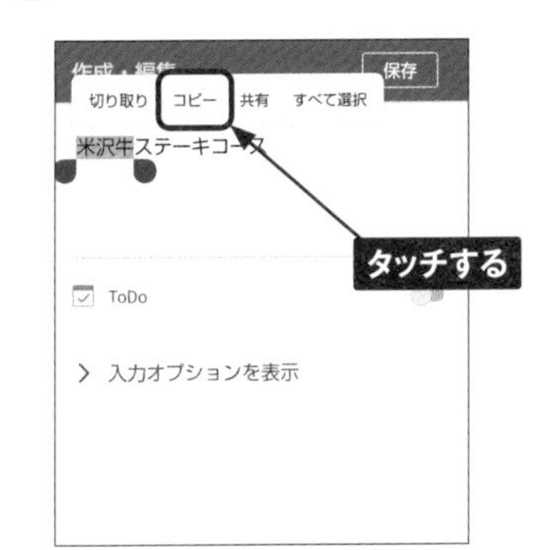
保存
切り取り
コピー
共有
すべて選択
米沢牛ステーキコース
タッチする
ToDo
入力オプションを表示

④ 選択したテキストがコピーされました。

テキストをペーストする

① 入力欄で、テキストをペースト（貼り付け）したい位置をロングタッチします。

作成・編集 保存
貼り付け すべて選択
A5ランクすき焼きコース
ロングタッチする
ToDo
入力オプションを表示
米沢牛
あ か さ

② ［貼り付け］をタッチします。

作成・編集 保存
貼り付け すべて選択
A5ランクすき焼きコース
タッチする
ToDo
入力オプションを表示
米沢牛
あ か さ
た な は

③ コピーしたテキストがペーストされます。

作成・編集
保存
米沢牛ステーキコース
A5ランク米沢牛すき焼きコース
ペーストされたテキスト
ToDo
入力オプションを表示
GIF
あ
か
さ

MEMO 履歴からコピーする

手順①の画面で[クリップボードアイコン]→［クリップボードをオンにする］の順でタッチすると、コピーしたテキストが履歴として保管されます。手順②で［貼り付け］をタッチすると、履歴から選んでペーストできるようになります。

タッチする
クリップボード
複数のテキストや画像をコピーしてさっと貼り付け
Gboard のクリップボードは、複数のテキストや画像を同時にコピーして貼り付けることができます。コピーしたテキストや画像は 1 時間保持されます。
クリップボードをオンにする
最近

Section 11

Googleアカウントを設定する

Application

SH-54DにGoogleアカウントを設定すると、Googleが提供するサービスが利用できます。ここではGoogleアカウントを作成して設定します。作成済みのGoogleアカウントを設定することもできます。

1

Googleアカウントを設定する

1 P.20手順①〜②を参考に、アプリ一覧画面で［設定］をタッチします。

2 設定メニューが開くので、画面を上方向にスライドして、［パスワードとアカウント］をタッチします。

3 ［アカウントを追加］をタッチします。

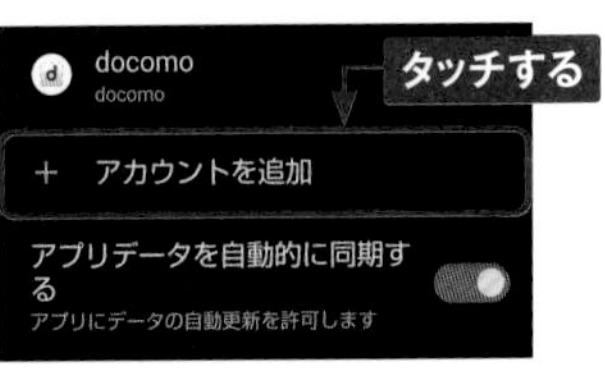
docomo
docomo
タッチする
＋ アカウントを追加
アプリデータを自動的に同期する
アプリにデータの自動更新を許可します

4 「アカウントの追加」画面が表示されるので、［Google］をタッチします。

アカウントの追加
Disney+ (ディズニープラス)
docomo
タッチする
Exchange
Google
個人用（IMAP）
個人用（POP3）

MEMO Googleアカウントとは

Googleアカウントを作成すると、Googleが提供する各種サービスへログインすることができます。アカウントの作成に必要なのは、メールアドレスとパスワードの登録だけです。SH-54DにGoogleアカウントを設定しておけば、Gmailなどのサービスがかんたんに利用できます。

5 ［アカウントを作成］→［個人で使用］の順にタッチします。すでに作成したアカウントを使うには、アカウントのメールアドレスまたは電話番号を入力します（右下のMEMO参照）。

Google
ログイン
Google アカウントでログインしましょう。
詳細
アカウントを作成
タッチする

6 上の欄に「姓」、下の欄に「名」を入力し、［次へ］をタッチします。

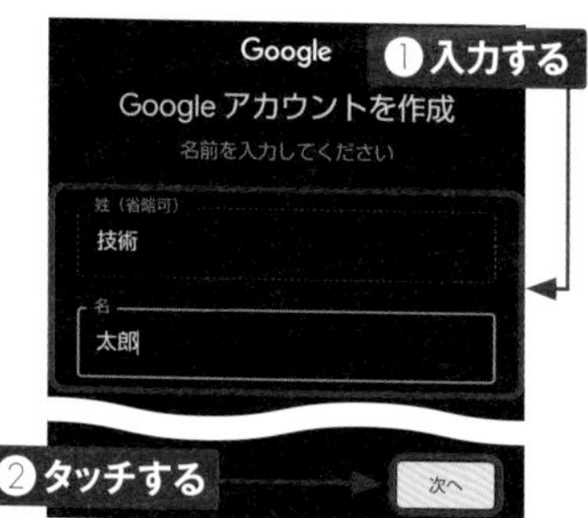
Google
①入力する
Google アカウントを作成
名前を入力してください
姓（省略可）
技術
名
太郎
②タッチする
次へ

7 生年月日と性別をタッチして設定し、［次へ］をタッチします。

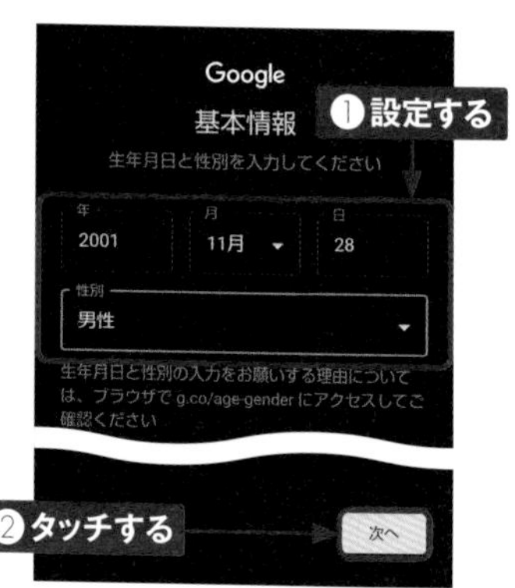
Google
基本情報
①設定する
生年月日と性別を入力してください
年
2001
月
11月
日
28
性別
男性
生年月日と性別の入力をお願いする理由については、ブラウザで g.co/age-gender にアクセスしてご確認ください
②タッチする
次へ

8 ［自分でGmailアドレスを作成］をタッチして、希望するメールアドレスを入力し、［次へ］をタッチします。

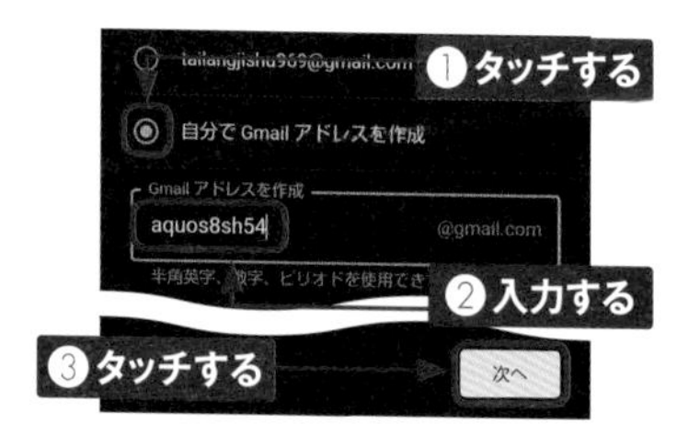
①タッチする
自分で Gmail アドレスを作成
Gmail アドレスを作成
aquos8sh54
@gmail.com
②入力する
③タッチする
次へ

9 パスワードを入力し、［次へ］をタッチします。

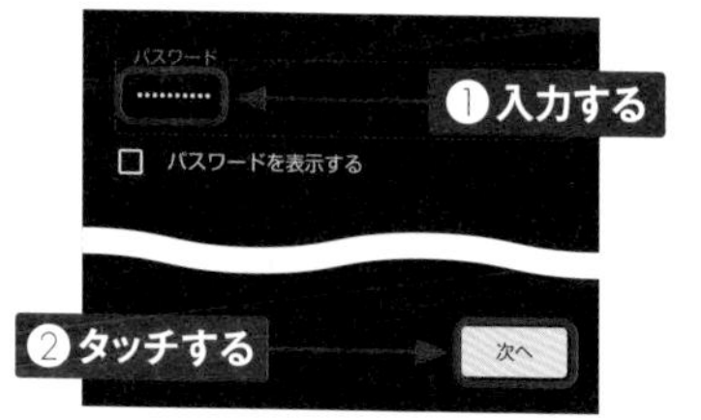
パスワード
①入力する
パスワードを表示する
②タッチする
次へ

MEMO 既存のアカウントの利用

作成済みのGoogleアカウントがある場合は、手順⑤の画面でメールアドレスまたは電話番号を入力して、［次へ］をタッチします。次の画面でパスワードを入力すると、「ようこそ」画面が表示されるので、［同意する］をタッチし、P.35手順⑭以降の解説に従って設定します。

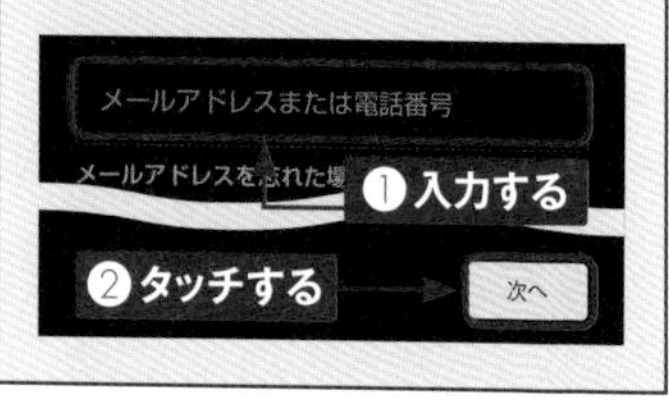
メールアドレスまたは電話番号
①入力する
②タッチする
次へ

10 パスワードを忘れた場合のアカウント復旧に使用するために、電話番号を登録します。画面を上方向にスライドします。

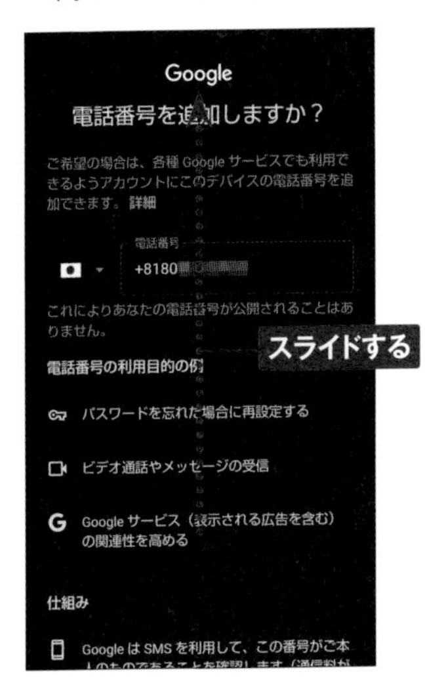

Google
電話番号を追加しますか？
ご希望の場合は、各種 Google サービスでも利用できるようアカウントにこのデバイスの電話番号を追加できます。詳細
電話番号
+8180
これによりあなたの電話番号が公開されることはありません。
スライドする
電話番号の利用目的の例
パスワードを忘れた場合に再設定する
ビデオ通話やメッセージの受信
Google サービス（表示される広告を含む）の関連性を高める
仕組み
Google は SMS を利用して、この番号がご本

11 ここでは［はい、追加します］をタッチします。電話番号を登録しない場合は、［その他の設定］→［いいえ、電話番号を追加しません］→［完了］の順にタッチします。

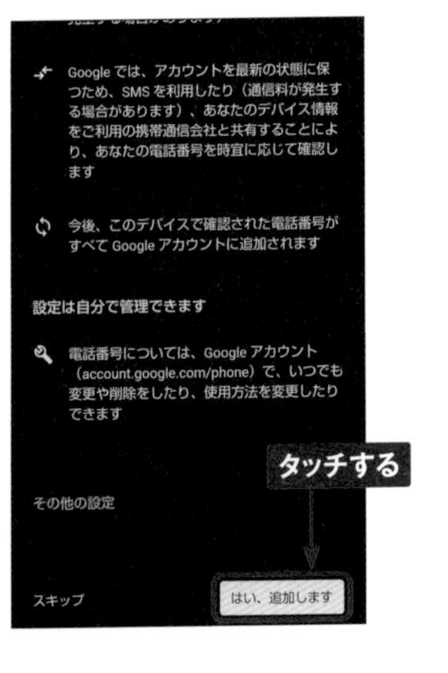

Google では、アカウントを最新の状態に保つため、SMS を利用したり（通信料が発生する場合があります）、あなたのデバイス情報をご利用の携帯通信会社と共有することにより、あなたの電話番号を時宜に応じて確認します
今後、このデバイスで確認された電話番号がすべて Google アカウントに追加されます
設定は自分で管理できます
電話番号については、Google アカウント（account.google.com/phone）で、いつでも変更や削除をしたり、使用方法を変更したりできます
タッチする
その他の設定
スキップ
はい、追加します

12 「アカウント情報の確認」画面が表示されたら、［次へ］をタッチします。

Google
アカウント情報の確認
このメールアドレスまたは携帯電話番号は、後ほどログインに使用できます
太郎
技術太郎
aquos8sh54@gmail.com
再設定用の携帯電話番号
080-
タッチする
次へ

13 プライバシーポリシーと利用規約の内容を確認して、［同意する］をタッチします。

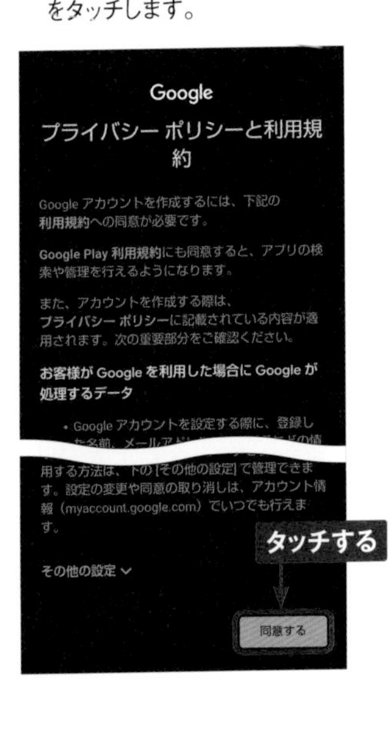

Google
プライバシー ポリシーと利用規約
Google アカウントを作成するには、下記の利用規約への同意が必要です。
Google Play 利用規約にも同意すると、アプリの検索や管理を行えるようになります。
また、アカウントを作成する際は、プライバシー ポリシーに記載されている内容が適用されます。次の重要部分をご確認ください。
お客様が Google を利用した場合に Google が処理するデータ
• Google アカウントを設定する際に、登録し
用する方法は、下の [その他の設定] で管理できます。設定の変更や同意の取り消しは、アカウント情報（myaccount.google.com）でいつでも行えます。
タッチする
その他の設定
同意する

14 画面を上方向にスライドし、利用したいGoogleサービスがオンになっていることを確認して、[同意する] をタッチします。

Google サービス
aquos8sh54@gmail.com
サービスを後で有効または無効にする方法など、各サービスの詳細を確認するにはタップします。データは Google のプライバシー ポリシーに従って使用されます。
バックアップとストレージ
デバイスの基本バックアップを使用する
①スライドする
バックアップは安全に暗号化され、Google アカウントにアップロードされます。デバイスの画面ロック用の PIN、パターン、パスワードを使って暗号化されるデータもあります。
②タッチする
[同意する] をタップすると、この Google サービスの設定の選択内容を確認したことになります。
同意する

15 P.32手順③の「パスワードとアカウント」画面に戻ります。作成したGoogleアカウントをタッチします。

パスワードとアカウント
パスワード
Google
自動入力サービス
Google
タッチする
所有者のアカウント
aquos8sh54@gmail.com
Google
docomo
docomo
＋ アカウントを追加
アプリデータを自動的に同期する

16 [アカウントの同期] をタッチします。

Google
aquos8sh54@gmail.com
アカウントの同期
すべてのアイテムで同期が ON
アカウントを削除
タッチする

17 同期可能なサービスが表示されます。サービス名をタッチすると、同期のオン／オフを切り替えることができます。

アカウントの同期
aquos8sh54@gmail.com
Google
Gmail
最終同期日時: 2023年11月28日 16:06
Google カレンダー
最終同期日時: 2023年11月28日 16:06
カレンダー
最終同期日時: 2023年11月28日 16:06
カレンダーの ToDo リスト
最終同期日時: 2023年11月28日 16:06
ドライブ
最終同期日時: 2023年11月28日 16:06
連絡先
最終同期日時: 2023年11月28日 16:06

1

Section 12

ドコモのIDとパスワードを設定する

Application
My
docomo

SH-54DにdアカウントStrを設定すると、NTTドコモが提供するさまざまなサービスをインターネット経由で利用できるようになります。また、あわせてspモードパスワードの変更も済ませておきましょう。

dアカウントとは

「dアカウント」とは、NTTドコモが提供しているさまざまなサービスを利用するためのIDです。dアカウントを作成し、SH-54D に設定することで、Wi-Fi経由で「dマーケット」などのドコモの各種サービスを利用できるようになります。
なお、ドコモのサービスを利用しようとすると、いくつかのパスワードを求められる場合があります。このうちspモードパスワードは「お客様サポート」（My docomo）で確認・再発行できますが、「ネットワーク暗証番号」はインターネット上で確認・再発行できません。契約書類を紛失しないように注意しましょう。さらに、spモードパスワードを初期値（0000）のまま使っていると、変更をうながす画面が表示されることがあります。その場合は、画面の指示に従ってパスワードを変更しましょう。
なお、ドコモショップなどですでに設定を行っている場合、ここでの設定は必要ありません。

ドコモのサービスで利用するID／パスワード	
ネットワーク暗証番号	お客様サポート（My docomo）や、各種電話サービスを利用する際に必要です（Sec.49参照）。
dアカウント／パスワード	Wi-Fi接続時やパソコンのWebブラウザ経由で、ドコモのサービスを利用する際に必要です。
spモードパスワード	ドコモメールの設定、spモードサイトの登録／解除の際に必要です。初期値は「0000」ですが、変更が必要です（P.40参照）。

dアカウントとパスワードは Wi-Fi経由でドコモのサービスを使うときに必要

5Gや4G（LTE）回線を利用しているときは不要ですが、Wi-Fi経由でドコモのサービスを利用する際は、dアカウントとパスワードを入力する必要があります。

dアカウントを設定する

1 設定メニューを開いて、[ドコモのサービス/クラウド]をタッチします。

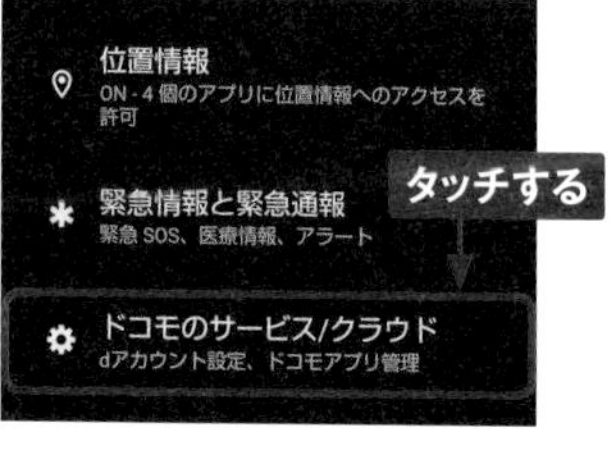
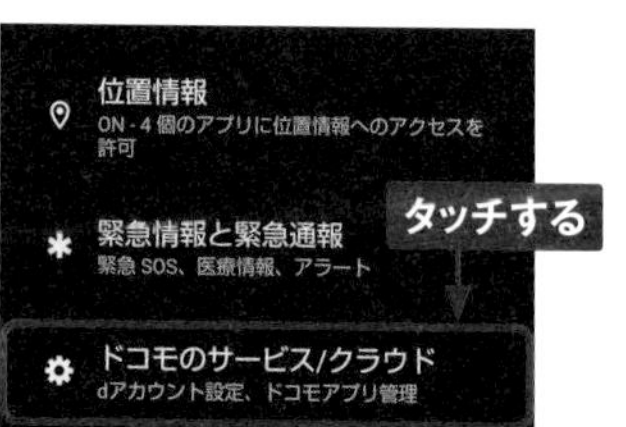
位置情報
ON・4 個のアプリに位置情報へのアクセスを許可
緊急情報と緊急通報
緊急 SOS、医療情報、アラート
タッチする
ドコモのサービス/クラウド
dアカウント設定、ドコモアプリ管理

2 [dアカウント設定] をタッチします。

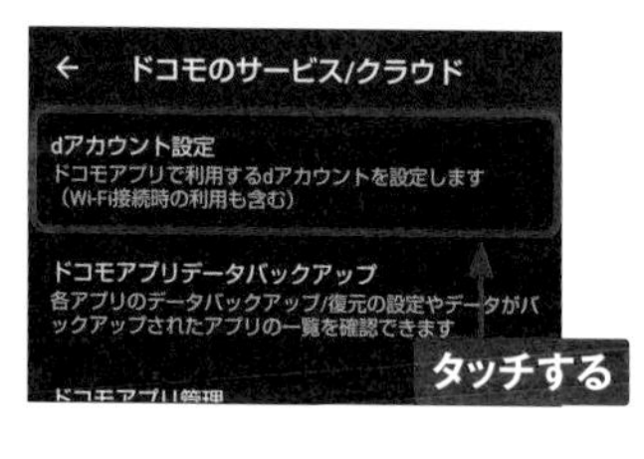
ドコモのサービス/クラウド
dアカウント設定
ドコモアプリで利用するdアカウントを設定します（Wi-Fi接続時の利用も含む）
ドコモアプリデータバックアップ
各アプリのデータバックアップ/復元の設定やデータがバックアップされたアプリの一覧を確認できます
タッチする

3 「dアカウント設定」画面が表示されるので、[次] をタッチして進みます。[ご利用中のdアカウントを設定] をタッチします。

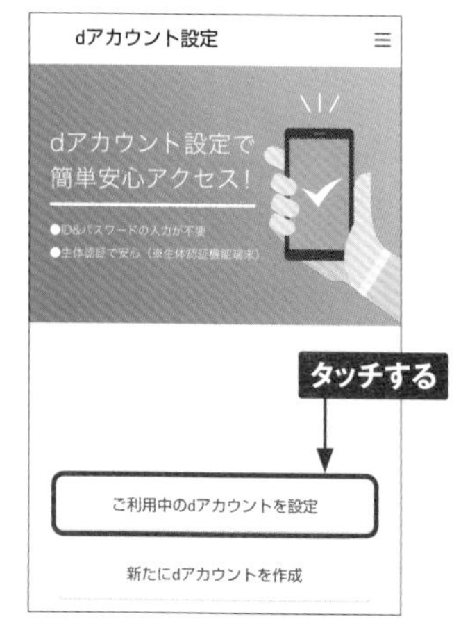
dアカウント設定
dアカウント設定で
簡単安心アクセス！
●ID&パスワードの入力が不要
●生体認証で安心（※生体認証機能端末）
タッチする
ご利用中のdアカウントを設定
新たにdアカウントを作成

4 電話番号に登録されているdアカウントのIDが表示されます。ネットワーク暗証番号（P.36参照）を入力して、[OK] をタッチします。

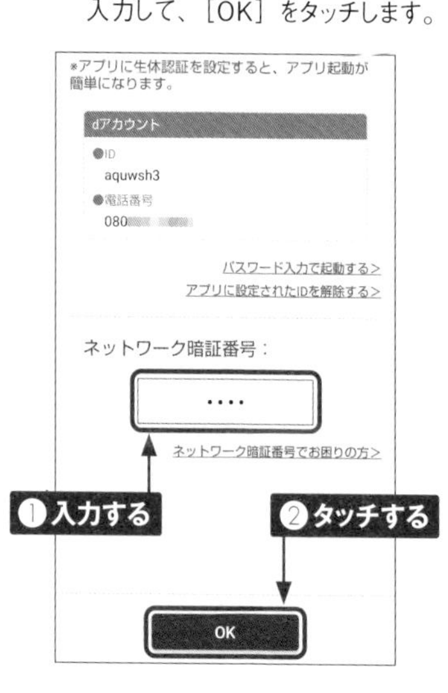
※アプリに生体認証を設定すると、アプリ起動が簡単になります。
dアカウント
●ID
aquwsh3
●電話番号
080
パスワード入力で起動する＞
アプリに設定されたIDを解除する＞
ネットワーク暗証番号：
ネットワーク暗証番号でお困りの方＞
①入力する
②タッチする
OK

5 dアカウントの設定状態が表示されます。

dアカウント
ID
aquwsh3
2段階認証
生体認証または画面ロックで認証
未設定
パスワード
未設定
連絡先メールアドレス
会員情報

dアカウントのIDを変更する

1 P.37手順①～②を参考にして、「dアカウント」画面を表示します。[ID操作] をタッチします。

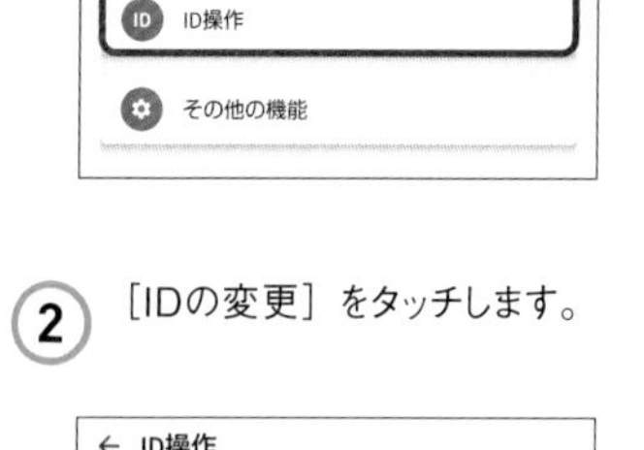

dアカウント
ID
aquwsh3
2段階認証
生体認証または画面ロックで認証
未設定
パスワード
連絡先メールアドレス
会員情報
本人確認レベル：中
タッチする
ID操作
その他の機能

2 [IDの変更] をタッチします。

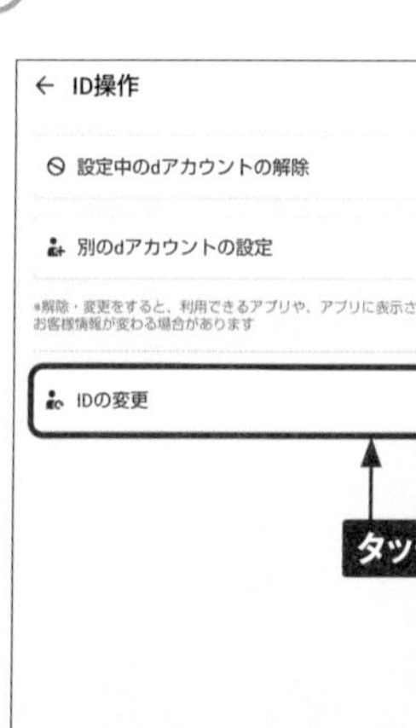

← ID操作
設定中のdアカウントの解除
別のdアカウントの設定
IDの変更
タッチする

3 新しいdアカウントのIDを入力するか、[以下のメールアドレスをIDにする] を選択して、[設定する] をタッチします。

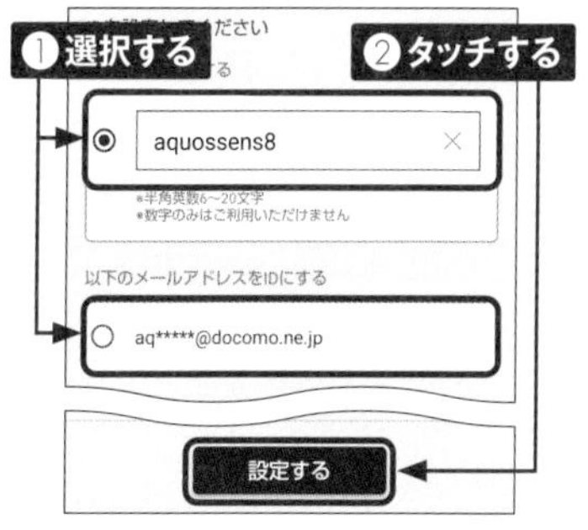

①選択する
②タッチする
aquossens8
以下のメールアドレスをIDにする
aq*****@docomo.ne.jp
設定する

4 「ID変更確認」画面が表示されるので、[OK] をタッチします。

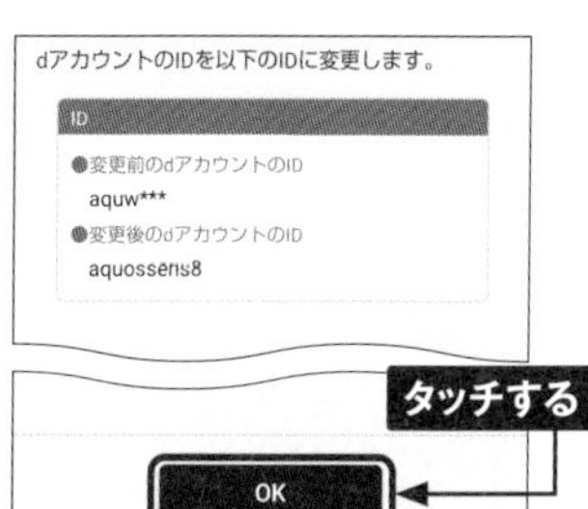

dアカウントのIDを以下のIDに変更します。
ID
●変更前のdアカウントのID
aquw***
●変更後のdアカウントのID
aquossens8
タッチする
OK

5 dアカウントのIDの変更が完了します。[OK] をタッチすると、手順①の画面に戻ります。

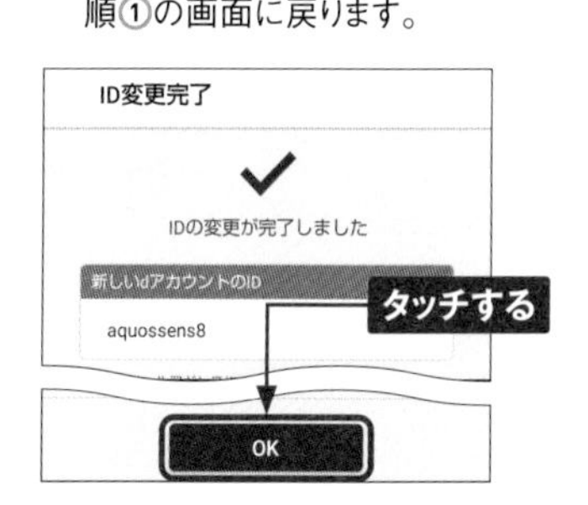

ID変更完了
IDの変更が完了しました
新しいdアカウントのID
aquossens8
タッチする
OK

dアカウントのパスワードを変更する

① P.37手順①〜②の操作を行って、「dアカウント」画面を表示します。［パスワード］をタッチします。

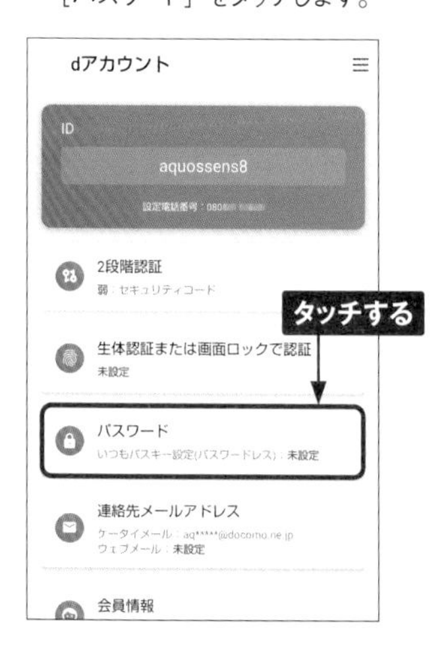

dアカウント
ID
aquossens8
2段階認証
弱：セキュリティコード
タッチする
生体認証または画面ロックで認証
未設定
パスワード
いつもパスキー設定(パスワードレス)：未設定
連絡先メールアドレス
ウェブメール：未設定
会員情報

② ［パスワードの変更］をタッチします。

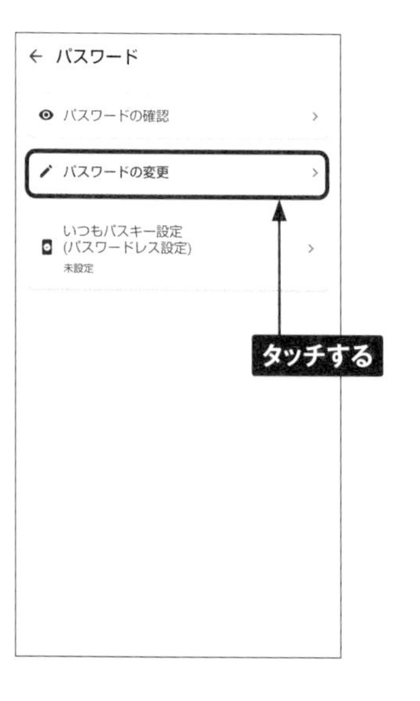

← パスワード
パスワードの確認
パスワードの変更
いつもパスキー設定
(パスワードレス設定)
未設定
タッチする

③ 新しいパスワードを入力して、［設定する］をタッチします。

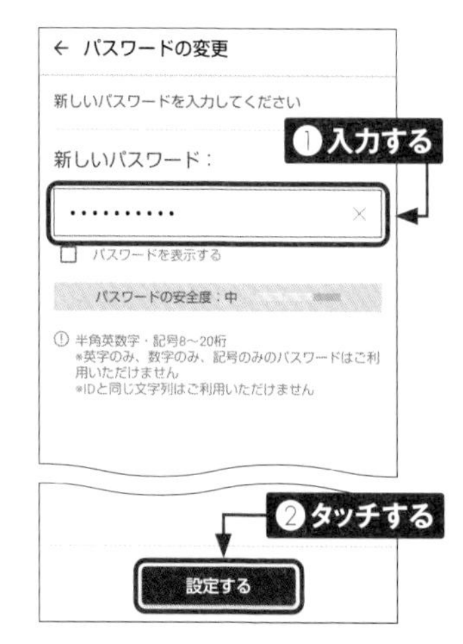

← パスワードの変更
新しいパスワードを入力してください
①入力する
新しいパスワード：
パスワードを表示する
パスワードの安全度：中
半角英数字・記号8〜20桁
＊英字のみ、数字のみ、記号のみのパスワードはご利用いただけません
＊IDと同じ文字列はご利用いただけません
②タッチする
設定する

④ dアカウントのパスワードの変更が完了します。［OK］をタッチすると、手順①の画面に戻ります。

パスワードの変更が完了しました
＊連絡先メールアドレスに
パスワード変更完了を通知しました
タッチする
OK

SPモードパスワードを変更する

① P.144を参考に「My docomo」アプリを起動し、初期設定を行います。

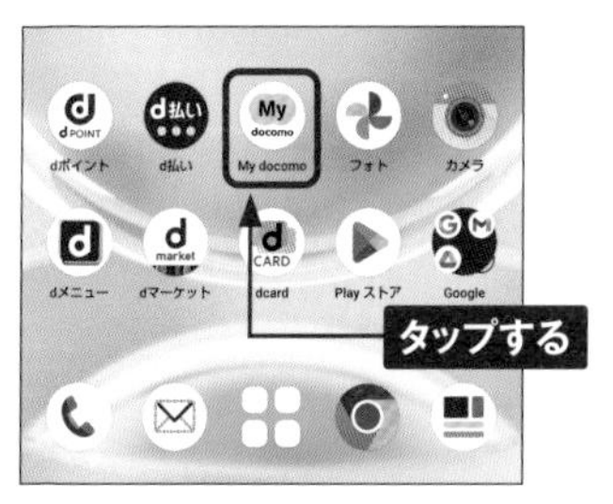
dポイント
d払い
My docomo
フォト
カメラ
dメニュー
dマーケット
dcard
Play ストア
Google
タップする

② 「My docomo」アプリの画面が表示されたら、［設定］をタップします。

docomo
13P
ポイント1.5倍
メニュー
My docomo
お困りのとき
お知らせ
データ・料金
ご契約内容
お手続き
設定
オンラインショップ
お客さまへのお知らせ
タップする
重要
【再掲】「一部の情報が取得できませんでした」と表示される事象の改善方法について

③ 画面を上方向にスクロールし、［spモードパスワード］→［変更する］の順にタップします。dアカウントへのログインが求められたら画面の指示に従ってログインします。

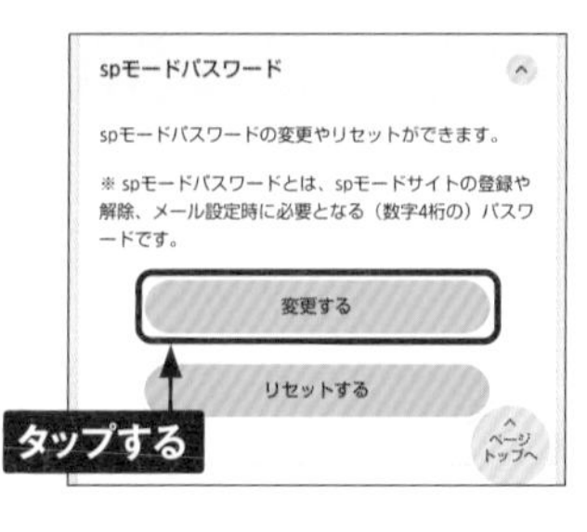
spモードパスワード
spモードパスワードの変更やリセットができます。
※ spモードパスワードとは、spモードサイトの登録や解除、メール設定時に必要となる（数字4桁の）パスワードです。
変更する
リセットする
タップする
ページトップへ

④ ネットワーク暗証番号を入力し、［認証する］をタップします。パスワードの保存画面が表示されたら、［使用しない］をタップします。

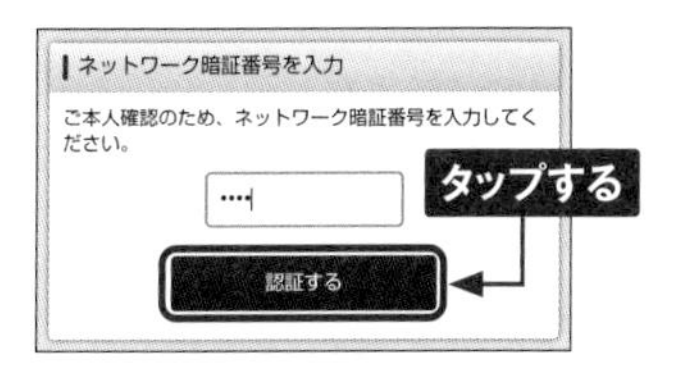
ネットワーク暗証番号を入力
ご本人確認のため、ネットワーク暗証番号を入力してください。
タップする
認証する

⑤ 現在のspモードパスワード（初期値は「0000」）と新しいパスワード（不規則な数字4文字）を入力します。［設定を確定する］をタップします。

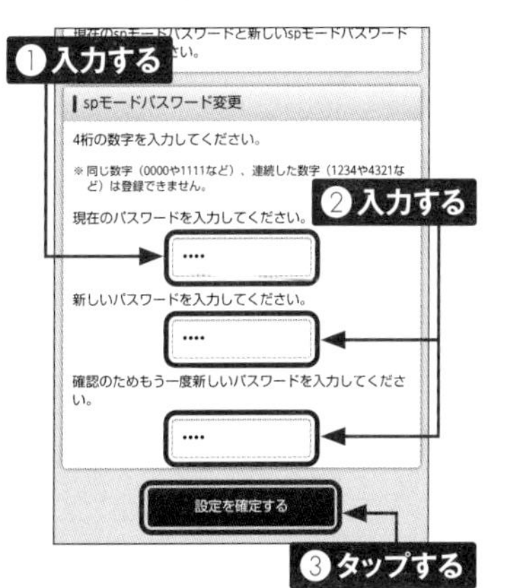
①入力する
spモードパスワード変更
4桁の数字を入力してください。
※ 同じ数字（0000や1111など）、連続した数字（1234や4321など）は登録できません。
②入力する
現在のパスワードを入力してください。
新しいパスワードを入力してください。
確認のためもう一度新しいパスワードを入力してください。
設定を確定する
③タップする

MEMO spモードパスワードのリセット

spモードパスワードがわからなくなったときは、手順③の画面で［リセットする］をタップし、画面の指示に従って暗証番号などを入力して手続きを行うと、初期値の「0000」にリセットできます。

Chapter 2

電話機能を使う

Section 13　電話をかける／受ける
Section 14　履歴を確認する
Section 15　伝言メモを利用する
Section 16　通話音声メモを利用する
Section 17　ドコモ電話帳を利用する
Section 18　着信拒否を設定する
Section 19　通知音や着信音を変更する
Section 20　操作音やマナーモードを設定する

Section 13

Application

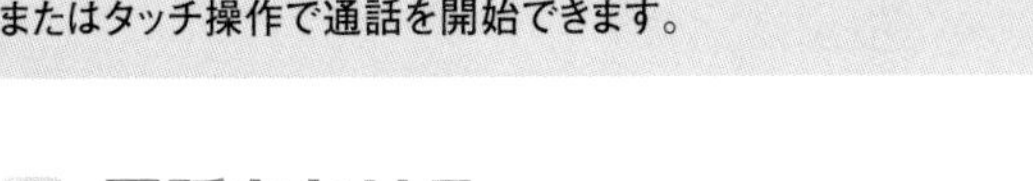

電話をかける／受ける

電話操作は発信も着信も非常にシンプルです。発信時はホーム画面のアイコンからかんたんに電話を発信でき、着信時はスワイプまたはタッチ操作で通話を開始できます。

電話をかける

① ホーム画面で📞をタッチします。

dポイント
d払い
My docomo
フォト
カメラ
dメニュー
dマーケット
dcard
Play ストア
Google
タッチする

② 「電話」アプリが起動します。⠿をタッチします。

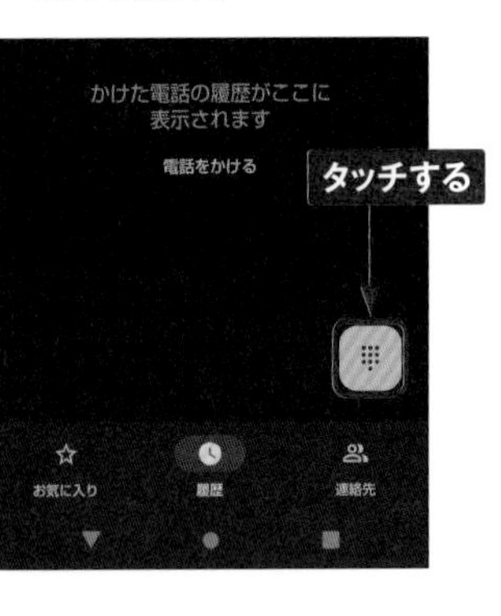
かけた電話の履歴がここに
表示されます
電話をかける
タッチする
お気に入り
履歴
連絡先

③ 相手の電話番号をタッチして入力し、［音声通話］をタッチすると、電話が発信されます。

音声通話
①タッチする
②タッチする

④ 相手が応答すると通話が始まります。●をタッチすると、通話が終了します。

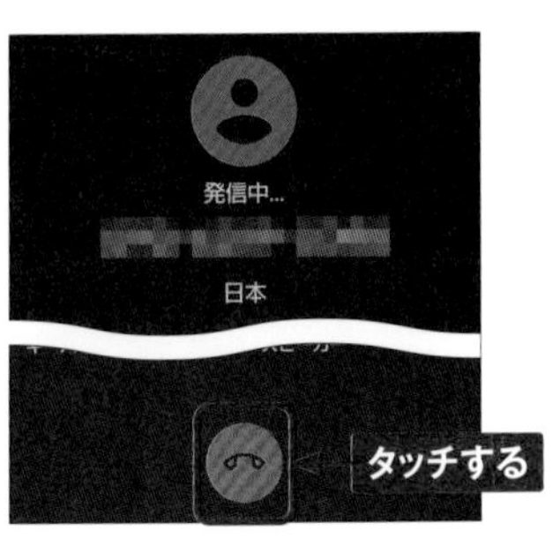
発信中...
日本
タッチする

電話を受ける

① スリープ中に電話の着信があると、着信画面が表示されます。📞を上方向にスワイプします。また、画面上部に通知で表示された場合は、［応答する］をタッチします。

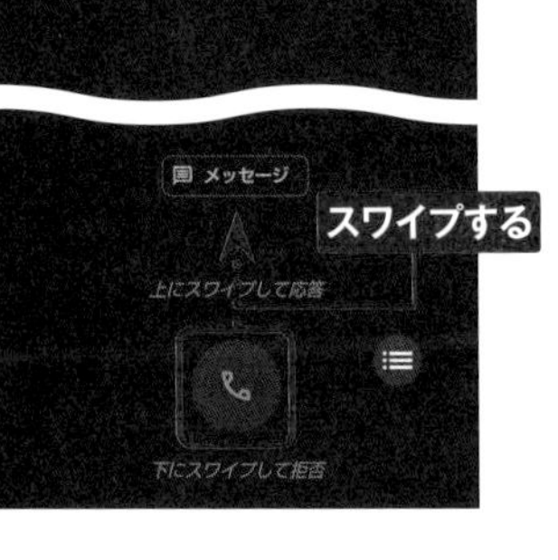
メッセージ
スワイプする
上にスワイプして応答
下にスワイプして拒否

② 相手との通話が始まります。通話中にアイコンをタッチすると、ダイヤルキーなどの機能を利用できます。

01:14
音声通話を追加
保留
ダイヤルキーを表示
保留
通話を追加
キーパッド
ミュート
スピーカー
その他
マイクオン／オフ
スピーカーオン／オフ

③ 通話中に📞をタッチすると、通話が終了します。

01:14
保留
通話を追加
キーパッド
ミュート
スピーカー
その他
タッチする

MEMO 本体の使用中に電話を受ける

本体の使用中に電話の着信があると、画面上部に着信画面が表示されます。［応答する］をタッチすると、手順②の画面が表示されて通話ができます。

電話
5G 83%
・電話
通話着信
拒否
応答

Section 14

Application

履歴を確認する

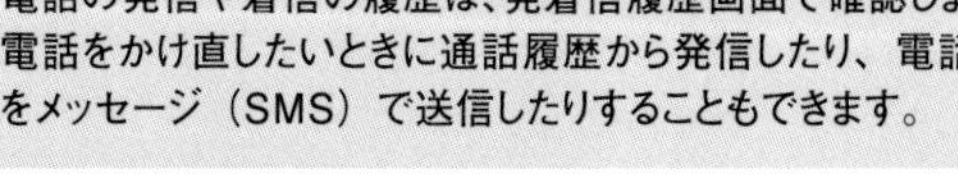

電話の発信や着信の履歴は、発着信履歴画面で確認します。また、電話をかけ直したいときに通話履歴から発信したり、電話した理由をメッセージ（SMS）で送信したりすることもできます。

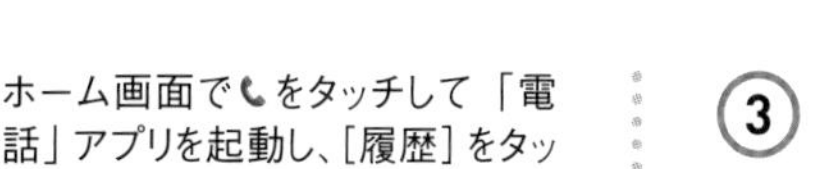

発信や着信の履歴を確認する

① ホーム画面で📞をタッチして「電話」アプリを起動し、［履歴］をタッチします。

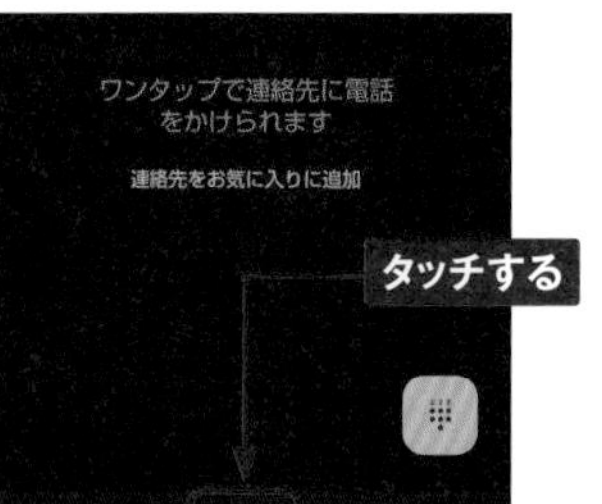

ワンタップで連絡先に電話
をかけられます
連絡先をお気に入りに追加
タッチする
お気に入り
履歴
連絡先

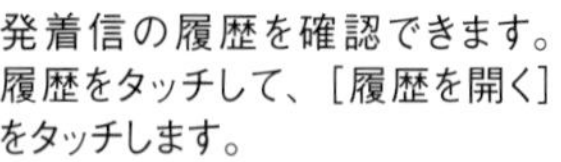

② 発着信の履歴を確認できます。履歴をタッチして、［履歴を開く］をタッチします。

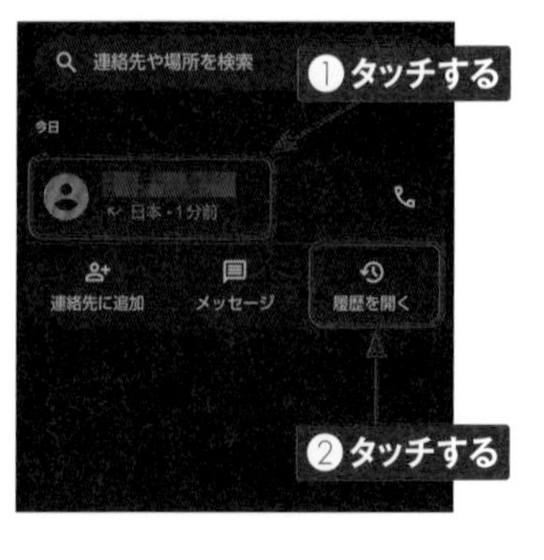
連絡先や場所を検索
①タッチする
今日
日本・1分前
連絡先に追加
メッセージ
履歴を開く
②タッチする

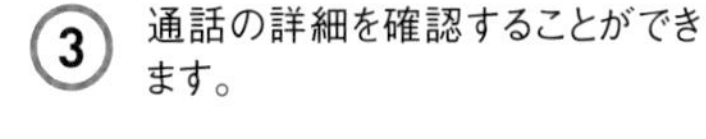

③ 通話の詳細を確認することができます。

今日
通話着信 16:12 1分25秒
不在着信 16:14
音声通話を発信
ビデオ通話
メッセージ

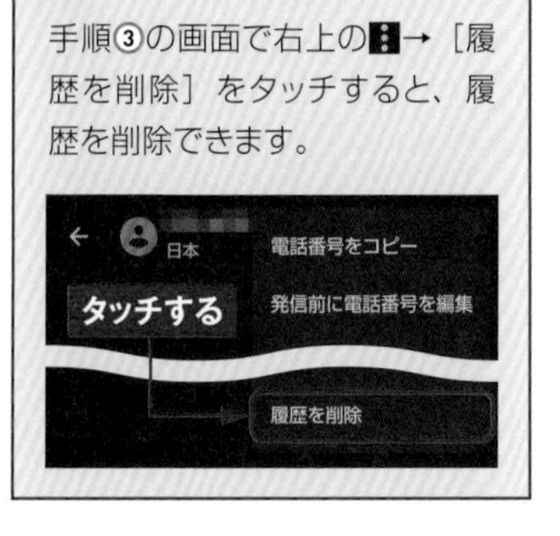

MEMO 履歴の削除

手順③の画面で右上の⋮→［履歴を削除］をタッチすると、履歴を削除できます。

日本
電話番号をコピー
タッチする
発信前に電話番号を編集
履歴を削除

履歴から発信する

① P.44手順①を参考に発着信履歴画面を表示します。発信したい履歴の📞をタッチします。

連絡先や場所を検索
今日
日本・3 分前
タッチする
お気に入り
履歴
連絡先

② 電話が発信されます。

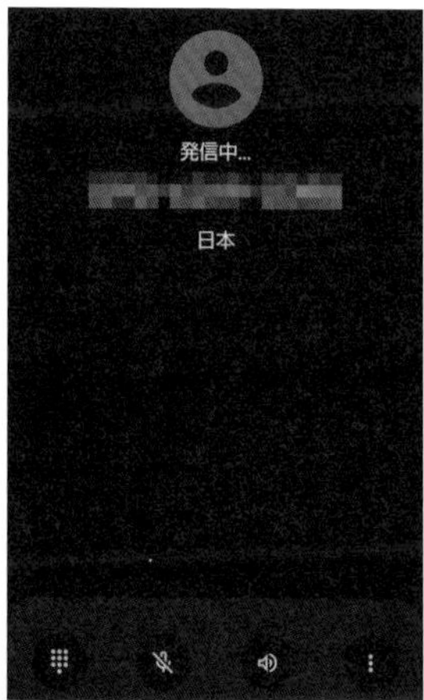

発信中...
日本

MEMO クイック返信でメッセージ（SMS）を送信する

電話がかかってきても受けたくない場合、電話を受けずにメッセージ（SMS）を送信することができます。受信画面で下部の［メッセージ］をタッチするといくつかメッセージが表示されるので、タッチすると送信できます。なお、手順①の画面で右上の⋮→［設定］→［クイック返信］をタッチすると、送信するメッセージを編集できます。

着信
メッセージ
上にスワイプして応答
タッチする

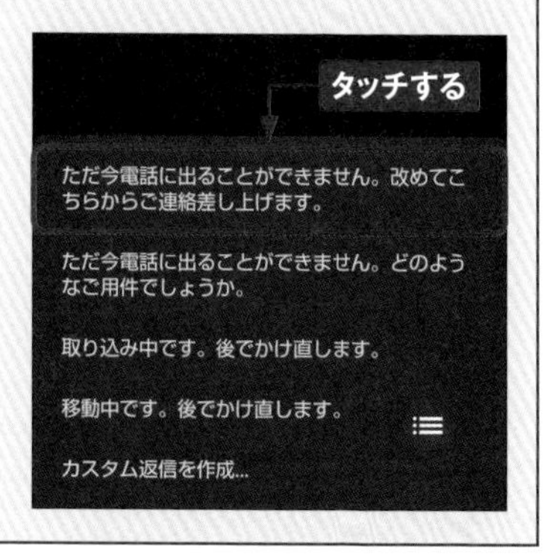

タッチする
ただ今電話に出ることができません。改めてこちらからご連絡差し上げます。
ただ今電話に出ることができません。どのようなご用件でしょうか。
取り込み中です。後でかけ直します。
移動中です。後でかけ直します。
カスタム返信を作成...

Section 15

Application

伝言メモを利用する

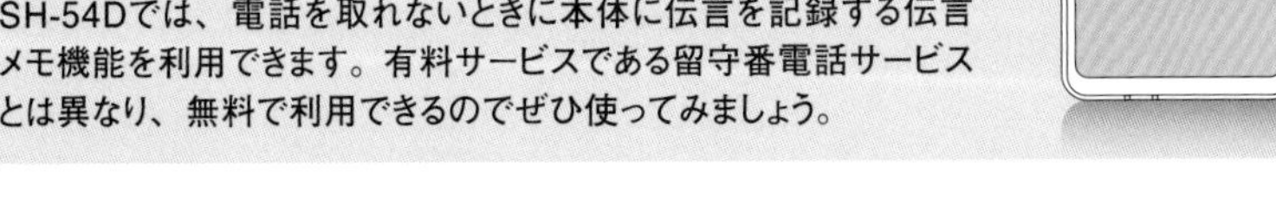

SH-54Dでは、電話を取れないときに本体に伝言を記録する伝言メモ機能を利用できます。有料サービスである留守番電話サービスとは異なり、無料で利用できるのでぜひ使ってみましょう。

伝言メモを設定する

① P.42手順①を参考に「電話」アプリを起動して、右上の⋮→［設定］の順でタッチします。

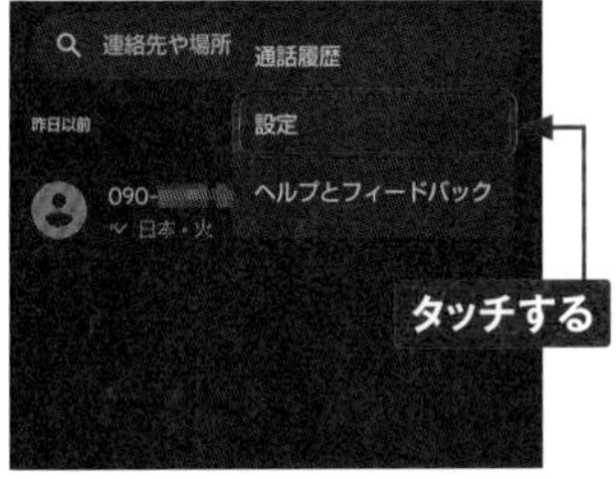
連絡先や場所
通話履歴
昨日以前
設定
ヘルプとフィードバック
タッチする

② 「設定」画面で［通話アカウント］→［通話音声・伝言メモ］→右下の［設定］→［伝言メモ設定］→［ON］の順にタッチします。

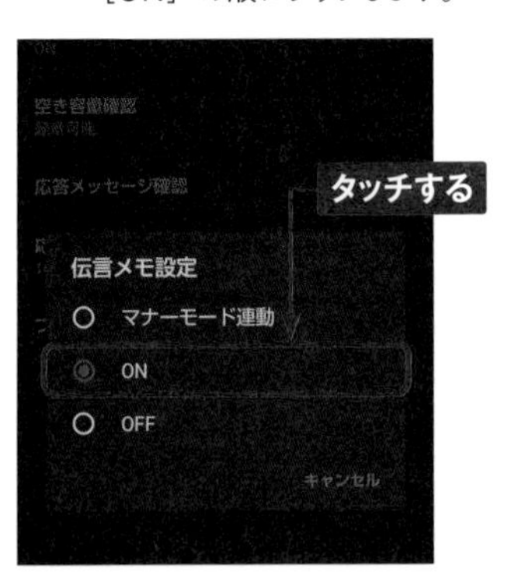
応答メッセージ確認
タッチする
伝言メモ設定
マナーモード連動
ON
OFF
キャンセル

③ 手順②で表示される「通話音声・伝言メモ」画面で［応答時間設定］をタッチ、応答時間を変更します。なお、留守番電話サービスの呼び出し時間より短く設定する必要があります。

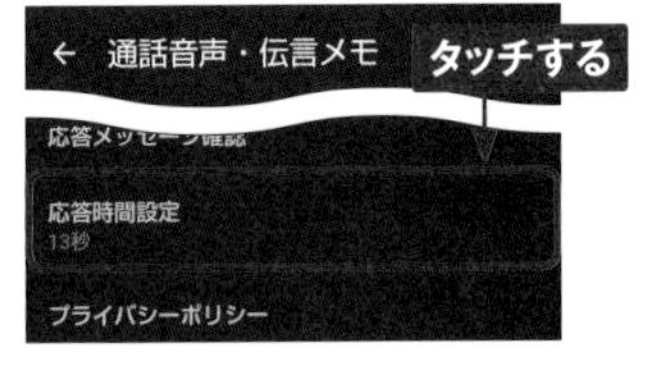
通話音声・伝言メモ
タッチする
応答時間設定
13秒
プライバシーポリシー

MEMO　簡易留守録（通話音声・伝言メモ）

「簡易留守録（通話音声・伝言メモ）」アプリがインストールされていないため、手順②の設定でうまく行えない場合があります。Sec.36を参考に「Playストア」アプリから「簡易留守録（通話音声・伝言メモ）」アプリをインストールします。

簡易留守録（通話音...
SHARP CORPORATION
インストール

伝言メモを再生する

1 不在着信や伝言メモがあると、ステータスバーに🖭が表示されます。ステータスバーを下方向にドラッグします。

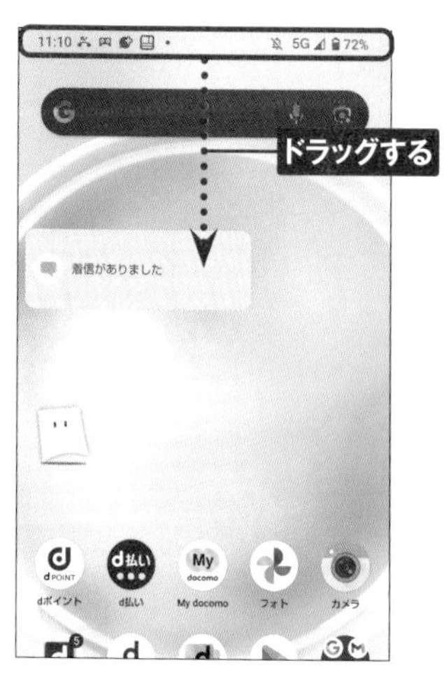
11:10
5G 72%
ドラッグする
着信がありました
dポイント
d払い
My docomo
フォト
カメラ

2 ステータスパネルが表示されるので、伝言メモの通知をタッチします。

3 伝言メモリストから聞きたい伝言メモをタッチすると、伝言メモが再生されます。

伝言メモリスト
00:00
00:09
伝言メモリスト
11/30 11:10

4 再生中の伝言メモを削除するには、右上の⋮→［選択削除］の順でタッチします。

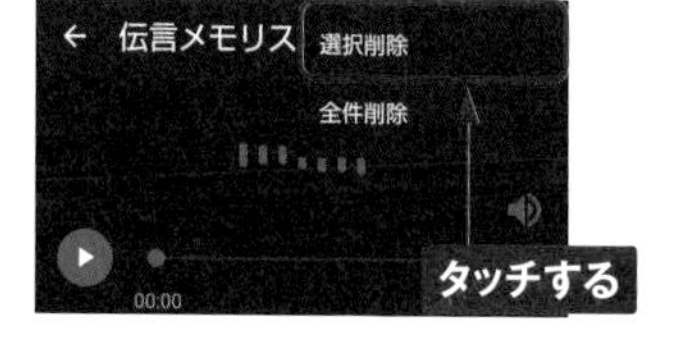
伝言メモリス
選択削除
全件削除
00:00
タッチする

MEMO そのほかの伝言メモ再生方法

ステータスバーの通知を削除してしまった場合は、「電話」アプリの画面で右上の⋮→［設定］→［通話カウント］→［通話音声・伝言メモ］の順でタッチすると、手順③の画面が表示されます。「通話音声メモリスト」が表示された場合は［伝言メモ］をタッチします。

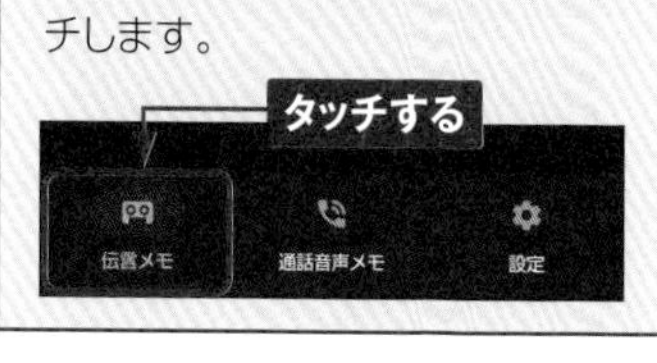
タッチする
伝言メモ
通話音声メモ
設定

Section 16

通話音声メモを利用する

Application

SH-54Dの「通話音声メモ」を利用すると、「電話」アプリで通話中の会話を録音できます。重要な要件で電話をする際など、保存した会話をあとで再生して確認できるので便利です。

通話中の会話を録音する

1. 「電話」アプリで通話中、右下の☰をタッチします。

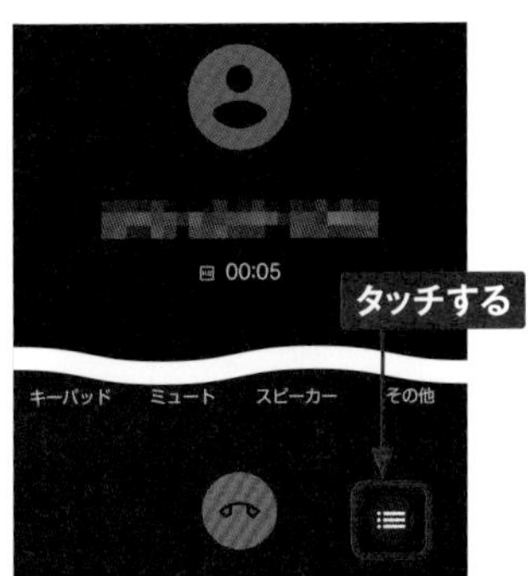
00:05
タッチする
キーパッド
ミュート
スピーカー
その他

2. 表示された［通話音声メモ］をタッチします。

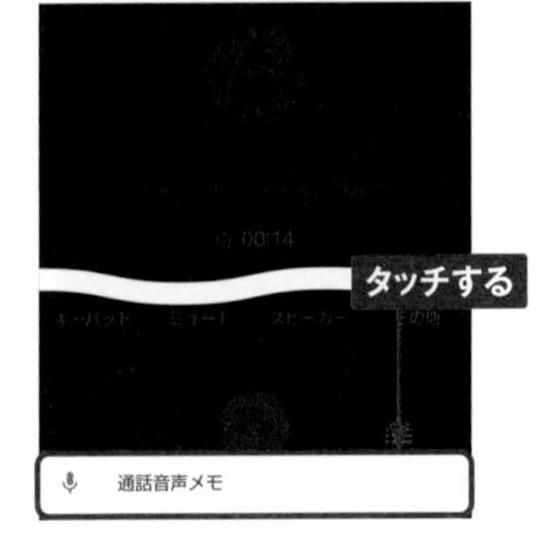
タッチする
通話音声メモ

3. 「録音中」画面が表示されて、通話の録音が開始されます。録音を終了するには［停止］をタッチします。

00:37
録音中 00:09 / 60:00
タッチする
停止

4. 通常の「電話」アプリの画面に戻ります。

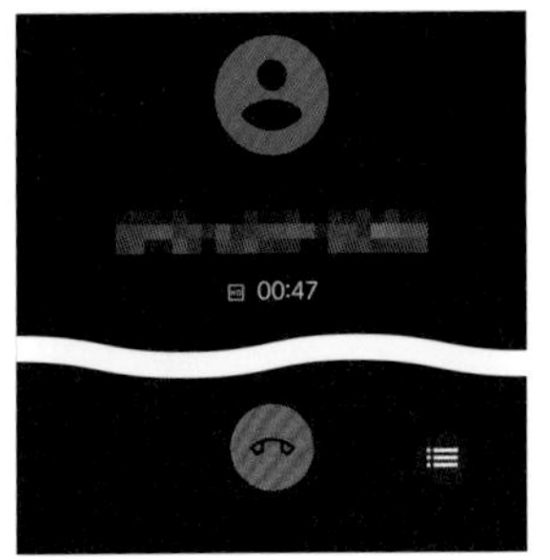
00:47

録音した通話を再生する

① 「電話」アプリの画面で右上の⋮→［設定］の順でタッチします。

連絡先や場所
通話履歴
タッチする
設定
090-
ヘルプとフィードバック
日本・1分
お気に入り
履歴
連絡先

② 「電話」アプリの「設定」画面が表示されるので、［通話アカウント］をタッチします。

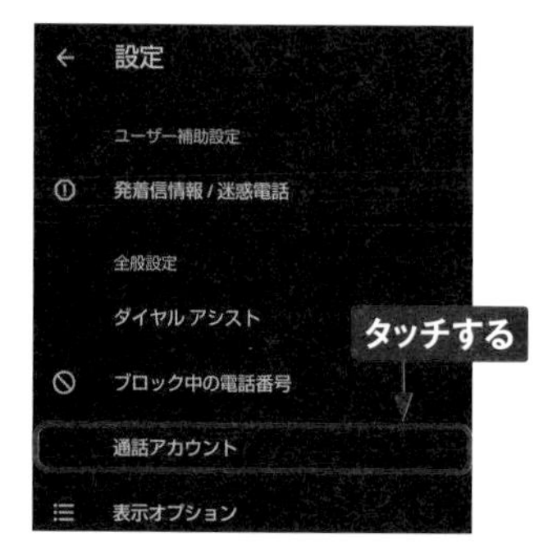
設定
ユーザー補助設定
発着信情報 / 迷惑電話
全般設定
ダイヤル アシスト
タッチする
ブロック中の電話番号
通話アカウント
表示オプション

③ 「通話アカウント」画面で［通話音声・伝言メモ］をタッチします。

④ 「通話音声メモ」をタッチし、通話音声メモリストの中から目的の通話音声メモをタッチします。▶をタッチすると、通話音声が再生されます。

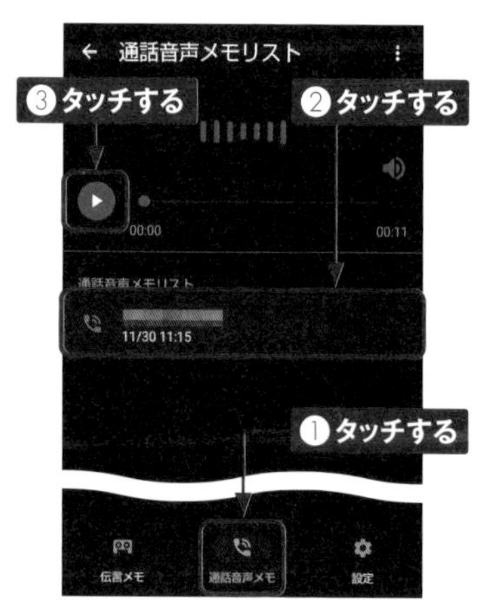
通話音声メモリスト
③タッチする
②タッチする
00:00
00:11
11/30 11:15
①タッチする
伝言メモ
通話音声メモ
設定

⑤ ⏸をタッチすると、通話音声の再生が停止します。

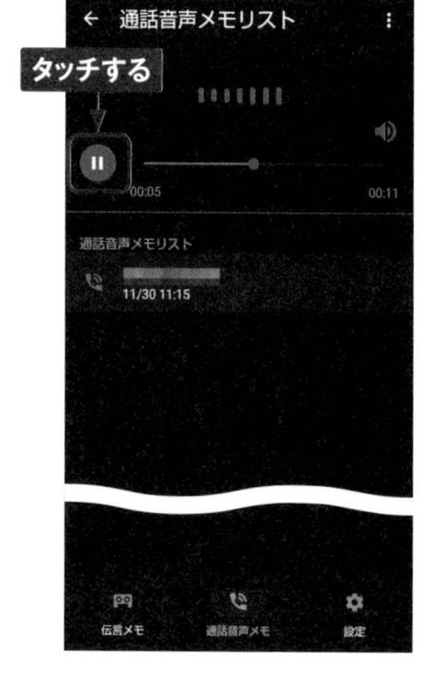
通話音声メモリスト
タッチする
00:05
00:11
通話音声メモリスト
11/30 11:15
伝言メモ
通話音声メモ
設定

Section 17

ドコモ電話帳を利用する

Application

電話番号やメールアドレスなどの連絡先は、「ドコモ電話帳」で管理することができます。クラウド機能を有効にすることで、電話帳データが専用のサーバーに自動で保存されるようになります。

クラウド機能を有効にする

① ホーム画面でアプリ一覧ボタンをタッチします。

② アプリ一覧画面で、［ドコモ電話帳］をタッチします。

タッチする
ドコモ電話帳

③ 初回起動時は「クラウド機能の利用について」画面が表示されます。［注意事項］をタッチします。

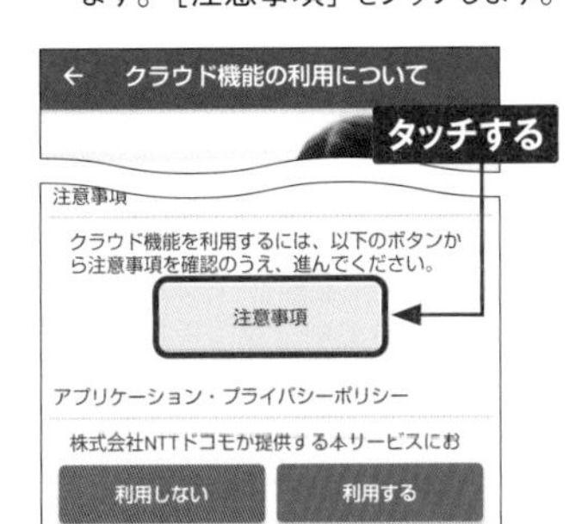
クラウド機能の利用について
タッチする
注意事項
クラウド機能を利用するには、以下のボタンから注意事項を確認のうえ、進んでください。
注意事項
アプリケーション・プライバシーポリシー
利用しない
利用する

④ 内容を確認し、◀をタッチして戻ります。

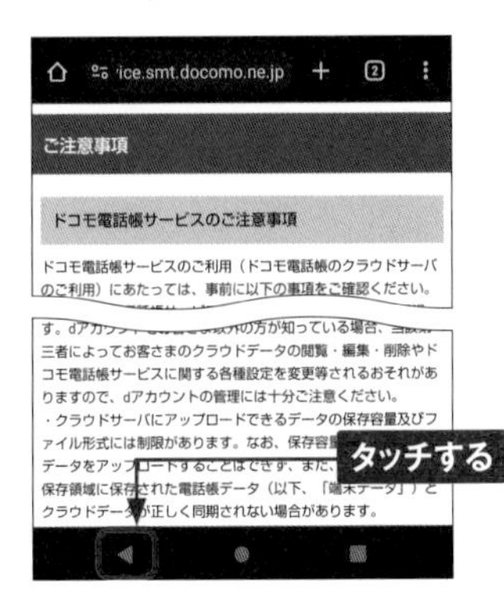
ice.smt.docomo.ne.jp
ご注意事項
ドコモ電話帳サービスのご注意事項
タッチする

5 手順④と同様にプライバシーポリシーについて確認したら、[利用する]をタッチします。

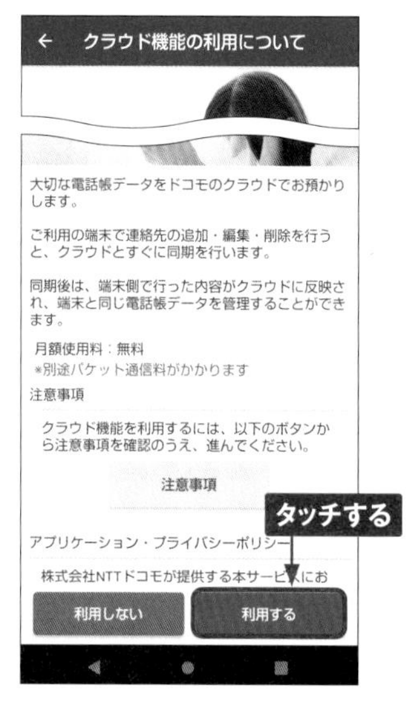

← クラウド機能の利用について
大切な電話帳データをドコモのクラウドでお預かりします。
ご利用の端末で連絡先の追加・編集・削除を行うと、クラウドとすぐに同期を行います。
同期後は、端末側で行った内容がクラウドに反映され、端末と同じ電話帳データを管理することができます。
月額使用料：無料
※別途パケット通信料がかかります
注意事項
クラウド機能を利用するには、以下のボタンから注意事項を確認のうえ、進んでください。
注意事項
タッチする
アプリケーション・プライバシーポリシー
利用しない
利用する

6 ドコモ電話帳の画面が表示されます。機種変更などでクラウドサーバーに保存していた連絡先がある場合は、自動的に同期されます。

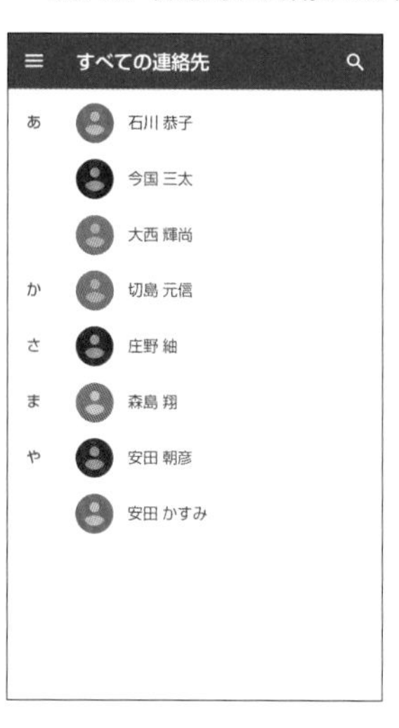

すべての連絡先
あ
石川 恭子
今国 三太
大西 輝尚
か
切島 元信
さ
庄野 紬
ま
森島 翔
や
安田 朝彦
安田 かすみ

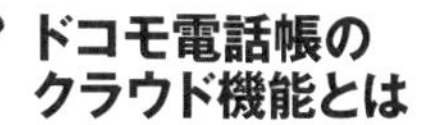

MEMO

ドコモ電話帳のクラウド機能とは

ドコモ電話帳のクラウド機能では、電話帳データを専用のクラウドサーバー（インターネット上の保管庫）に自動保存しています。そのため、機種変更をしたときも、クラウドを利用して簡単に電話帳のデータを移行できます。
また、パソコンから電話帳データを閲覧／編集できる機能も用意されています。
クラウドのデータを手動で同期する場合は、P.55手順③の画面で、[クラウドメニュー]→[クラウドとの同期実行]→[OK]の順にタッチします。

← クラウドメニュー
クラウドとの同期実行
クラウドの状態確認
同期の停止

ドコモ電話帳に新規連絡先を登録する

① P.50手順①〜②を参考にドコモ電話帳を開き、⊕をタッチします。

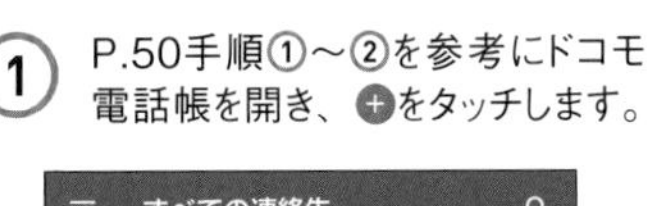
すべての連絡先

あ
石川 恭子
今国 三太
大西 輝尚
タッチする

② 連絡先を保存するアカウントを選択します。ここでは［docomo］を選択します。

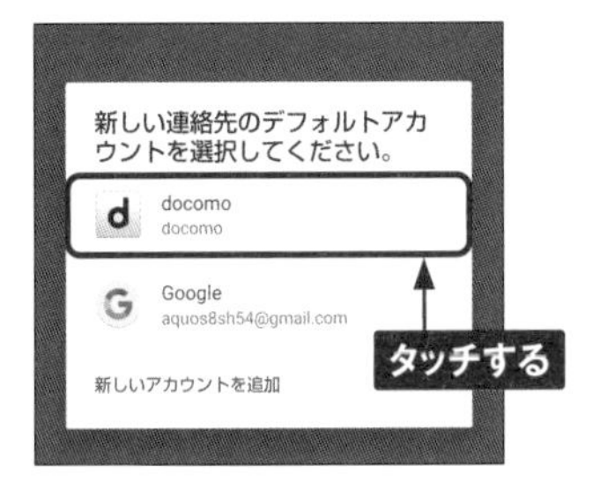
新しい連絡先のデフォルトアカウントを選択してください。
docomo
docomo
Google
aquos8sh54@gmail.com
新しいアカウントを追加
タッチする

③ 入力欄をタッチしてソフトウェアキーボードを表示し、「姓」と「名」の入力欄へ連絡先の情報を入力して→|をタッチします。

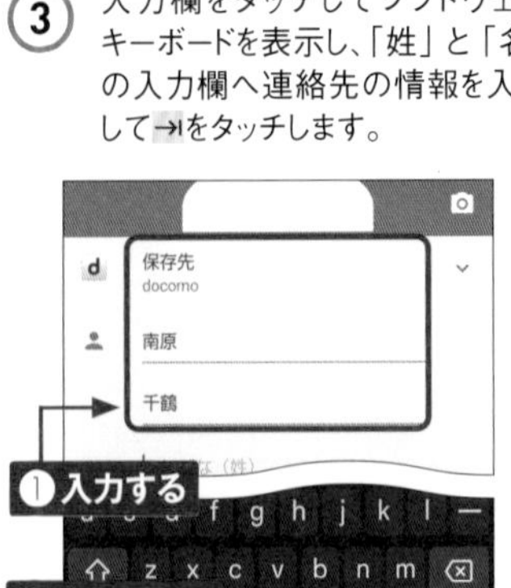
保存先
docomo
南原
千鶴
①入力する
②タッチする
日本語

④ 姓名のふりがな、電話番号、メールアドレスなどを入力します。完了したら［保存］をタッチします。

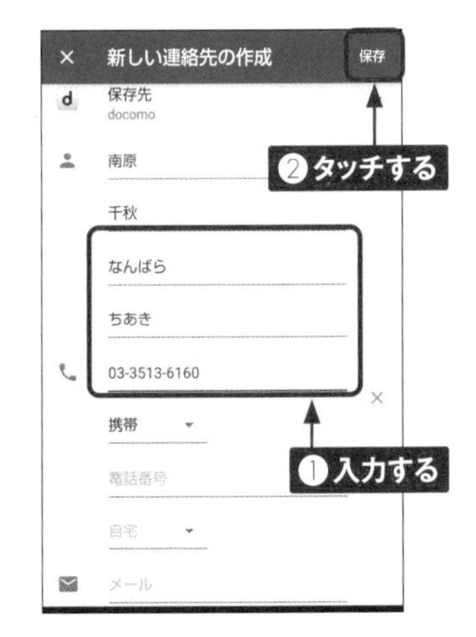
新しい連絡先の作成
保存
保存先
docomo
南原
千秋
なんばら
ちあき
03-3513-6160
携帯
電話番号
自宅
メール
②タッチする
①入力する

⑤ 連絡先の情報が保存されます。◀をタッチして、手順①の画面に戻ります。

 ドコモ電話帳に通話履歴から登録する

① P.44を参考に「履歴」画面を表示します。連絡先に登録したい電話番号をタッチします。

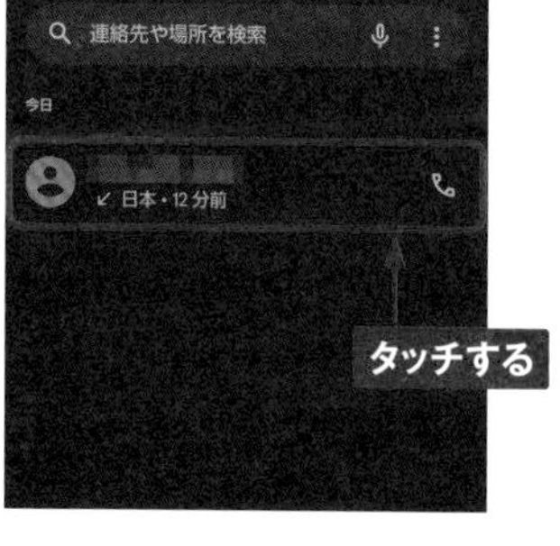
連絡先や場所を検索
今日
日本・12分前
タッチする

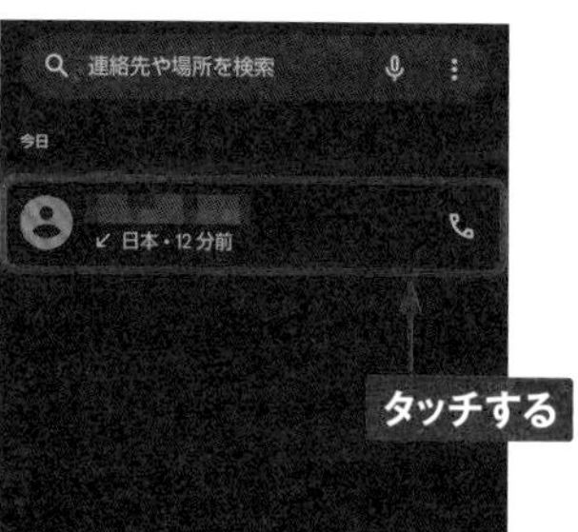

② ［連絡先に追加］をタッチします。

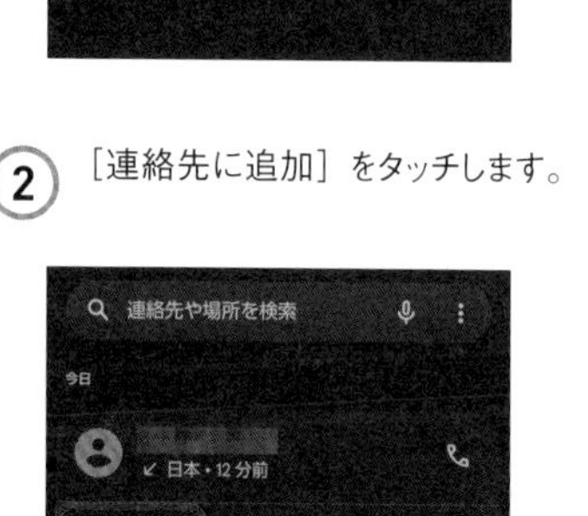

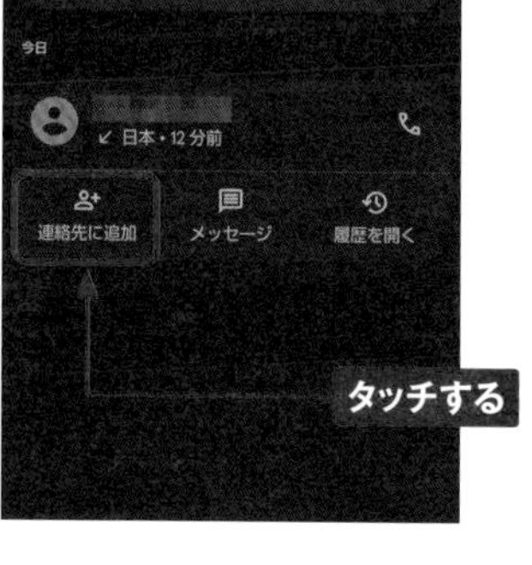
連絡先や場所を検索
今日
日本・12分前
連絡先に追加
メッセージ
履歴を開く
タッチする

③ ［新しい連絡先を作成］をタッチします。

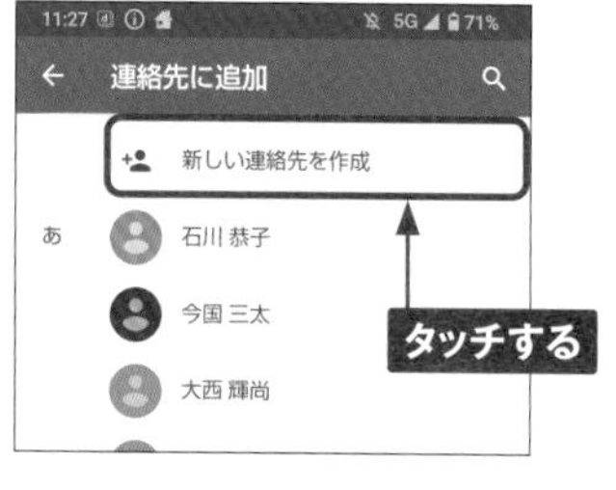
11:27
5G 71%
連絡先に追加
新しい連絡先を作成
あ
石川 恭子
今国 三太
大西 輝尚
タッチする

④ P.52手順③～④を参考に連絡先の情報を登録します。

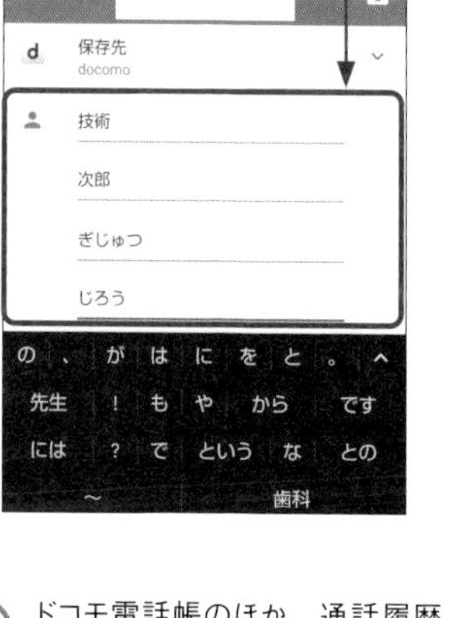
新しい連絡先の作成
保存
入力する
保存先
docomo
技術
次郎
ぎじゅつ
じろう
の 、 が は に を と 。
先生 ! も や から です
には ? で という な との
歯科

⑤ ドコモ電話帳のほか、通話履歴、連絡先にも登録した名前が表示されるようになります。

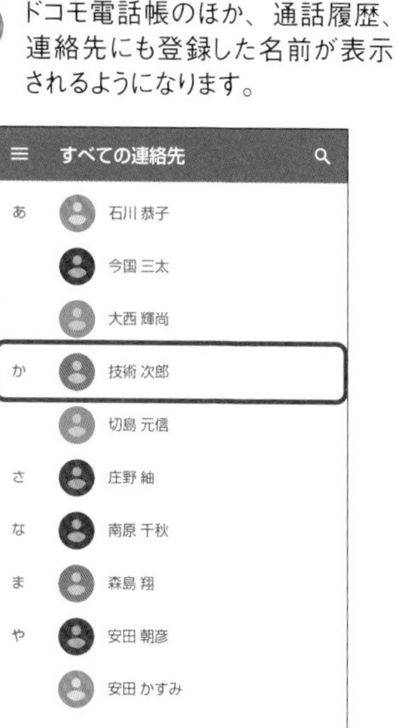
すべての連絡先
あ
石川 恭子
今国 三太
大西 輝尚
か
技術 次郎
切島 元信
さ
庄野 紬
な
南原 千秋
ま
森島 翔
や
安田 朝彦
安田 かすみ

ドコモ電話帳のそのほかの機能

●連絡先を編集する

① P.50手順①〜②を参考に「ドコモ電話帳」画面を表示し、編集したい連絡先をタッチします。

すべての連絡先
あ
石川 恭子
今国 三太
大西 輝尚
か
技術 次郎
切島 元信
さ
庄野 紬
な
南原 千秋
ま
森島 翔
や
安田 朝彦
安田 かすみ
タッチする

② 連絡先の「プロフィール」画面が表示されるので🖊をタッチし、P.52手順③〜④を参考に連絡先を編集します。

タッチする
技術 次郎
ぎじゅつ じろう
携帯
概要 次郎
よみがな

●電話帳から電話をかける

① 左記手順①〜②を参考に「プロフィール」画面を表示し、番号をタッチします。

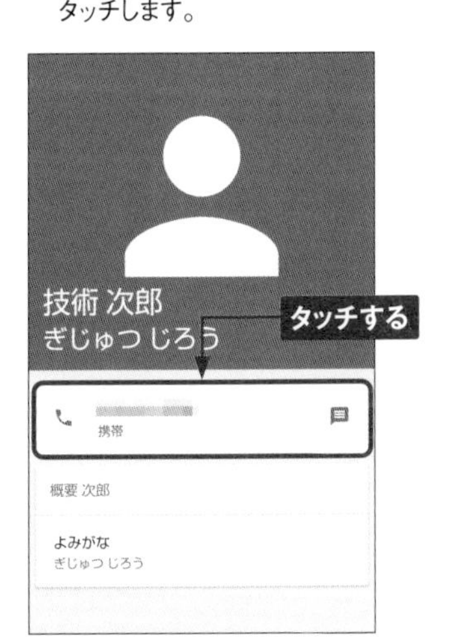
技術 次郎
ぎじゅつ じろう
タッチする
携帯
概要 次郎
よみがな
ぎじゅつ じろう

② 電話が発信されます。

技
発信中...
技術 次郎
携帯
キーパッド
ミュート
スピーカー
その他

 自分の情報を確認する

① P.50手順①～②を参考に「ドコモ電話帳」画面を表示し、☰をタッチします。

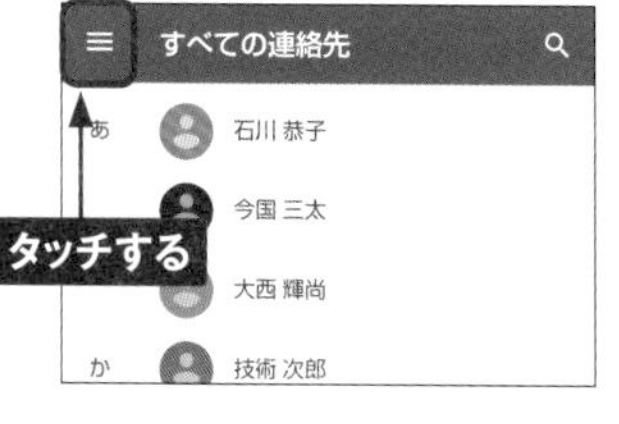
すべての連絡先
あ
石川 恭子
今国 三太
タッチする
大西 輝尚
か
技術 次郎

② 表示されたメニューの［設定］をタッチします。

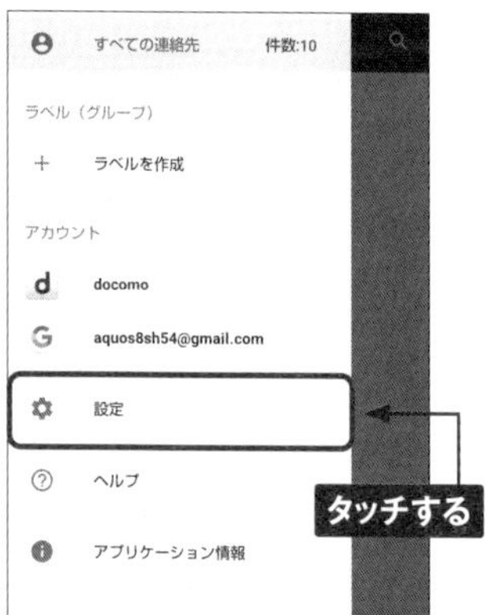
すべての連絡先
件数:10
ラベル（グループ）
ラベルを作成
アカウント
docomo
aquos8sh54@gmail.com
設定
ヘルプ
タッチする
アプリケーション情報

③ ［ユーザー情報］をタッチします。

④ 自分の情報が表示されて、電話番号などを確認できます。編集する場合は✏をタッチします。

⑤ この画面が表示された場合は［docomoのプロファイル］をタッチします。

⑥ P.52手順③～④を参考に情報を入力し、［保存］をタッチします。

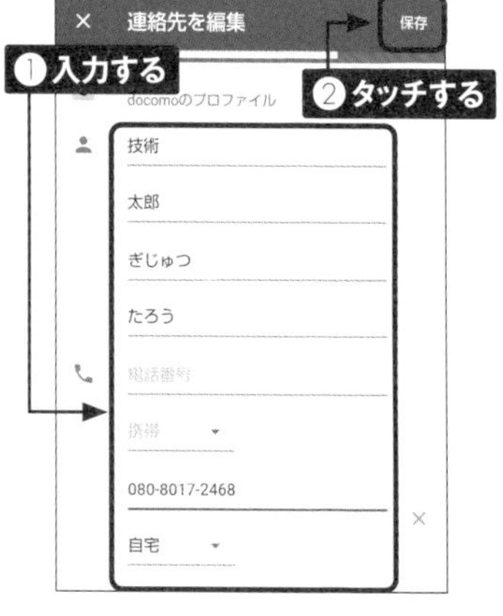
連絡先を編集
保存
①入力する
②タッチする
docomoのプロファイル
技術
太郎
ぎじゅつ
たろう
電話番号
携帯
080-8017-2468
自宅

Section 18

着信拒否を設定する

Application

迷惑電話ストップサービス（無料）を利用すると、リストに登録した電話番号からの着信を拒否することができます。迷惑電話やいたずら電話がくり返しかかってきたときは、着信拒否を設定しましょう。

着信拒否リストに登録する

① 「電話」アプリの画面で右上の ⋮ →［設定］の順でタッチします。

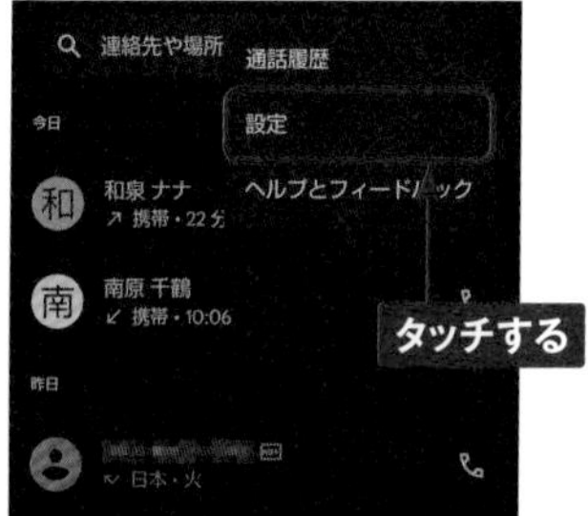
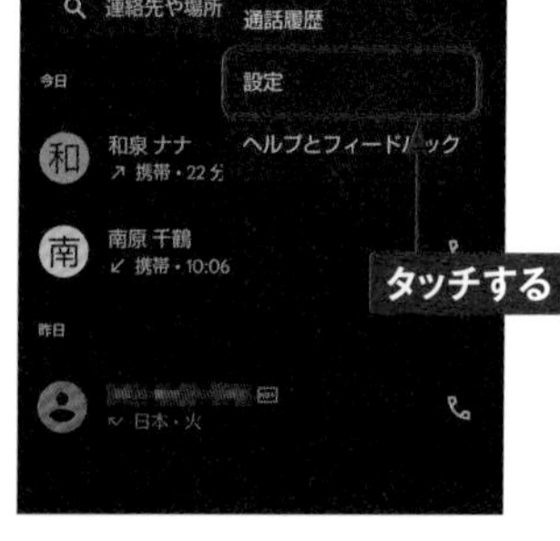
連絡先や場所
通話履歴
今日
設定
和泉 ナナ
ヘルプとフィードバック
南原 千鶴
携帯・10:06
昨日
日本・火
タッチする

② 「設定」画面で［通話アカウント］をタッチします。

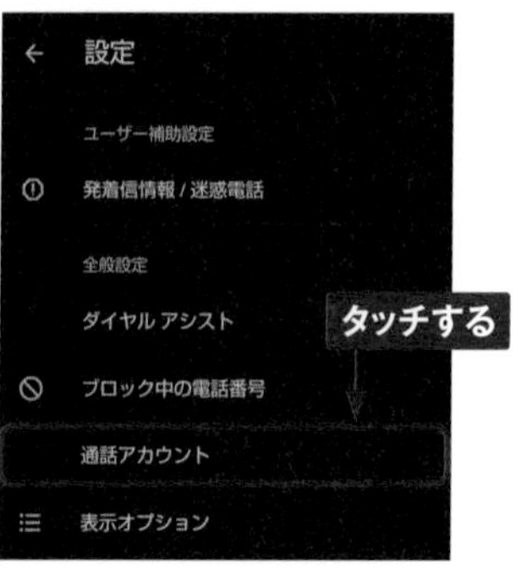
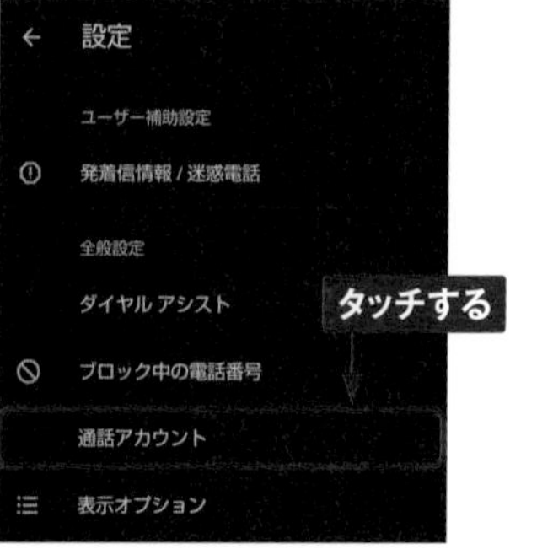
設定
ユーザー補助設定
発着信情報 / 迷惑電話
全般設定
ダイヤル アシスト
ブロック中の電話番号
通話アカウント
表示オプション
タッチする

③ 「通話アカウント」画面でSIMを選択します。ここでは［docomo］をタッチします。

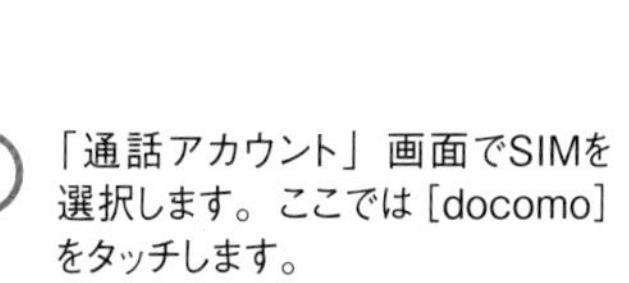

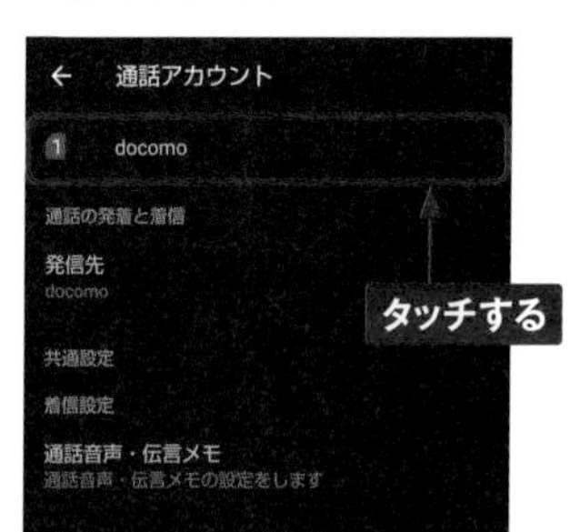
通話アカウント
docomo
通話の発着と着信
発信先
docomo
共通設定
着信設定
通話音声・伝言メモ
通話音声・伝言メモの設定をします
タッチする

④ ［ネットワークサービス・海外設定・オフィスリンク］をタッチします。

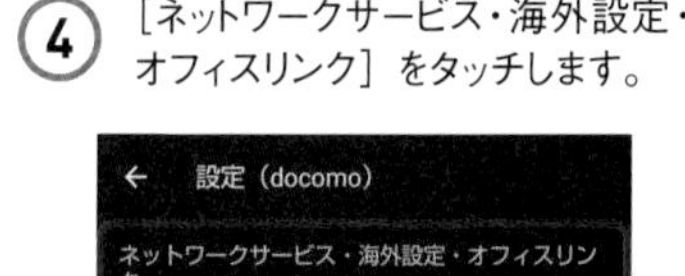
設定（docomo）
ネットワークサービス・海外設定・オフィスリンク
ドコモのネットワークサービス/海外ローミング/オフィスリンクの動作設定をします
タッチする

5 「サービス設定」画面で［ネットワークサービス］をタッチします。

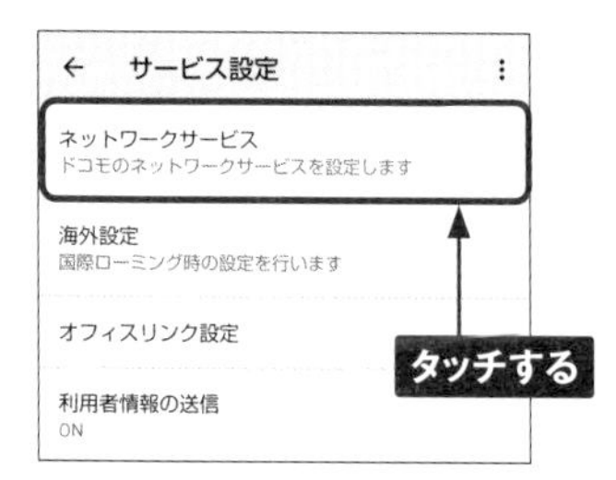

← サービス設定
ネットワークサービス
ドコモのネットワークサービスを設定します
海外設定
国際ローミング時の設定を行います
オフィスリンク設定
利用者情報の送信
ON
タッチする

6 「ネットワークサービス」画面で［迷惑電話ストップサービス］をタッチします。

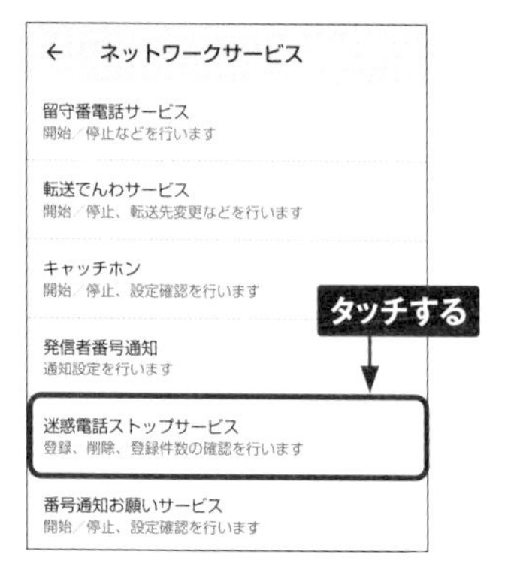

← ネットワークサービス
留守番電話サービス
開始／停止などを行います
転送でんわサービス
開始／停止、転送先変更などを行います
キャッチホン
開始／停止、設定確認を行います
発信者番号通知
通知設定を行います
迷惑電話ストップサービス
登録、削除、登録件数の確認を行います
番号通知お願いサービス
開始／停止、設定確認を行います
タッチする

7 ［番号指定拒否登録］をタッチします。

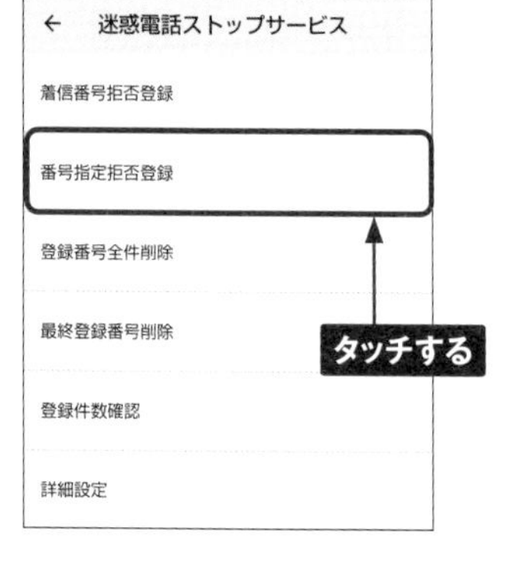

← 迷惑電話ストップサービス
着信番号拒否登録
番号指定拒否登録
登録番号全件削除
最終登録番号削除
登録件数確認
詳細設定
タッチする

8 着信を拒否したい電話番号を入力し、［OK］をタッチします。

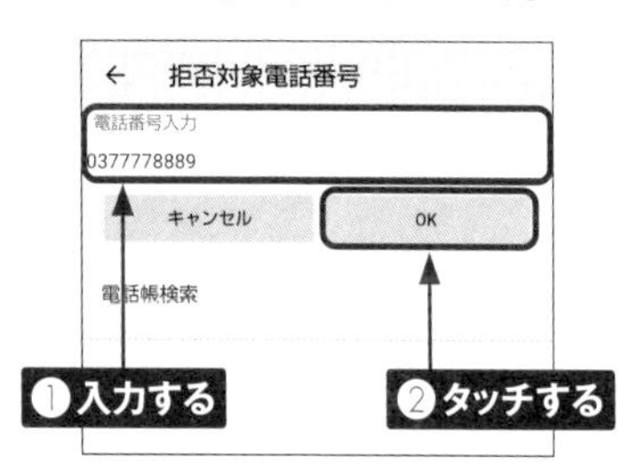

← 拒否対象電話番号
電話番号入力
0377778889
キャンセル
OK
電話帳検索
①入力する
②タッチする

9 確認のメッセージが表示されたら、［OK］をタッチします。次の画面でも［OK］をタッチします。

0377778888を拒否登録します
キャンセル
OK
タッチする

MEMO

迷惑電話ストップサービスを活用する

手順⑦の画面で［着信番号拒否登録］→［OK］の順にタッチすると、最後に着信した相手の電話番号を着信拒否リストに登録できます。間違えて登録したときは、手順⑦の画面で［最終登録番号削除］→［OK］の順にタッチすると、最後に登録した電話番号だけ解除できます。

Section 19

通知音や着信音を変更する

Application

メールの通知音と電話の着信音は、設定メニューから変更できます。また、電話の着信音は、着信した相手ごとに個別に設定することもできます。

メールの通知音を変更する

① P.20を参考に設定メニューを開いて、[着信音とバイブレーション]をタッチします。

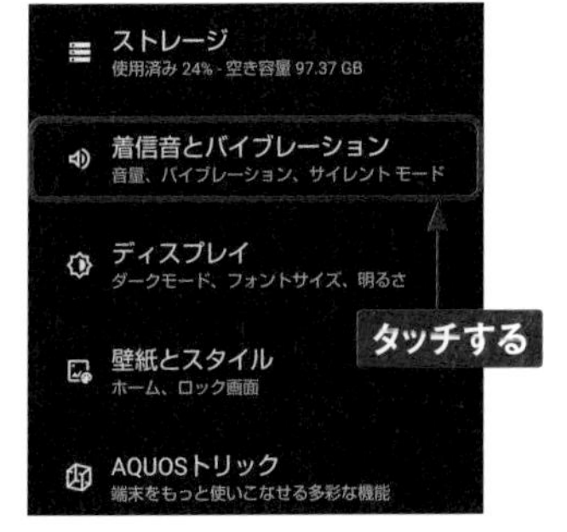
ストレージ
使用済み 24% - 空き容量 97.37 GB
着信音とバイブレーション
音量、バイブレーション、サイレント モード
ディスプレイ
ダークモード、フォントサイズ、明るさ
タッチする
壁紙とスタイル
ホーム、ロック画面
AQUOSトリック
端末をもっと使いこなせる多彩な機能

② 「着信音とバイブレーション」画面が表示されるので、[デフォルトの通知音]をタッチします。

③ 通知音のリストが表示されます。好みの通知音をタッチし、[OK]をタッチすると変更完了です。

MEMO 音楽を通知音や着信音に設定する

手順③の画面で[端末内のファイル]をタッチすると、SH-54Dに保存されている音楽を通知音や着信音に設定できます。

電話の着信音を変更する

① P.20を参考に設定メニューを開いて、[着信音とバイブレーション]をタッチします。

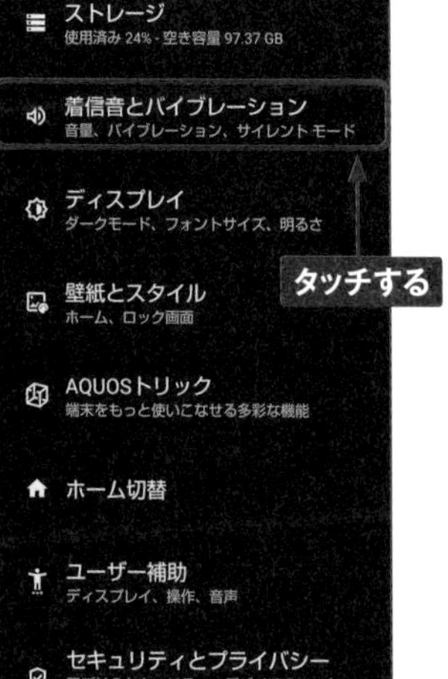

ストレージ
使用済み 24% - 空き容量 97.37 GB
着信音とバイブレーション
音量、バイブレーション、サイレントモード
ディスプレイ
ダークモード、フォントサイズ、明るさ
壁紙とスタイル
ホーム、ロック画面
AQUOSトリック
端末をもっと使いこなせる多彩な機能
ホーム切替
ユーザー補助
ディスプレイ、操作、音声
セキュリティとプライバシー
アプリのセキュリティ、デバイスのロック、
タッチする

② 「着信音とバイブレーション」画面が表示されるので、[着信音]をタッチします。

③ 着信音のリストが表示されるので、好みの着信音を選んでタッチし、[OK]をタッチすると、着信音が変更されます。

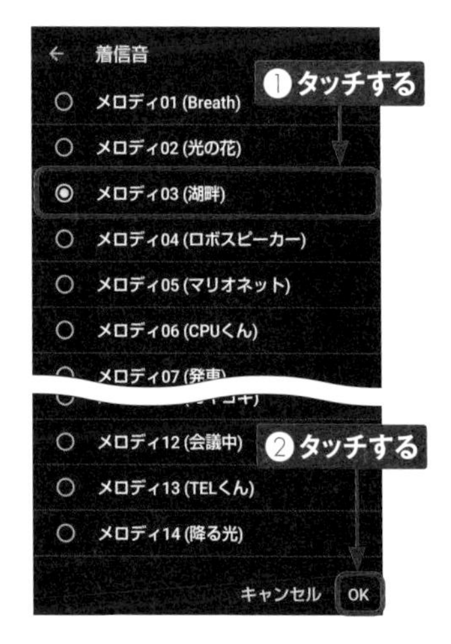

着信音
メロディ01 (Breath)
メロディ02 (光の花)
メロディ03 (湖畔)
メロディ04 (ロボスピーカー)
メロディ05 (マリオネット)
メロディ06 (CPUくん)
メロディ12 (会議中)
メロディ13 (TELくん)
メロディ14 (降る光)
キャンセル
OK
①タッチする
②タッチする

MEMO 着信音の個別設定

着信相手ごとに、着信音を変えることができます。P.54を参考に連絡先の「プロフィール」画面を表示して、画面右上の⋮→[着信音を設定]の順にタッチします。ここで好きな着信音をタッチして、[OK]をタッチすると、その連絡先からの着信音を設定できます。

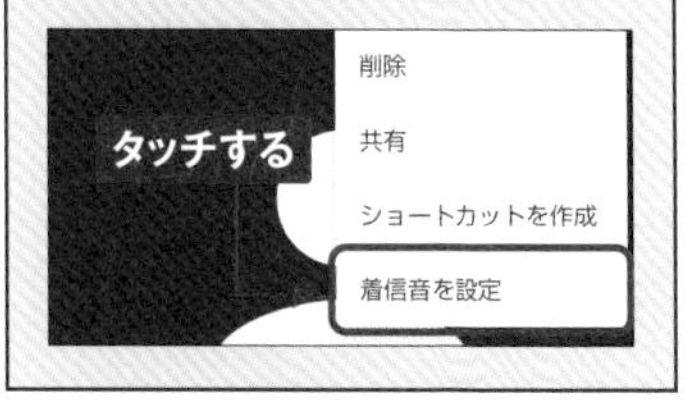

削除
共有
ショートカットを作成
着信音を設定
タッチする

Section 20

操作音やマナーモードを設定する

Application

音量は設定メニューから変更できます。また、マナーモードはバイブレーションがオン／オフの2つのモードがあります。なお、マナーモード中でも、動画や音楽などの音声は消音されません。

音楽やアラームなどの音量を調節する

① P.20を参考に設定メニューを開いて、[着信音とバイブレーション]をタッチします。

② 「着信音とバイブレーション」画面が表示されます。「メディアの音量」の◎を左右にドラッグして、音楽や動画の音量を調節します。

③ 手順②と同じ方法で、「着信音と通知の音量」「アラームの音量」も調節できます。

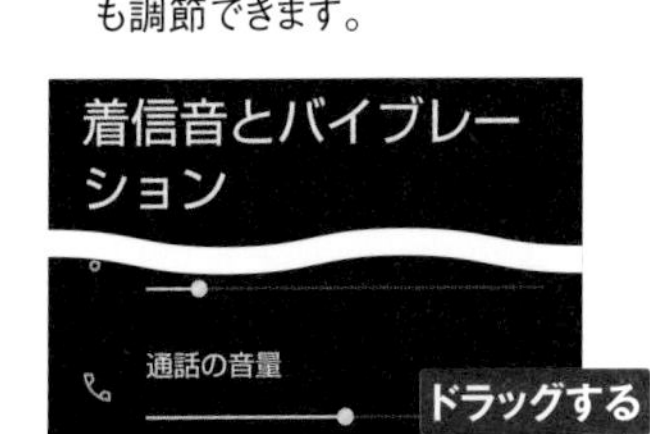
着信音とバイブレーション

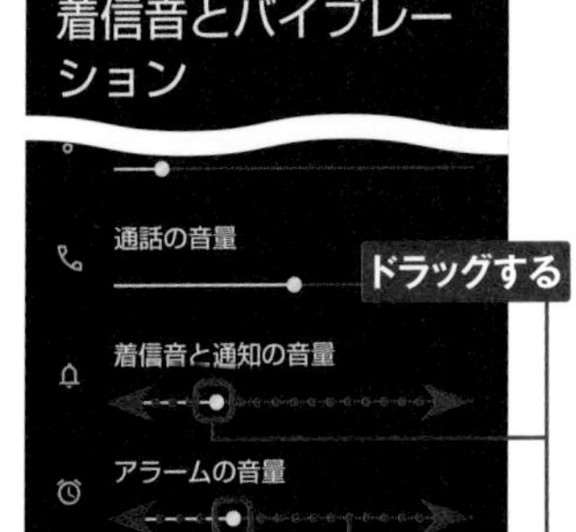
通話の音量
ドラッグする
着信音と通知の音量
アラームの音量

④ 画面左上の←をタッチして、設定を完了します。

マナーモードを設定する

1. 本体の右側面にある音量UP／DOWNキーを押します。

押す

2. ポップアップが表示されるので、［マナー OFF］をタッチします。

タッチする

3. メニューが表示されます。ここでは［ミュート］をタッチします。

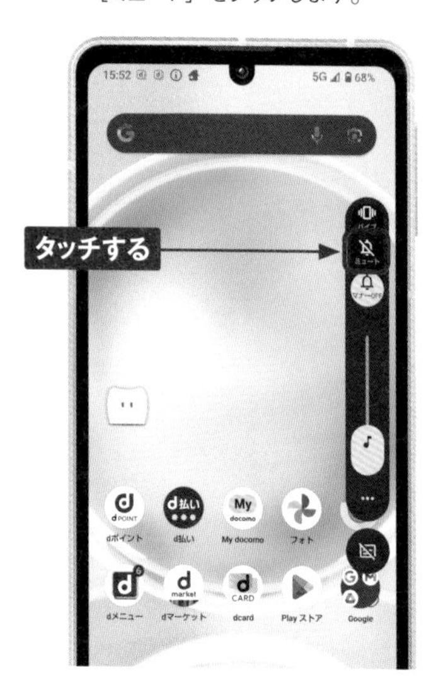
タッチする

4. マナーモードがオンになり、着信音や操作音は鳴らず、着信時などにバイブレータも動作しなくなります（アラームや動画、音楽は鳴ります）。

バイブレーションのみの
マナーモードになる

操作音のオン／オフを設定する

① P.20を参考に設定メニューを開いて、[着信音とバイブレーション]をタッチします。

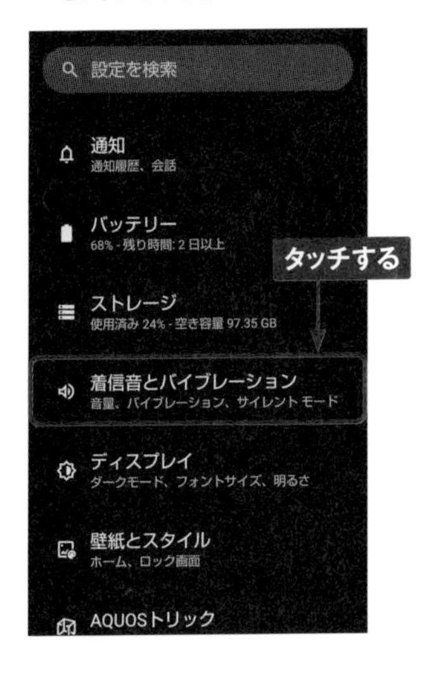
設定を検索
通知
通知履歴、会話
バッテリー
68% - 残り時間: 2 日以上
タッチする
ストレージ
使用済み 24% - 空き容量 97.35 GB
着信音とバイブレーション
音量、バイブレーション、サイレント モード
ディスプレイ
ダークモード、フォントサイズ、明るさ
壁紙とスタイル
ホーム、ロック画面
AQUOSトリック

② 「着信音とバイブレーション」画面を上方向へフリックします。

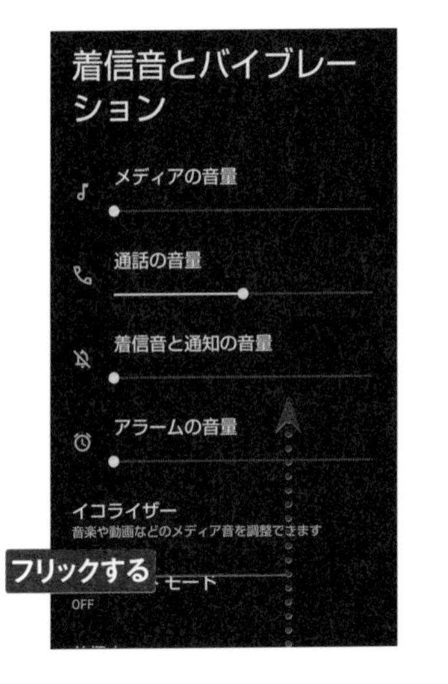
着信音とバイブレーション
メディアの音量
通話の音量
着信音と通知の音量
アラームの音量
イコライザー
音楽や動画などのメディア音を調整できます
フリックする
モード
OFF

③ 設定を変更したい操作音（ここでは[ダイヤルパッドの操作音]）をタッチします。

着信音とバイブレーション
メディア
クイック設定に表示させるプレーヤーを選択
バイブレーションとハプティクス
ON
着信音ミュート用のショートカット
デフォルトの通知音
通知音08 (Time)
タッチする
デフォルトのアラーム音
アラーム音 1 (目覚め)
ダイヤルパッドの操作音
画面ロックの音
充電時の音とバイブレーション

④ が になり、操作音がオフになります。同様にして、画面ロック音やタッチ操作音のオン／オフが行えます。

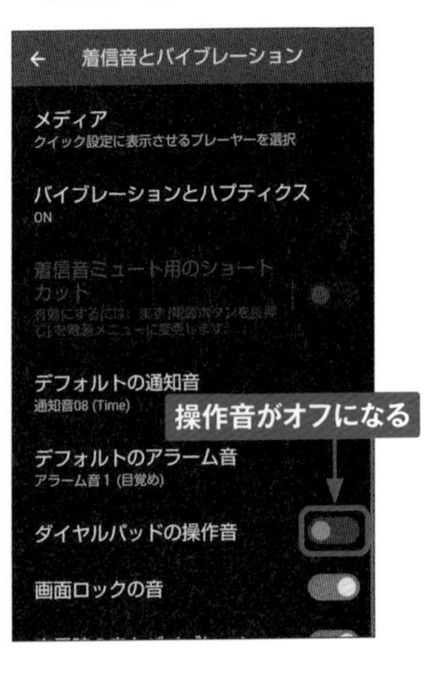
着信音とバイブレーション
メディア
クイック設定に表示させるプレーヤーを選択
バイブレーションとハプティクス
ON
着信音ミュート用のショートカット
デフォルトの通知音
通知音08 (Time)
操作音がオフになる
デフォルトのアラーム音
アラーム音 1 (目覚め)
ダイヤルパッドの操作音
画面ロックの音

Chapter 3

インターネットとメールを利用する

Section 21 Webページを閲覧する
Section 22 Webページを検索する
Section 23 複数のWebページを同時に開く
Section 24 ブックマークを利用する
Section 25 SH-54Dで使えるメールの種類
Section 26 ドコモメールを設定する
Section 27 ドコモメールを利用する
Section 28 メールを自動振分けする
Section 29 迷惑メールを防ぐ
Section 30 +メッセージを利用する
Section 31 Gmailを利用する
Section 32 Yahoo!メール／PCメールを設定する

Section 21

Webページを閲覧する

Application

SH-54Dでは、「Chrome」アプリでWebページを閲覧することができます。Googleアカウントでログインすることで、パソコン用の「Google Chrome」とブックマークや履歴の共有が行えます。

Webページを表示する

1. ホーム画面を表示して、をタッチします。初回起動時はアカウントの確認画面が表示されるので、[同意して続行]をタッチし、「同期を有効にしますか?」画面でアカウントを選択して[有効にする]をタッチします。

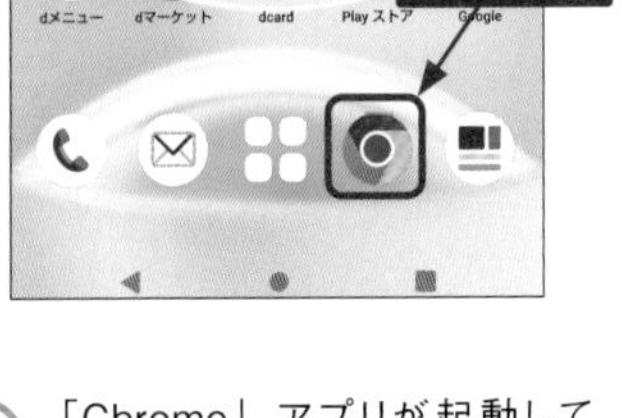
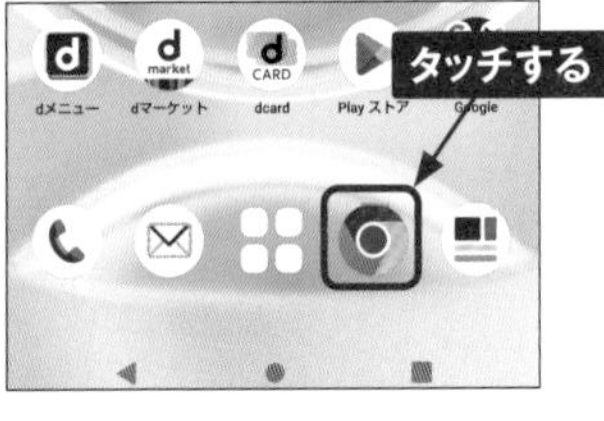
タッチする
dメニュー
dマーケット
dcard
Play ストア
Google

2. 「Chrome」アプリが起動して、Webページが表示されます。「URL入力欄」が表示されない場合は、画面を下方向にフリックすると表示されます。

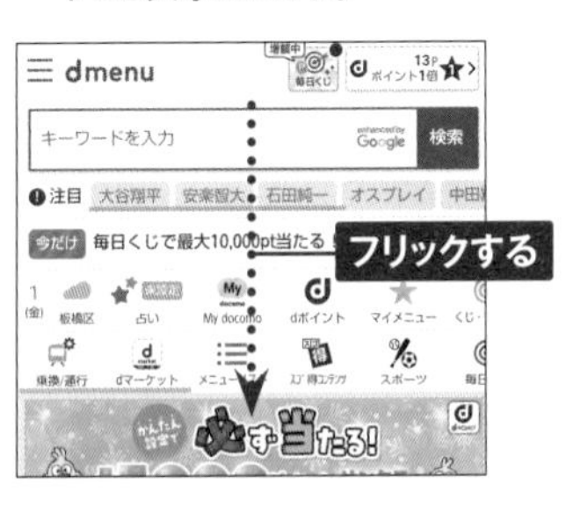
dmenu
キーワードを入力
検索
注目
大谷翔平
安楽智大
石田純一
オスプレイ
毎日くじで最大10,000pt当たる
フリックする
板橋区
占い
My docomo
dポイント
マイメニュー
乗換/運行
dマーケット
メニュー
スポーツ

3. 「URL入力欄」をタッチし、URLを入力して、をタッチします。

jp.sharp
jp.sharp
jp.sharp
jp.sharp
cocorolife.jp.sharp/mask/
cocorolife.jp.sharp/mask/
jp.sharp/support/aquos/
①入力する
②タッチする
日本語

4. 入力したURLのWebページが表示されます。

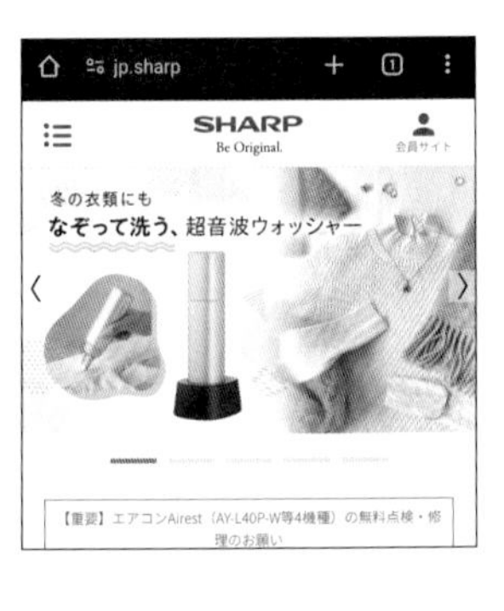
jp.sharp
SHARP
Be Original.
会員サイト
冬の衣類にも
なぞって洗う、超音波ウォッシャー
【重要】エアコンAirest(AY-L40P-W等4機種)の無料点検・修理のお願い

3

Webページを移動する

① Webページの閲覧中に、リンク先のページに移動したい場合、ページ内のリンクをタッチします。

② ページが移動します。◀をタッチすると、タッチした回数分だけページが戻ります。

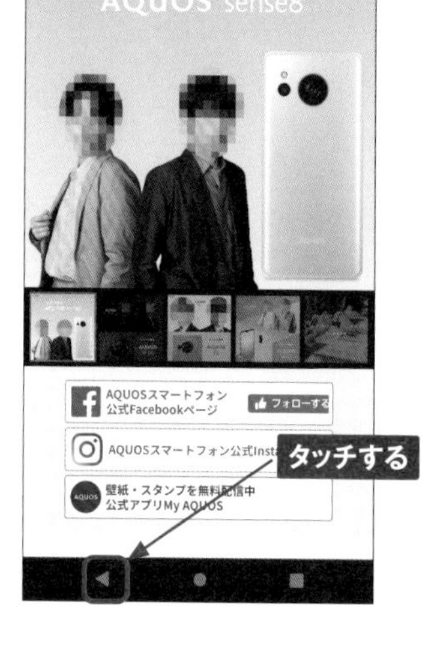
AQUOS sense8
AQUOSスマートフォン
公式Facebookページ
フォローする
AQUOSスマートフォン公式Inst
壁紙・スタンプを無料配信中
公式アプリMy AQUOS
タッチする

③ 画面右上の⋮をタッチして、→をタッチすると、前のページに進みます。

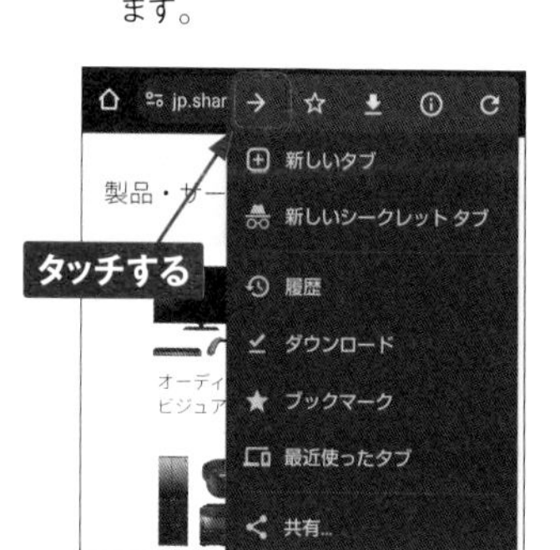
jp.shar
製品・サー
新しいタブ
新しいシークレット タブ
履歴
ダウンロード
ブックマーク
最近使ったタブ
共有...
タッチする

④ ⋮をタッチして、Cをタッチすると、表示しているページが更新されます。

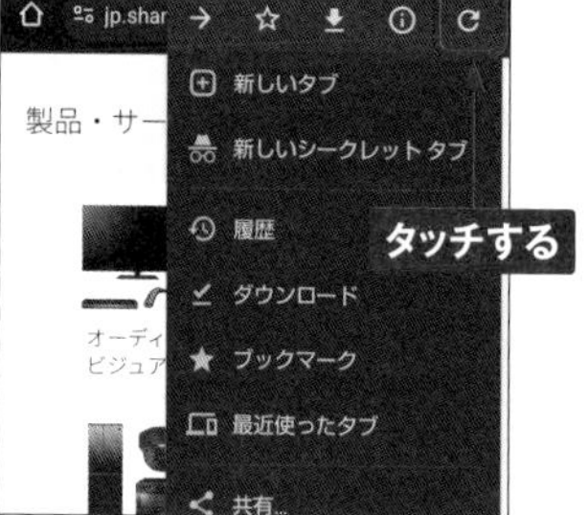
jp.shar
製品・サー
新しいタブ
新しいシークレット タブ
履歴
ダウンロード
ブックマーク
最近使ったタブ
共有...
タッチする

MEMO 「Chrome」アプリの更新

「Chrome」アプリの更新がある場合、手順①の画面右上の⋮が⬆になっていることがあります。その場合は、⬆→［Chromeを更新］→［更新］の順にタッチして、「Chrome」アプリを更新しましょう。

Application

Webページを検索する

「Chrome」アプリの「URL入力欄」に文字列を入力すると、Google検索が利用できます。また、Webページ内の文字を選択して、Google検索を行うことも可能です。

キーワードを入力してWebページを検索する

1 Webページを開いた状態で、「URL入力欄」をタッチします。

smt.docomo.ne.jp/?ut
dmenu
キーワードを入力
検索
タッチする
注目 大谷翔平 安楽智大 石田純一
今だけ 毎日くじで最大10,000pt当たる！
板橋区 占い My docomo dポイント マイメニュー
乗換/運行 dマーケット メニューリスト スポーツ 毎日

2 検索したいキーワードを入力して、→をタッチします。

金沢駅
金沢駅
金沢駅 ホテル
①入力する
q w e r t y u i o p
a s d f g h
②タッチする
z x c v b n m
あa1 日本語

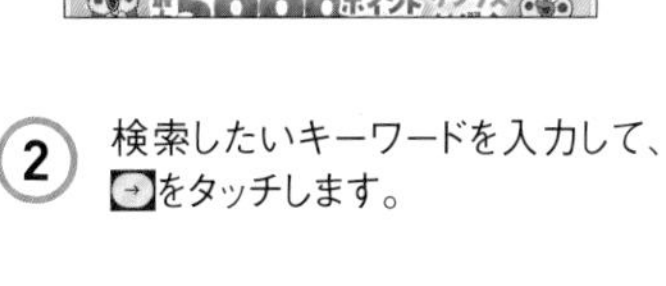

3 Google検索が実行され、検索結果が表示されるので、開きたいページのリンクをタッチします。

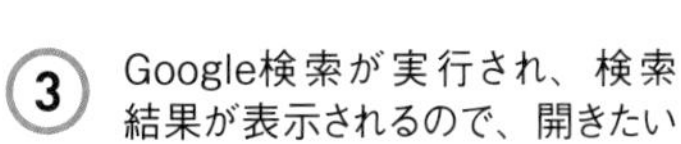
金沢旅物語
https://www.kanazawa-kankoukyoukai.or.jp
金沢駅(鼓門・もてなしドーム) | 観光・体験
金沢駅の兼六園口にあるもてなしドーム。金沢は雨や雪が多いため駅を降りた人に傘を差し出すおもてなしの心」をコンセプトに誕生。金沢を訪れた人を幾何学模様の…
金沢駅の建築美と工芸品を… 食べる
タッチする
JRおでかけネット
https://www.jr-odekake.net › eki › t...
金沢駅 | 時刻表
[時刻表] 各方面別の発車時刻表のご案内です · 2023年11月29日（水）の時刻表を表示します · 時刻・運賃検索

4 リンク先のページが表示されます。手順③の検索結果画面に戻る場合は、◀をタッチします。

/a-kankoukyoukai.or.jp
金沢旅物語
MENU
かなざわえき（つづみもん・もてなしどーむ）
金沢駅(鼓門・もてなしドーム)
まちなみ・建築 金沢駅徒歩圏
統芸能である能楽で使われる鼓をイメージ
さが13.7mあり2本の太い柱に支えられた
す。金沢を訪れた多くの観光客がまず
影しています。金沢駅は世界で最も美しい駅14駅の1つに
選出されています。
タッチする

Webページ内のキーワードを選択してWebページを検索する

① Webページ内の文字列をタッチします。

金沢旅物語
MENU
“おもてなし”の心から生まれた金沢の新名所
タッチする
日没から0:00までは、鼓門ライトアップを行っています。

② タッチした文字列がハイライトで表示されます。画面下部の表示をタッチします。

③ 検索結果が表示されます。上下にスライドしてリンクをタッチすると、リンク先のページが表示されます。

ライトアップ
Wikipedia
ライトアップ
LIGHT UP RENTAL
①スライドする
②タッチする
biz4.jp

MEMO ページ内検索

「Chrome」アプリでWebページを表示し、⋮→［ページ内検索］の順にタッチします。表示される検索バーにテキストを入力すると、ページ内の合致したテキストがハイライト表示されます。

Section 23

複数のWebページを同時に開く

Application

「Chrome」アプリでは、複数のWebページをタブを切り替えて同時に開くことができます。複数のページを交互に参照したいときや、常に表示しておきたいページがあるときに利用すると便利です。

Webページを新しいタブで開く

1 「URL入力欄」を表示して（P.66参照）、⋮をタッチします。

smt.docomo.ne.jp/?ut
dmenu
キーワードを入力
タッチする
注目 山田太一 水曜日のダウ… 大谷翔平
今だけ 毎日くじで最大10,000pt当たる！
紅葉 各地のスポットを紹介

2 ［新しいタブ］をタッチします。

smt.do
dmenu
キーワードを入力
新しいタブ
新しいシークレットタブ
履歴
タッチする
ダウンロード
ブックマーク
最近使ったタブ
共有...

3 新しいタブが表示されます。

Google
検索または URL を入力

MEMO タブのグループ化とは

「Chrome」アプリでは、複数のタブを1つにグループ化してまとめて管理するタブグループ機能が利用できます（P.70〜71参照）。ニュースサイトごと、SNSごとというように、サイトごとにタブをまとめるなど、便利に使える機能です。

2022年，AWSを図解で学ぼう～最新...
gihyo.jp
タッチする
新しいタブをグループで開く

複数のタブを切り替える

① 複数のタブを開いた状態でタブ切り替えアイコンをタッチします。

タッチする

② 現在開いているタブの一覧が表示されるので、表示したいタブをタッチします。

タッチする

③ 表示するタブが切り替わります。

MEMO タブを閉じるには

不要なタブを閉じたいときは、手順②の画面で、右上の×をタッチします。なお、最後に残ったタブを閉じると、「Chrome」アプリが終了します。

タブをグループで開く

1. ページ内のリンクをロングタッチします。

gihyo.jp
注目記事
OS・デスクトップ
CES 2024におけるUbuntu/Canonical、Ubuntu 24.04（noble）の開発/小休止
吉田史
ロングタッチする
第100回
《連載100回記念》OSSデータベースの99ヶ月、MySQLとPostgreSQLの最新情

2. ［新しいタブをグループで開く］をタッチします。

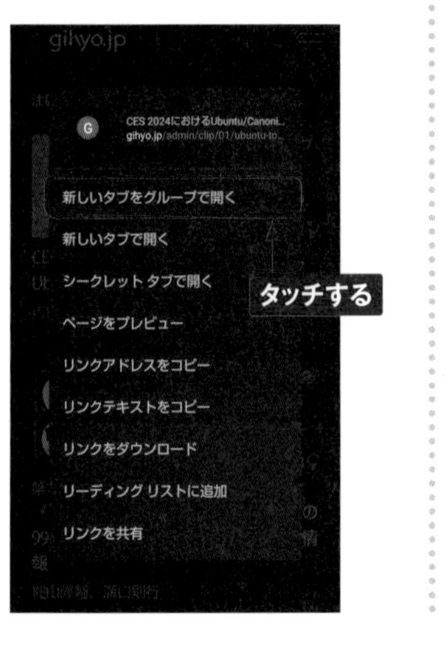

CES 2024におけるUbuntu/Canoni...
gihyo.jp/admin/clip/01/ubuntu-to...
新しいタブをグループで開く
新しいタブで開く
シークレット タブで開く
ページをプレビュー
リンクアドレスをコピー
リンクテキストをコピー
リンクをダウンロード
リーディング リストに追加
リンクを共有
タッチする

3. リンク先のページが新しいタブで開きます。グループ化されており、画面下にタブの切り替えアイコンが表示されます。別のアイコンをタッチします。

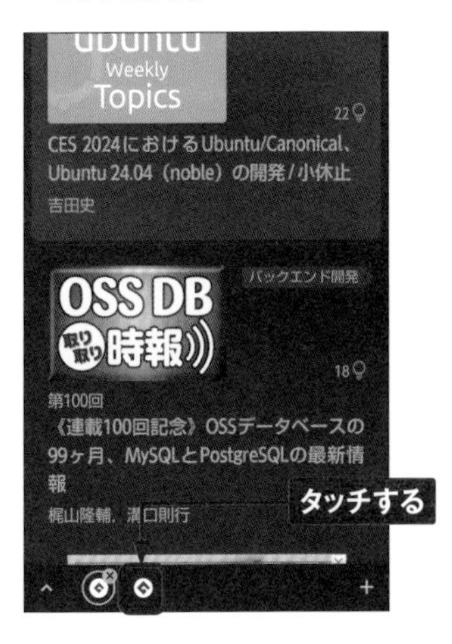

CES 2024におけるUbuntu/Canonical、Ubuntu 24.04（noble）の開発/小休止
吉田史
バックエンド開発
第100回
《連載100回記念》OSSデータベースの99ヶ月、MySQLとPostgreSQLの最新情報
梶山隆輔, 溝口則行
タッチする

4. リンク先のページが表示されます。

gihyo.jp/admin/clip/0
gihyo.jp
Ubuntu Weekly Topics
CES 2024におけるUbuntu/Canonical、Ubuntu 24.04（noble）の開発/小休止
Java開発でExcelファイルを高速生成
ExcelCreator for Java
今年もCESの季節がやってきました。2024年

グループ化したタブを整理する

1 P.70手順③の画面で＋をタッチすると、グループ内に新しいタブが追加されます。画面右上のタブ切り替えアイコンをタッチします。

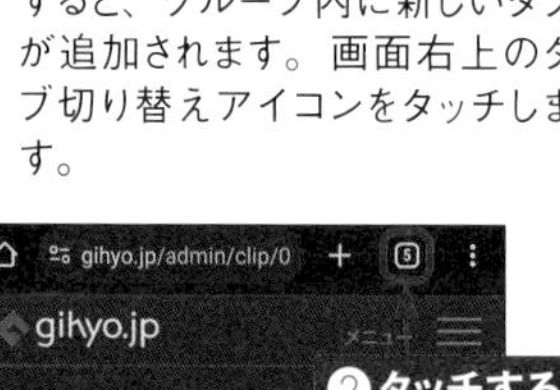
gihyo.jp/admin/clip/0
gihyo.jp
メニュー
②タッチする
Ubuntu Weekly Topics

全文を読む
①タッチする

2 現在開いているタブの一覧が表示され、グループ化されているタブは1つのタブの中に複数のタブがまとめられていることがわかります。グループ化されているタブをタッチします。

3個のタブ
Yahoo! JAPAN
Google
OSS DB
タッチする

3 グループ内のタブが表示されます。タブの右上の［×］をタッチします。

OSS DB
ExcelCreator
Java
新しいタブ
Google
タッチする

4 グループ内のタブが閉じます。←をタッチします。

新しいタブ
2個のタブ
gihyo.jp
CES 2024
タッチする
Topics
OSS DB
ExcelCreator
Java

5 現在開いているタブの一覧に戻ります。タブグループにタブを追加したい場合は、追加したいタブをロングタッチし、タブグループにドラッグします。

ロングタッチしてドラッグする
2個のタブ
OSS DB

6 タブグループにタブが追加されます。

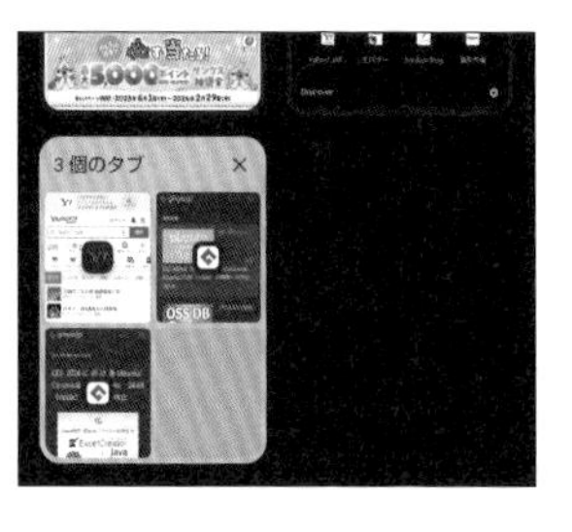
3個のタブ
OSS DB

Section 24

ブックマークを利用する

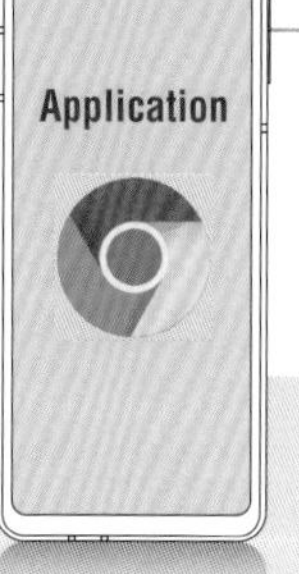
Application

「Chrome」アプリでは、WebページのURLを「ブックマーク」に追加し、好きなときにすぐに表示することができます。よく閲覧するWebページはブックマークに追加しておくと便利です。

 ブックマークを追加する

① ブックマークに追加したいWebページを表示して、⋮をタッチします。

gihyo.jp
gihyo.jp
メニュー
タッチする
注目記事
OS・デスクトップ

② ☆をタッチします。

gihyo.jp
gihyo.jp
新しいタブ
新しいシークレットタブ
注目記事
履歴
タッチする
ダウンロード

③ ブックマークが追加されます。[編集]をタッチします。

第100回
《連載100回記念》OSSデータベースの
99ヶ月、MySQLとPostgreSQL
報
タッチする
ブックマークを保存しました
モバイルのブックマーク
編集

④ 名前や保存先のフォルダなどを編集し、←をタッチします。

ブックマークを編
② タッチする
名前
gihyo.jp | gihyo.jp
フォルダ
モバイルのブックマーク
URL
https://gihyo.jp/
① 編集する

MEMO ホーム画面にショートカットを配置するには

手順②の画面で[ホーム画面に追加]をタッチすると、表示しているWebページのショートカットをホーム画面に配置できます。

吉田史
共有...
ページ
タッチする
OSS
翻訳...
ホーム画面に追加

ブックマークからWebページを表示する

1 「Chrome」アプリを起動し、URL入力欄を表示して、⋮をタッチします。

smt.docomo.ne.jp/?ut
dmenu
タッチする

2 ［ブックマーク］をタッチします。

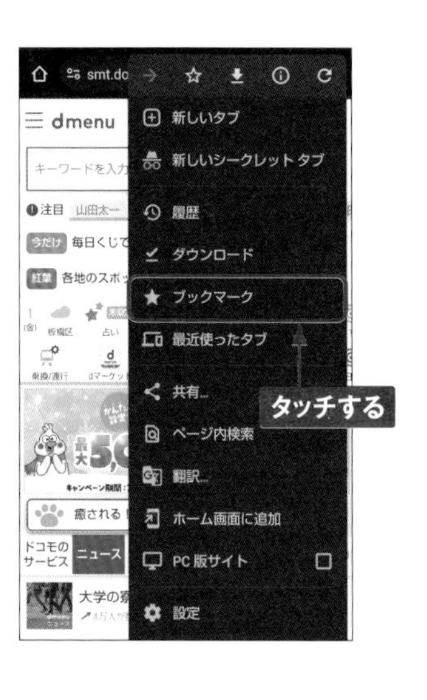

新しいタブ
新しいシークレット タブ
履歴
ダウンロード
ブックマーク
最近使ったタブ
共有...
ページ内検索
翻訳...
ホーム画面に追加
PC 版サイト
設定
タッチする

3 「ブックマーク」画面が表示されるので、閲覧したいブックマークをタッチします。

モバイルのブック...
太郎
すべてのブックマークにアクセス
同期すると、他のデバイスのブックマークを使用できます
太郎 として続行
別のアカウントを選択
gihyo.jp | gihyo.jp
gihyo.jp
docomo
6 個のブックマーク
タッチする

4 ブックマークに追加したWebページが表示されます。

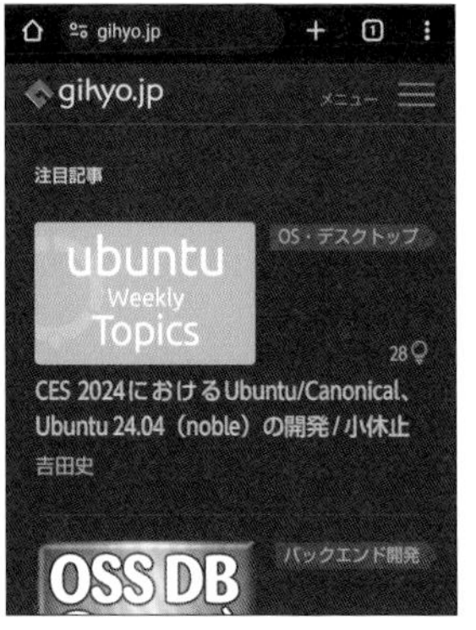

gihyo.jp
注目記事
OS・デスクトップ
CES 2024におけるUbuntu/Canonical、Ubuntu 24.04（noble）の開発/小休止
吉田史
バックエンド開発

MEMO **ブックマークの削除**

手順③の画面で削除したいブックマークの⋮をタッチし、［削除］をタッチすると、ブックマークを削除できます。

Section 25

Application

SH-54Dで使える メールの種類

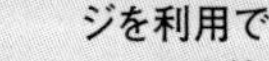

SH-54Dでは、ドコモメール（@docomo.ne.jp）やSMS、+メッセージを利用できるほか、GmailおよびYahoo!メールなどのパソコンのメールも使えます。

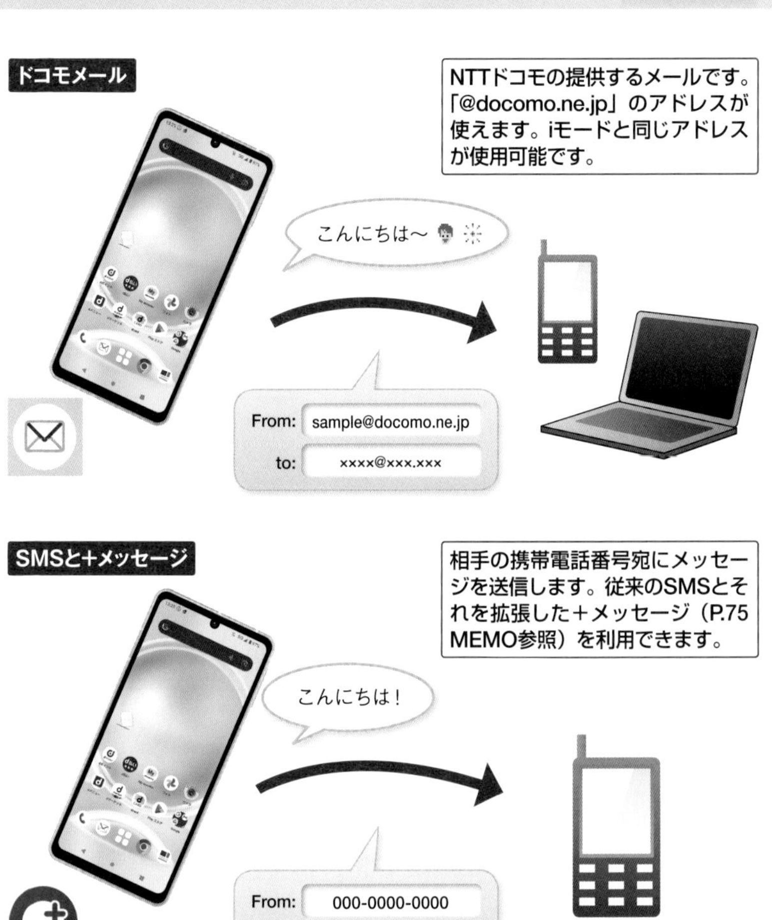
ドコモメール
NTTドコモの提供するメールです。「@docomo.ne.jp」のアドレスが使えます。iモードと同じアドレスが使用可能です。
こんにちは～
From: sample@docomo.ne.jp
to: xxxx@xxx.xxx
SMSと+メッセージ
相手の携帯電話番号宛にメッセージを送信します。従来のSMSとそれを拡張した+メッセージ（P.75 MEMO参照）を利用できます。
こんにちは！
From: 000-0000-0000
to: 000-0111-1111

Gmail

Googleが提供するメールです。SH-54DにGoogleアカウントを設定すればすぐに利用できます。

こんにちは〜
From: sample@gmail.com
to: xxxx@xxx.xxx

PCメール

パソコンで使用しているメールが使えます。複数のメールアカウントを登録することも可能です。

こんにちは、
お元気ですか？
From: sample@gihyo.co.jp
to: xxxx@xxx.xxx

+メッセージについて

+メッセージは、従来のSMSを拡張したものです。宛先に相手の携帯電話番号を指定するのはSMSと同じですが、文字だけしか送信できないSMSと異なり、スタンプや写真、動画などを送ることができます。ただし、SMSは相手を問わず利用できるのに対し、+メッセージは、相手も+メッセージを利用している場合のみやり取りが行えます。相手が+メッセージを利用していない場合は、SMSとしてテキスト文のみが送信されます。

Section 26

ドコモメールを設定する

Application

SH-54Dでは「ドコモメール」を利用できます。ここでは､ドコモメールの初期設定方法を解説します。なお、ドコモショップなどで、すでに設定を行っている場合は、ここでの操作は必要ありません。

ドコモメールの利用を開始する

1. ホーム画面で✉をタッチします。

2. アップデートの画面が表示された場合は、［アップデート］をタッチします。アップデートの完了後、［起動する］をタッチします。

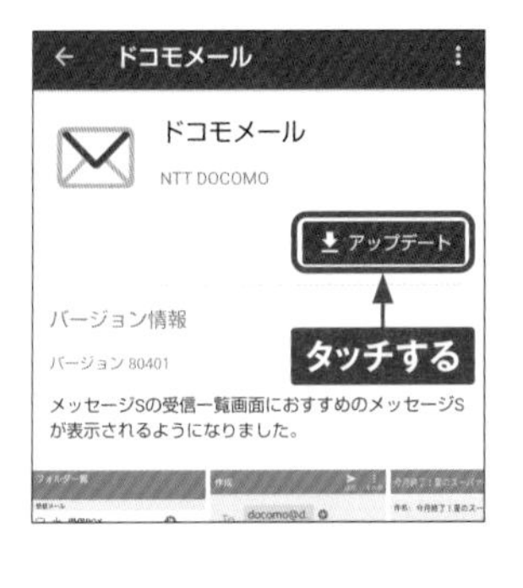
ドコモメール
ドコモメール
NTT DOCOMO
アップデート
タッチする
バージョン情報
バージョン 80401
メッセージSの受信一覧画面におすすめのメッセージSが表示されるようになりました。

3. アクセス許可の説明が表示されたら、［次へ］をタッチします。

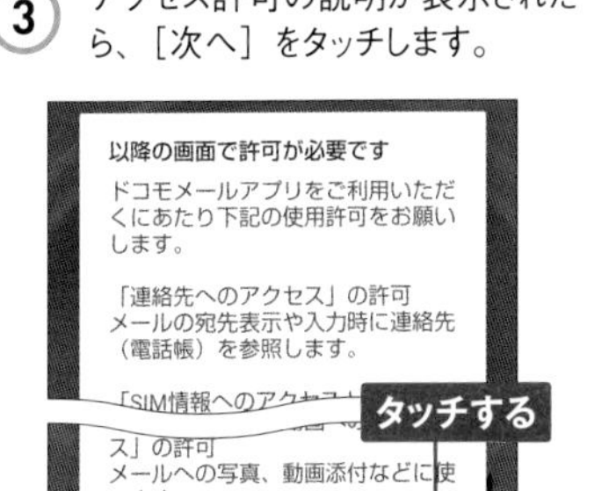
以降の画面で許可が必要です
ドコモメールアプリをご利用いただくにあたり下記の使用許可をお願いします。
「連絡先へのアクセス」の許可
メールの宛先表示や入力時に連絡先（電話帳）を参照します。
ス」の許可
メールへの写真、動画添付などに使います。
タッチする
次へ

4. アクセス許可の画面がいくつか表示されるので、それぞれ［許可］をタッチします。

連絡先へのアクセスを「ドコモメール」に許可しますか？
許可
タッチする
許可しない

5 「ドコモメールアプリ更新情報」画面で［閉じる］をタッチします。

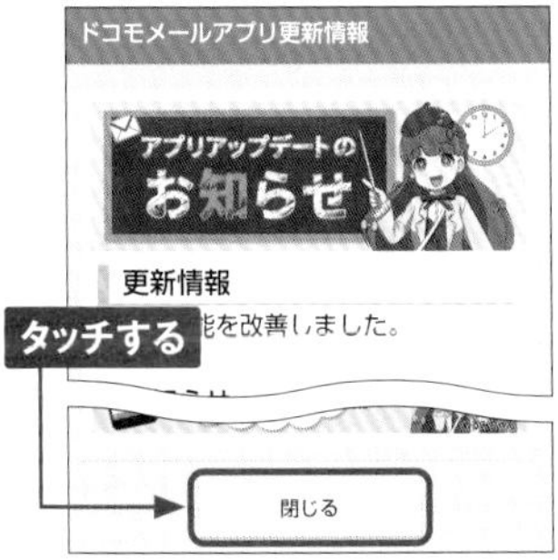

ドコモメールアプリ更新情報

アプリアップデートのお知らせ

更新情報

能を改善しました。

タッチする

閉じる

6 すでに利用したことがある場合は［設定情報の復元］画面が表示されるので、［設定情報を復元する］もしくは［復元しない］をタッチして、［OK］をタッチします。

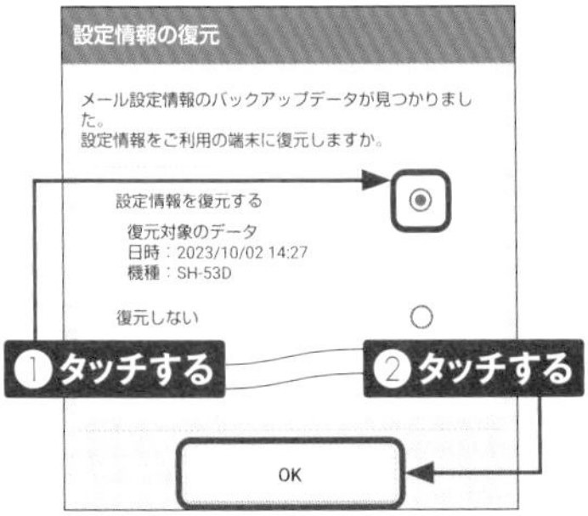

設定情報の復元

メール設定情報のバックアップデータが見つかりました。
設定情報をご利用の端末に復元しますか。

設定情報を復元する
復元対象のデータ
日時：2023/10/02 14:27
機種：SH-53D

復元しない

①タッチする
②タッチする

OK

7 「文字サイズ設定」画面の設定はあとからできるので（P.81MEMO参照）、［OK］をタッチします。

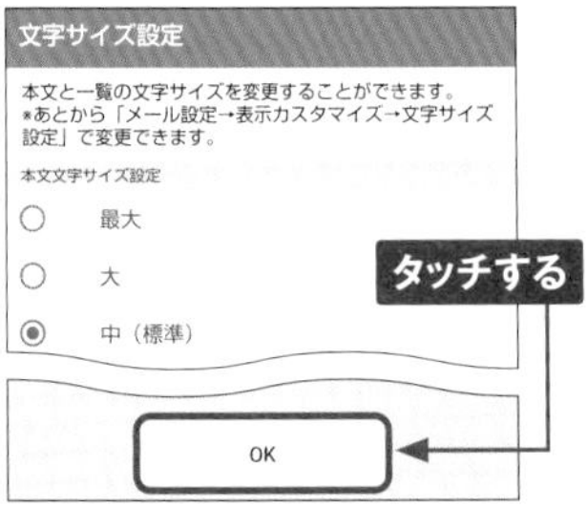

文字サイズ設定

本文と一覧の文字サイズを変更することができます。
＊あとから「メール設定→表示カスタマイズ→文字サイズ設定」で変更できます。

本文文字サイズ設定
最大
大
中（標準）

タッチする

OK

8 「フォルダ一覧」画面が表示されて、ドコモメールを利用できる状態になります。フォルダの1つをタッチします。

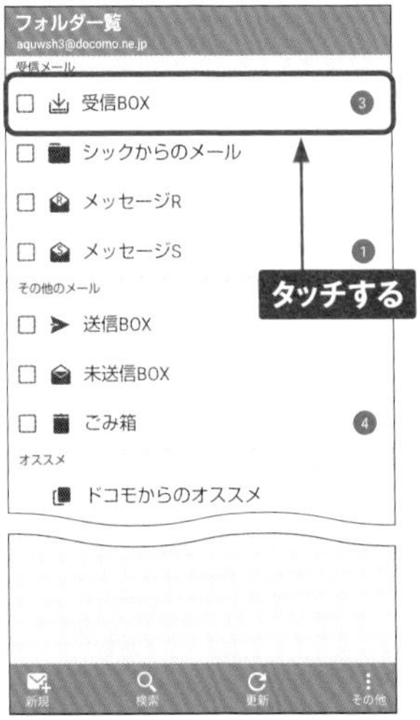

フォルダ一覧
aquwsh3@docomo.ne.jp
受信メール
受信BOX 3
シックからのメール
メッセージR
メッセージS 1
その他のメール
送信BOX
未送信BOX
ごみ箱 4
オススメ
ドコモからのオススメ
新規 検索 更新 その他

タッチする

9 受信したメールが表示されます。次回から、P.76手順①で㋱をタッチすると、すぐに「ドコモメール」アプリが起動します。

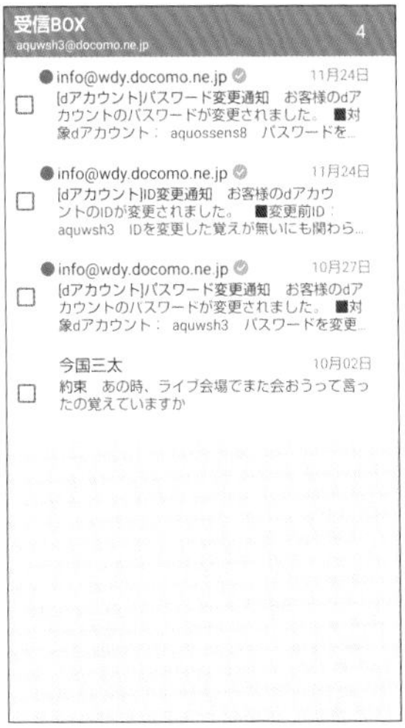

受信BOX 4
aquwsh3@docomo.ne.jp

info@wdy.docomo.ne.jp 11月24日
[dアカウント]パスワード変更通知　お客様のdアカウントのパスワードが変更されました。■対象dアカウント： aquossens8　パスワードを…

info@wdy.docomo.ne.jp 11月24日
[dアカウント]ID変更通知　お客様のdアカウントのIDが変更されました。■変更前ID：aquwsh3　IDを変更した覚えが無いにも関わら…

info@wdy.docomo.ne.jp 10月27日
[dアカウント]パスワード変更通知　お客様のdアカウントのパスワードが変更されました。■対象dアカウント： aquwsh3　パスワードを変更…

今国三太 10月02日
約束　あの時、ライブ会場でまた会おうって言ったの覚えていますか

3

ドコモメールのアドレスを変更する

1 P.77手順⑧の「フォルダー覧」画面を表示し、画面右下の［その他］→［メール設定］をタッチします。

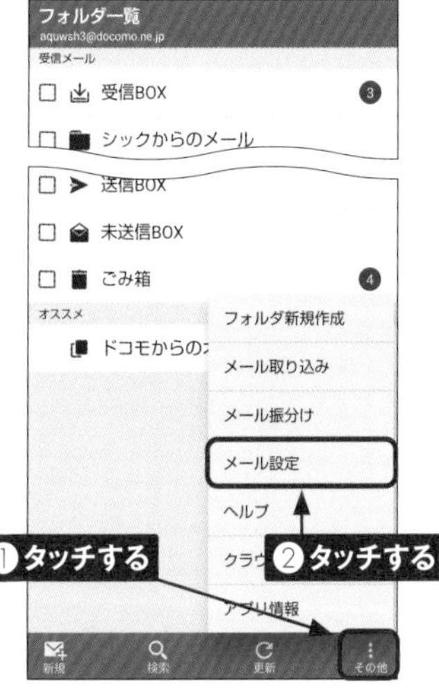
フォルダー覧
aquwsh3@docomo.ne.jp
受信メール
受信BOX
シックからのメール
送信BOX
未送信BOX
ごみ箱
オススメ
ドコモからの
フォルダ新規作成
メール取り込み
メール振分け
メール設定
ヘルプ
クラウ
アプリ情報
①タッチする
②タッチする
新規
検索
更新
その他

2 ［ドコモメール設定サイト］をタッチします。

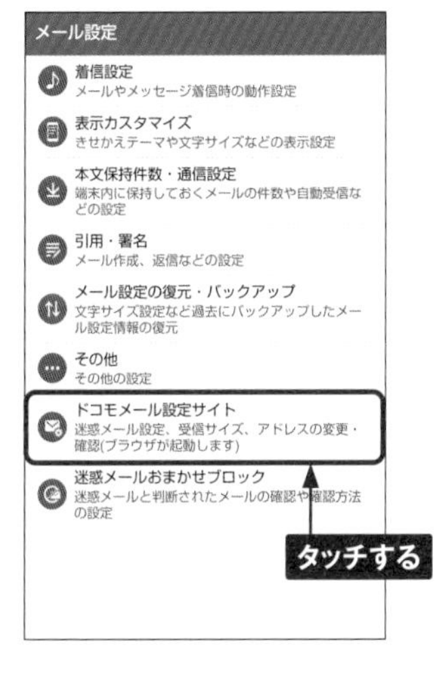
メール設定
着信設定
メールやメッセージ着信時の動作設定
表示カスタマイズ
きせかえテーマや文字サイズなどの表示設定
本文保持件数・通信設定
端末内に保持しておくメールの件数や自動受信などの設定
引用・署名
メール作成、返信などの設定
メール設定の復元・バックアップ
文字サイズ設定など過去にバックアップしたメール設定情報の復元
その他
その他の設定
ドコモメール設定サイト
迷惑メール設定、受信サイズ、アドレスの変更・確認(ブラウザが起動します)
迷惑メールおまかせブロック
迷惑メールと判断されたメールの確認や確認方法の設定
タッチする

3 「メール設定」画面で［メール設定内容の確認］をタッチします。

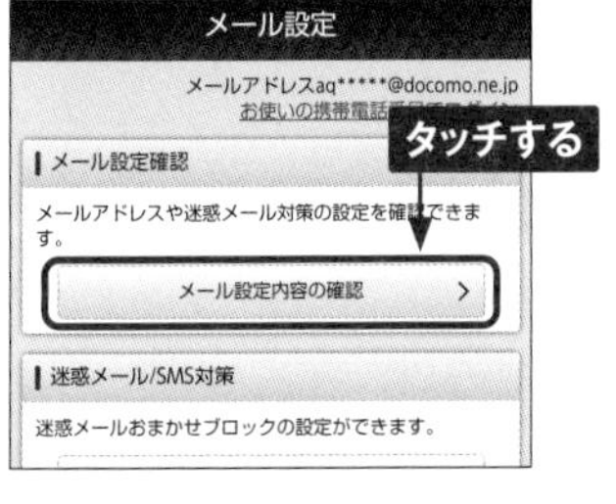
メール設定
メールアドレスaq*****@docomo.ne.jp
メール設定確認
メールアドレスや迷惑メール対策の設定を確認できます。
メール設定内容の確認
迷惑メール/SMS対策
迷惑メールおまかせブロックの設定ができます。
タッチする

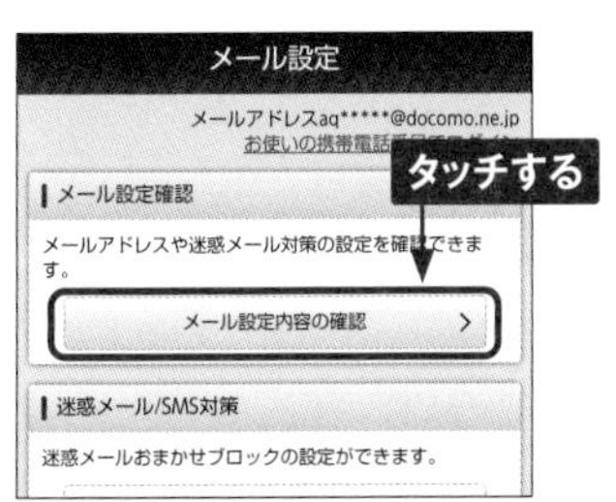

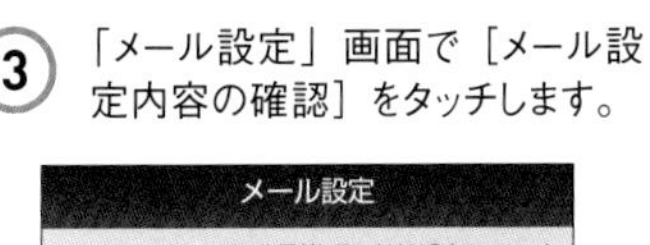

4 「メールアドレス」の［メールアドレスの変更］をタッチします。

5 表示された画面を上方向にスライドします。

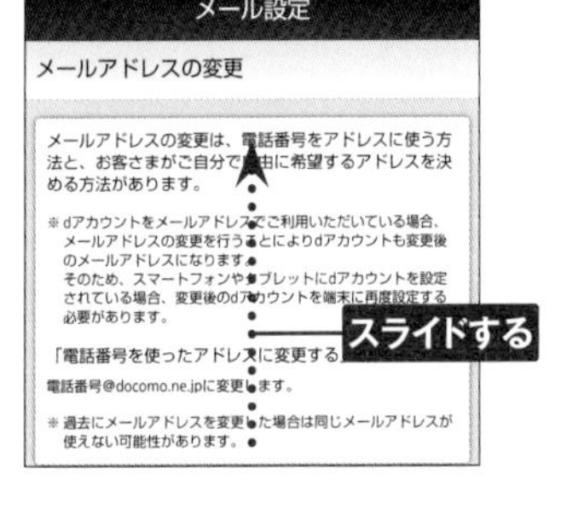
メール設定
メールアドレスの変更
メールアドレスの変更は、電話番号をアドレスに使う方法と、お客さまがご自分で自由に希望するアドレスを決める方法があります。
※dアカウントをメールアドレスでご利用いただいている場合、メールアドレスの変更を行うことによりdアカウントも変更後のメールアドレスになります。
そのため、スマートフォンやタブレットにdアカウントを設定されている場合、変更後のdアカウントを端末に再度設定する必要があります。
「電話番号を使ったアドレスに変更する」
電話番号@docomo.ne.jpに変更します。
※過去にメールアドレスを変更した場合は同じメールアドレスが使えない可能性があります。
スライドする

6 ［自分で希望するアドレスに変更する］をタッチして、希望するメールアドレスを入力し、［確認する］をタッチします。

メールアドレスの変更方法の選択
変更方法を選んでください。
電話番号を使ったアドレスに変更する
自分で希望するアドレスに変更する（次に希望するアドレスを入力してください）
希望するアドレスの入力
希望するアドレスを入力してください。
※半角英数字3文字～30文字で入力してください。「.」「_」「-」もご利用いただけます。ただし、「.」は「..」などのように連続で使用することや、@マークの直前で使用することはできません。
※先頭の文字は必ず英字を入力してください。
※1日3回、月10回までアドレスを変更できます。
aquos8sh54d
確認する
dアカウント：aquo******
別のアカウントでログイン
①タッチする
②入力する
③タッチする

7 入力したメールアドレスを確認して、［設定を確定する］をタッチします。メールアドレスを修正する場合は［修正する］をタッチします。

メール設定
設定内容確認
以下の内容を設定します。
内容をご確認のうえ、「設定を確定する」ボタンを押してください。
設定する内容
希望するアドレス
aquos8sh54d@docomo.ne.jp
設定を確定する
修正する
＜メール設定トップへ
© NTT DOCOMO, INC. All Rights Reserved.
①確認する
②タッチする

8 ［メール設定トップへ］をタッチすると、「メール設定」画面に戻ります。この画面で迷惑メール対策などが設定できます（Sec.29参照）。設定が必要なければホーム画面に戻ります。

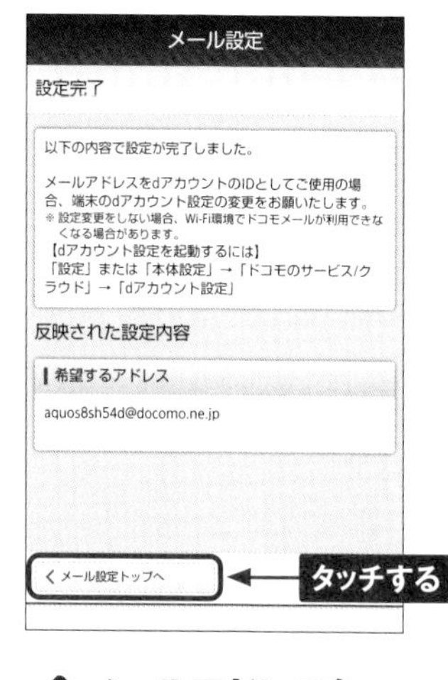
メール設定
設定完了
以下の内容で設定が完了しました。
メールアドレスをdアカウントのIDとしてご使用の場合、端末のdアカウント設定の変更をお願いいたします。
※設定変更をしない場合、Wi-Fi環境でドコモメールが利用できなくなる場合があります。
【dアカウント設定を起動するには】
「設定」または「本体設定」→「ドコモのサービス/クラウド」→「dアカウント設定」
反映された設定内容
希望するアドレス
aquos8sh54d@docomo.ne.jp
＜メール設定トップへ
タッチする

MEMO メールアドレスを引き継ぐには

すでに利用しているdocomo.ne.jpのメールアドレスがある場合は、同じメールアドレスを引き続き使用することができます。手順③の「メール設定」画面を上方向にスライドし、［メールアドレスの入替え］をタッチして、画面の表示に従って設定を進めましょう。

その他の設定
spモードのメールアドレスとiモードのメールアドレスを入替えることができます。
メールアドレスの入替え
spモードメールアプリ／ドコモメールアプリでメールを自動受信するための設定です。（※以前iPhoneをご利用いただき、現在ドコモスマートフォンまたはドコモタブレットに機種変更されたお客様は…せてください）
タッチする

Section 27

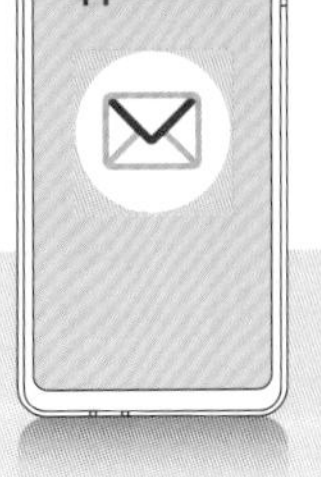

Application

ドコモメールを利用する

P.78 ～ 79で変更したメールアドレスで、ドコモメールを使ってみましょう。ほかの携帯電話とほとんど同じ感覚で、メールの閲覧や返信、新規作成が行えます。

ドコモメールを新規作成する

① ホーム画面で✉をタッチします。

② 「フォルダ一覧」画面左下の［新規］をタッチします。「フォルダ一覧」画面が表示されていないときは、◀を何度かタッチします。

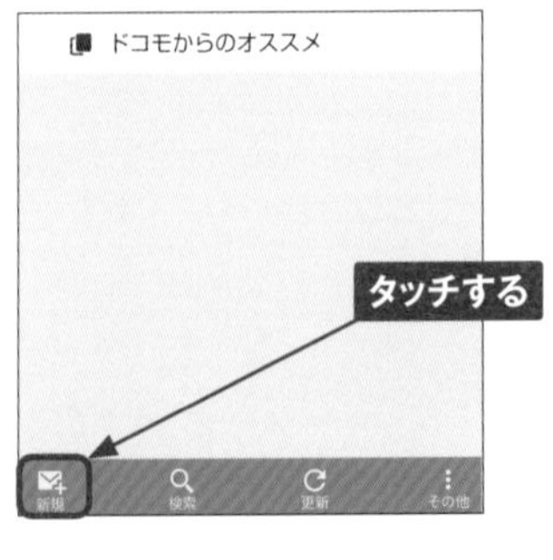

ドコモからのオススメ
タッチする
新規
検索
更新
その他

③ 新規メールの「作成」画面が表示されるので、👤をタッチします。「To」欄に直接メールアドレスを入力することもできます。

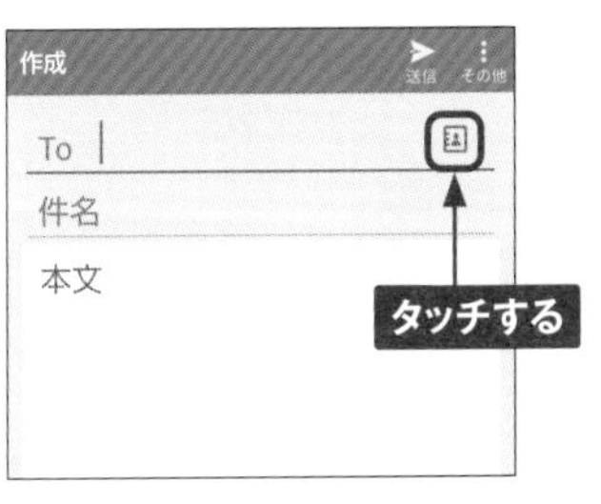

作成
送信
その他
To
件名
本文
タッチする

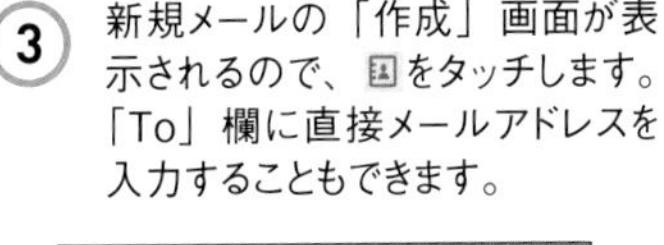

④ 電話帳に登録した連絡先のメールアドレスが名前順に表示されるので、送信したい宛先をタッチしてチェックを付け、［決定］をタッチします。履歴から宛先を選ぶこともできます。

5 メールの「作成」画面が表示されるので、「件名」欄をタッチしてタイトルを入力します。「本文」欄をタッチします。

作成
To @ya...
件名 来月の飲み会
本文
文字
添付
①入力する
②タッチする

6 メールの本文を入力します。

作成
To @ya...
件名 来月の飲み会
来月の飲み会のお店ですが、
府中の中華レストランでいか
がでしょうか？
文字
添付
入力する

7 ［送信］をタッチすると、メールを送信できます。なお、［添付］をタッチすると、写真などのファイルを添付できます。

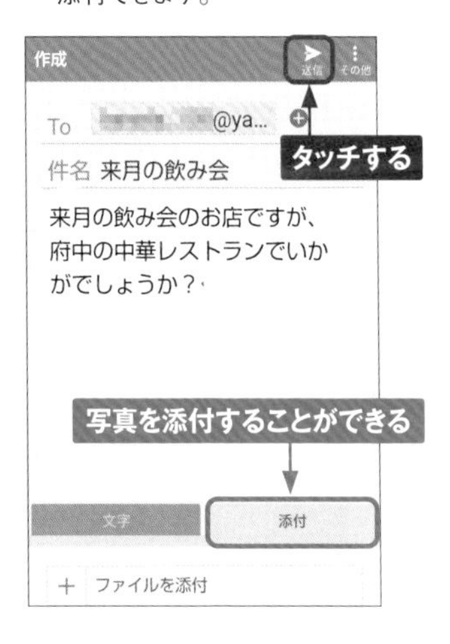

作成
送信
その他
To @ya...
件名 来月の飲み会
来月の飲み会のお店ですが、
府中の中華レストランでいか
がでしょうか？
タッチする
写真を添付することができる
文字
添付
ファイルを添付

MEMO 文字サイズの変更

ドコモメールでは、メール本文や一覧表示時の文字サイズを変更することができます。P.80手順②で画面右下の［その他］をタッチし、［メール設定］→［表示カスタマイズ］→［文字サイズ設定］の順にタッチし、好みの文字サイズをタッチします。

本文文字サイズ設定
最大
大
中（標準）
小
最小
一覧文字サイズ設定
大
中
小（標準）

受信したメールを閲覧する

① メールを受信すると通知が表示されるので、✉をタッチします。

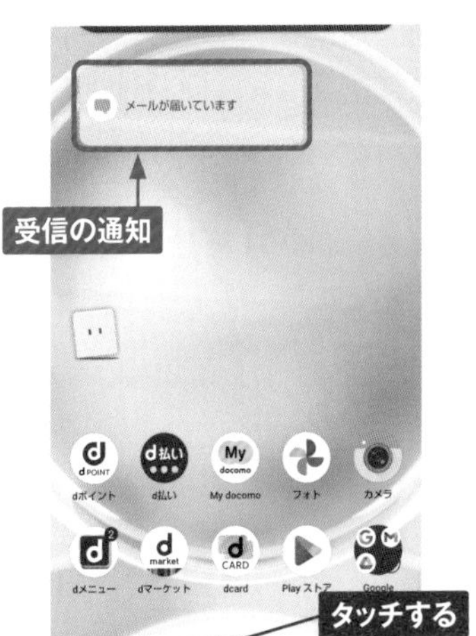

メールが届いています
受信の通知
dポイント
d払い
My docomo
フォト
カメラ
dメニュー
dマーケット
dcard
Play ストア
Google
タッチする

② 「フォルダ一覧」画面が表示されたら、[受信BOX]をタッチします。

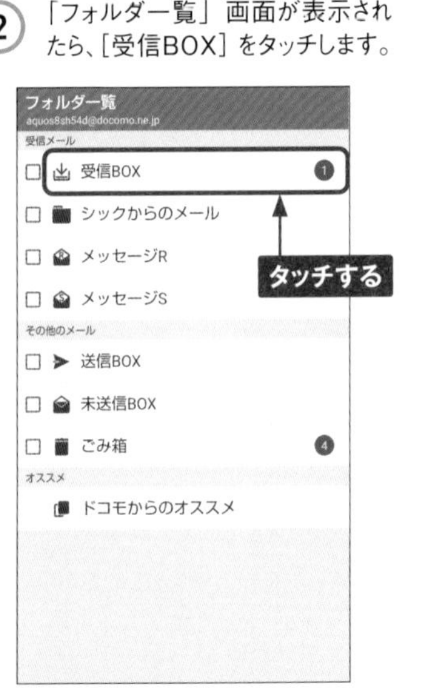
フォルダ一覧
aquos8sh54d@docomo.ne.jp
受信メール
受信BOX
シックからのメール
メッセージR
メッセージS
その他のメール
送信BOX
未送信BOX
ごみ箱
オススメ
ドコモからのオススメ
タッチする

③ 受信したメールの一覧が表示されます。内容を閲覧したいメールをタッチします。

④ メールの内容が表示されます。宛先横の⌄をタッチすると、宛先のアドレスと件名が表示されます。

MEMO メールの削除

手順③の「受信BOX」画面で削除したいメールの左にある□をタッチしてチェックを付け、画面下部のメニューから[削除]をタッチすると、メールを削除できます。

ントのIDが変更されました。 ■変更前ID：
71823036406515778 IDを変更した覚えが無...
info@mydocomo.com
【ドコモ】dポイントカードのご登録を承りました dポイントカードをご登録いただき、ありがとうございました。 ご登録いただいたdポイ...
タッチする
移動
保護
フラグ
削除
その他

受信したメールに返信する

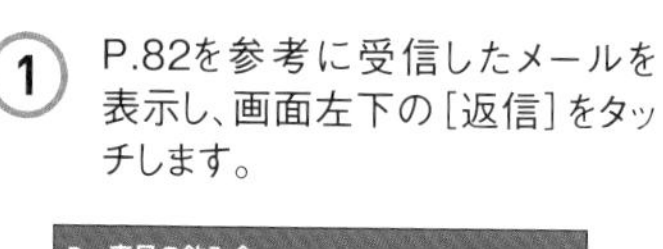

① P.82を参考に受信したメールを表示し、画面左下の［返信］をタッチします。

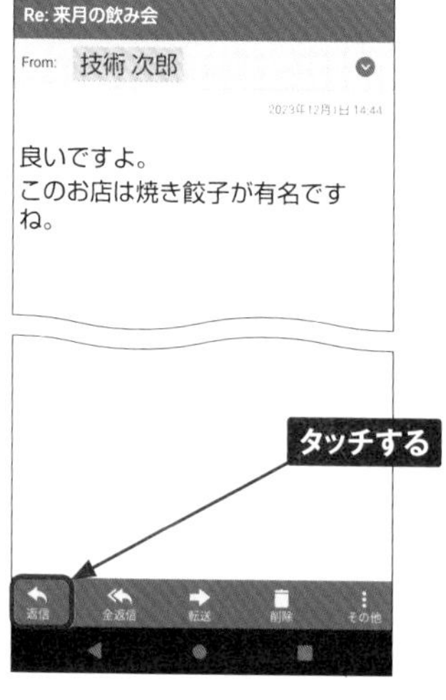
Re: 来月の飲み会
From: 技術 次郎
良いですよ。
このお店は焼き餃子が有名ですね。
タッチする
返信
全返信
転送
削除
その他

② メールの「作成」画面が表示されるので、相手に返信する本文を入力します。

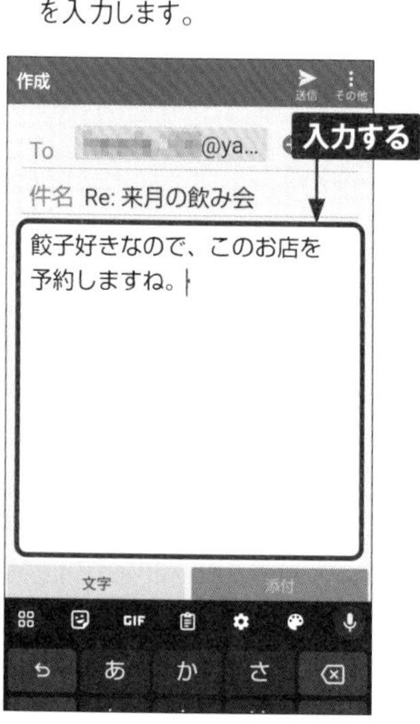
作成
送信
その他
入力する
To @ya...
件名 Re: 来月の飲み会
餃子好きなので、このお店を
予約しますね。
文字
添付
あ
か
さ

③ ［送信］をタッチすると、返信のメールが相手に送信されます。

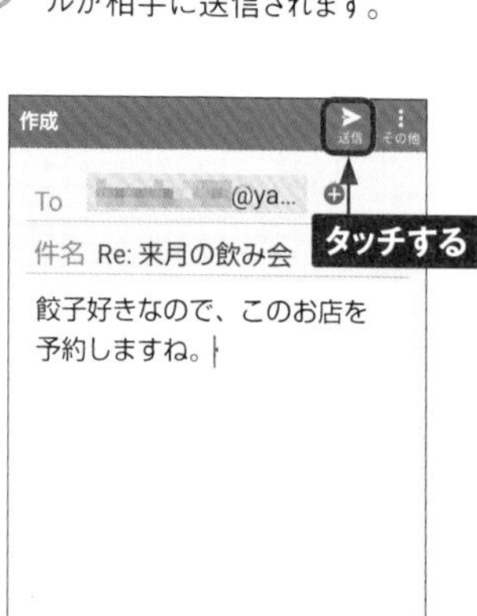
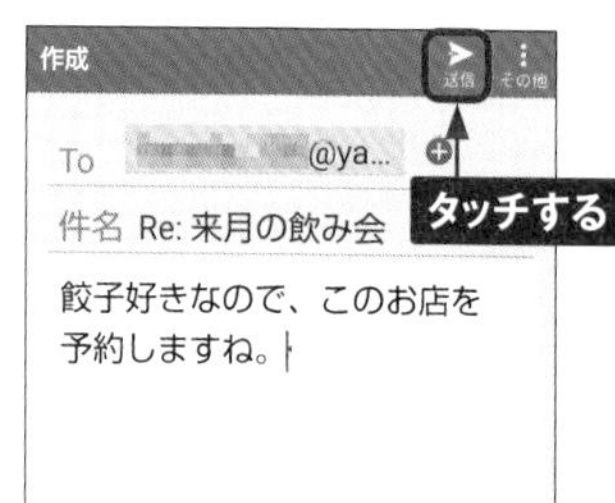
作成
送信
その他
To @ya...
タッチする
件名 Re: 来月の飲み会
餃子好きなので、このお店を
予約しますね。
文字
添付
あ
か
さ

MEMO フォルダの作成

ドコモメールではフォルダでメールを管理できます。フォルダを作成するには、「フォルダ一覧」画面で画面右下の［その他］→［フォルダ新規作成］の順にタッチします。

Section 28

メールを自動振分けする

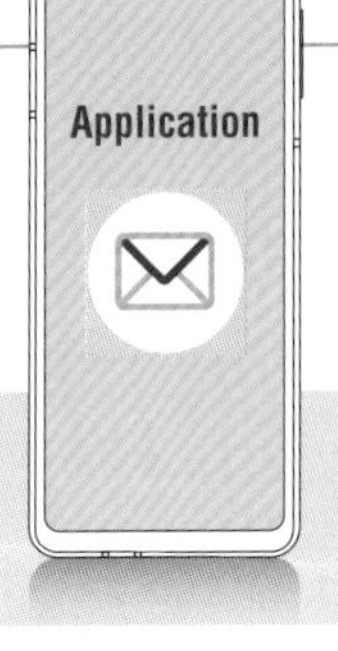
Application

ドコモメールは、送受信したメールを自動的に任意のフォルダへ振分けることも可能です。ここでは、振分けのルールの作成手順を解説します。

振分けルールを作成する

1 「フォルダ一覧」画面で画面右下の［その他］をタッチし、［メール振分け］をタッチします。

フォルダ新規作成
メール取り込み
メール振分け
メール設定
ヘルプ
クラウド利用状況確認
アプリ情報
②タッチする
①タッチする
新規
検索
更新
その他

2 「振分けルール」画面が表示されるので、［新規ルール］をタッチします。

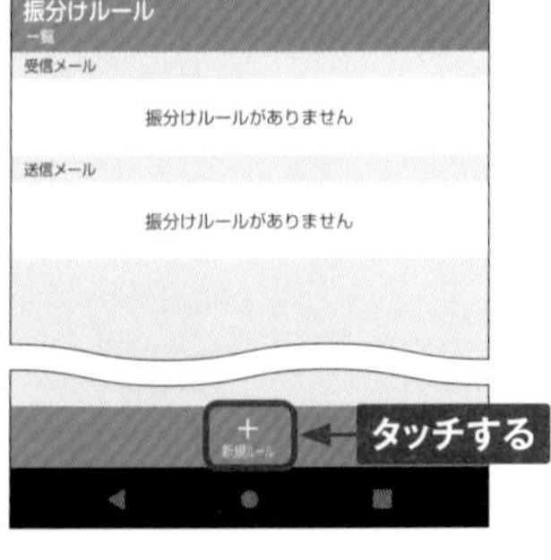
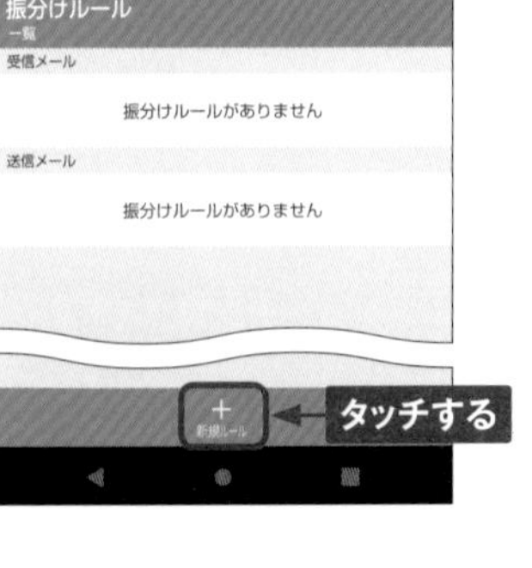

振分けルール
一覧
受信メール
振分けルールがありません
送信メール
振分けルールがありません
新規ルール
タッチする

3 ［受信メール］または［送信メール］（ここでは［受信メール］）をタッチします。

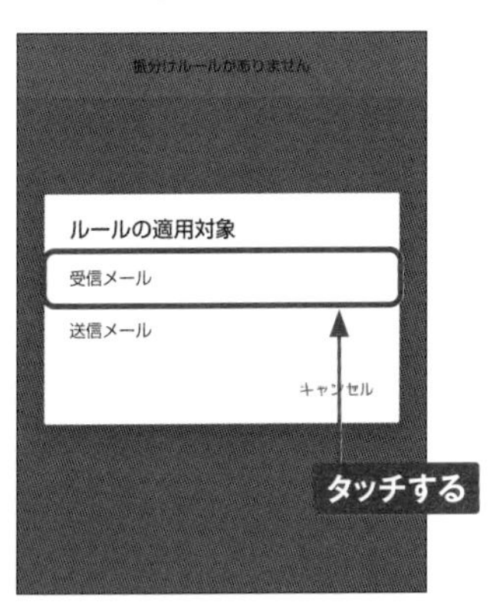

振分けルールがありません
ルールの適用対象
受信メール
送信メール
タッチする

MEMO 振分けルールの作成

ここでは、受信したメールを「差出人のメールアドレス」に応じてフォルダに振り分けるルールを作成しています。なお、手順③で［送信メール］をタッチすると、送信したメールの振分けルールを作成できます。

紙面版

電脳会議

DENNOUKAIGI

一切無料

今が旬の書籍情報を満載してお送りします！

『電脳会議』は、年6回刊行の無料情報誌です。2023年10月発行のVol.221よりリニューアルし、A4判・32頁カラーとボリュームアップ。弊社発行の新刊・近刊書籍や、注目の書籍を担当編集者自らが紹介しています。今後は図書目録はなくなり、『電脳会議』上で弊社書籍ラインナップや最新情報などをご紹介していきます。新しくなった『電脳会議』にご期待下さい。

大幅増ページでボリュームアップ！
電脳会議 vol.221
Excelで"時短"システム構築術
たった1日で即戦力になるExcelの教科書
たった1秒で仕事が片づくExcel自動化の教科書
分水嶺の謎 峠は海から生まれた
素数って偏ってるの？
大学数学入門
1冊でマスター 大学の微分積分
今すぐ使えるかんたん スマートフォン超入門 Android対応版
ゼロからはじめる OPPO Reno9 A／7A スマートガイド
ゼロからはじめる ドコモ Xperia 10 V SO-52D スマートガイド
大きな字でわかりやすい LINEライン入門
ゼロからはじめる au Xperia 1 V／10 V SOG10／SOG11 スマートガイド
ゼロからはじめる Google Pixel 7a スマートガイド
理解するほどおもしろい！ パソコンのしくみがよくわかる本

も電子版で読める！

Software Design
Python×数学 ブートキャンプ
必須4分野の基礎を徹底的に固めよう
WebAssemblyの可能性を探る

電子版定期購読がお得に楽しめる！

くわしくは、
「Gihyo Digital Publishing」
のトップページをご覧ください。

電子書籍をプレゼントしよう！

Gihyo Digital Publishing でお買い求めいただける特定の商品と引き替えが可能な、ギフトコードをご購入いただけるようになりました。おすすめの電子書籍や電子雑誌を贈ってみませんか？

こんなシーンで…

- ご入学のお祝いに
- 新社会人への贈り物に
- イベントやコンテストのプレゼントに ………

ギフトコードとは？ Gihyo Digital Publishing で販売している商品と引き替えできるクーポンコードです。コードと商品は一対一で結びつけられています。

くわしい**ご利用方法**は、「Gihyo Digital Publishing」をご覧ください。

…のインストールが必要となります。
…を行うことができます。法人・学校での一括購入においても、利用者１人につき１アカウントが必要となり、

…への譲渡、共有はすべて著作権法および規約違反です。

4 「振分け条件」の［新しい条件を追加する］をタッチします。

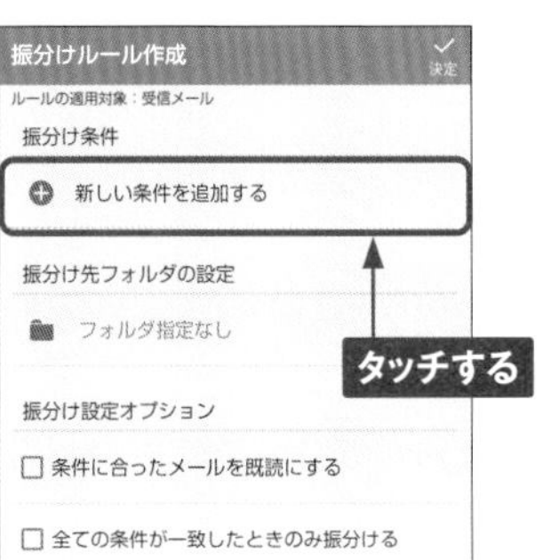

振分けルール作成
決定
ルールの適用対象：受信メール
振分け条件
新しい条件を追加する
振分け先フォルダの設定
フォルダ指定なし
振分け設定オプション
条件に合ったメールを既読にする
全ての条件が一致したときのみ振分ける
タッチする

5 振分けの条件を設定します。「対象項目」のいずれか（ここでは［差出人で振り分ける］）をタッチします。

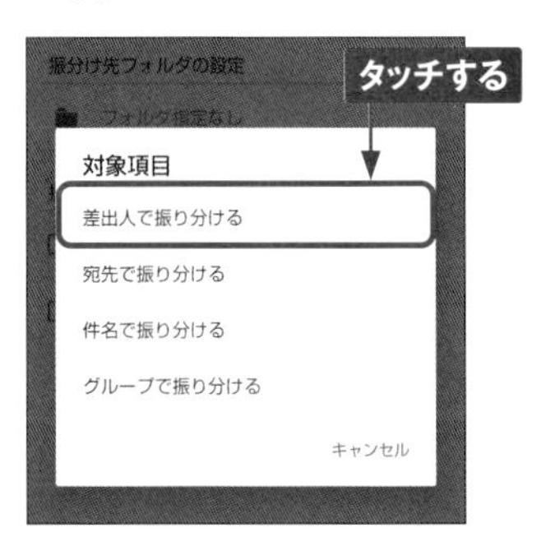

振分け先フォルダの設定
対象項目
差出人で振り分ける
宛先で振り分ける
件名で振り分ける
グループで振り分ける
キャンセル
タッチする

6 任意のキーワード（ここでは差出人のメールアドレス）を入力して、［決定］をタッチします。

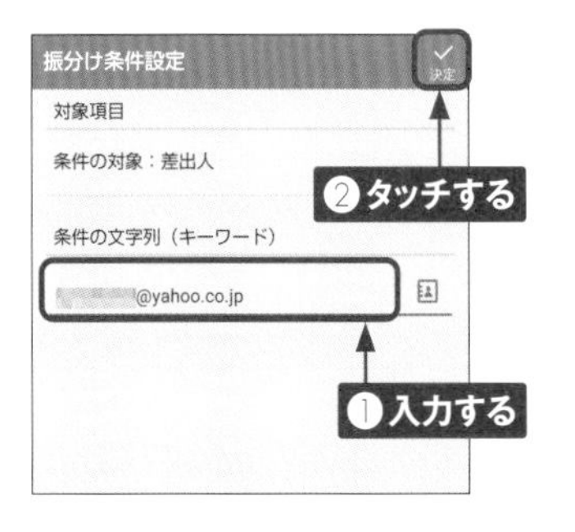

振分け条件設定
決定
対象項目
条件の対象：差出人
条件の文字列（キーワード）
@yahoo.co.jp
①入力する
②タッチする

7 手順④の画面に戻るので［フォルダ指定なし］をタッチし、［振分け先フォルダを作る］をタッチします。

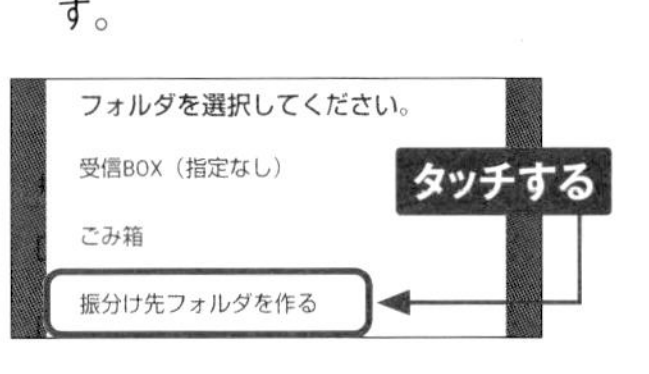

フォルダを選択してください。
受信BOX（指定なし）
ごみ箱
振分け先フォルダを作る
タッチする

8 フォルダ名を入力し、希望があればフォルダのアイコンを選択して、［決定］をタッチします。「確認」画面が表示されたら、［OK］をタッチします。

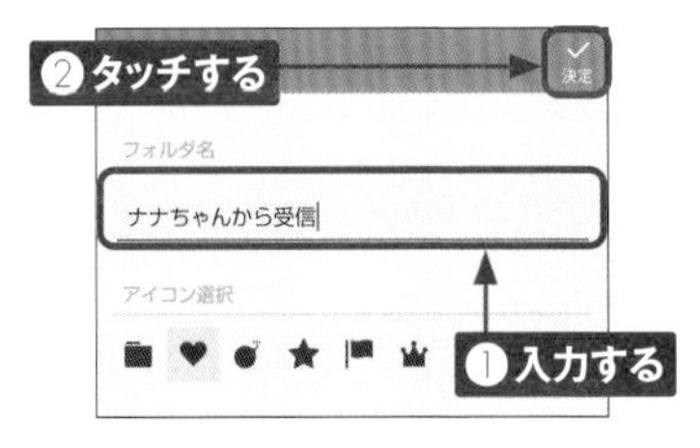

決定
フォルダ名
ナナちゃんから受信
アイコン選択
①入力する
②タッチする

9 ［決定］をタッチします。「振分け」画面が表示されたら、［はい］をタッチします。

振分けルール作成
決定
ルールの適用対象：受信メール
振分け条件
1.「@yahoo.co.jp」を含む
対象：差出人
新しい条件を追加する
タッチする

10 振分けルールが登録されます。

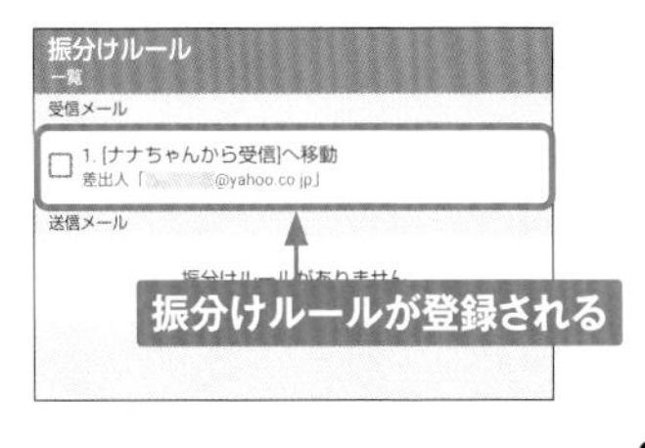

振分けルール
一覧
受信メール
1.［ナナちゃんから受信］へ移動
差出人「@yahoo.co.jp」
送信メール
振分けルールが登録される

Section 29

迷惑メールを防ぐ

Application

ドコモメールでは、迷惑メール対策機能が用意されています。ここでは、ドコモがおすすめする内容で一括して設定してくれる「かんたん設定」の設定方法を解説します。利用は無料です。

迷惑メール対策を設定する

① ホーム画面で✉をタッチします。

dポイント
d払い
My docomo
フォト
カメラ
dメニュー
dマーケット
dcard
Play ストア
Google
タッチする

② 画面右下の［その他］をタッチし、［メール設定］をタッチします。

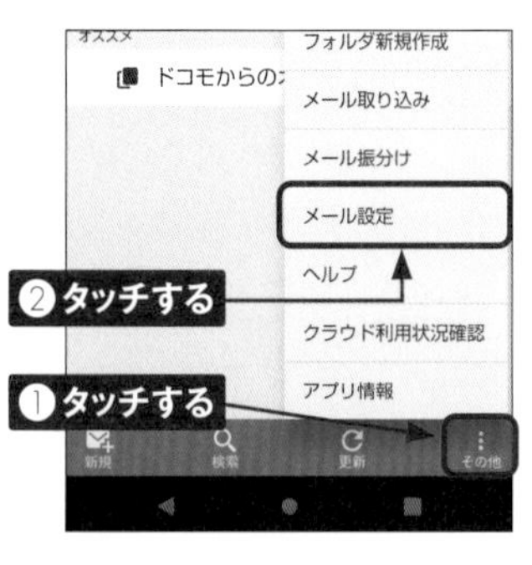
オススメ
ドコモからの
フォルダ新規作成
メール取り込み
メール振分け
メール設定
ヘルプ
クラウド利用状況確認
アプリ情報
②タッチする
①タッチする
新規
検索
更新
その他

③ ［ドコモメール設定サイト］をタッチします。

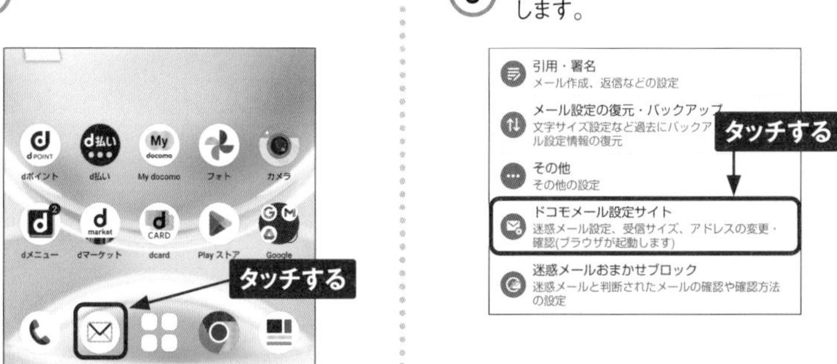
引用・署名
メール作成、返信などの設定
メール設定の復元・バックアップ
文字サイズ設定など過去にバックア
ル設定情報の復元
その他
その他の設定
ドコモメール設定サイト
迷惑メール設定、受信サイズ、アドレスの変更・確認(ブラウザが起動します)
迷惑メールおまかせブロック
迷惑メールと判断されたメールの確認や確認方法の設定
タッチする

MEMO 迷惑メールおまかせブロックとは

ドコモでは、迷惑メール対策の設定のほかに、迷惑メールを自動で判定してブロックする「迷惑メールおまかせブロック」という、より強力な迷惑メール対策サービスがあります。月額利用料金は220円ですが、これは「あんしんセキュリティ」の料金なので、同サービスを契約していれば、「迷惑メールおまかせブロック」も追加料金不要で利用できます。

4 「メール設定」画面で［かんたん設定］をタッチします。

de.smt.docomo.ne.jp
docomo
お客様サポート
メール設定
メールアドレスaq*********@docomo.ne.jp
お使いの携帯電話番号でログイン
メール設定確認
メールアドレスや迷惑メール対策の設定を確認できます。
メール設定内容の確認
迷惑メール/SMS対策
迷惑メールおまかせブロック
タッチする
受信／拒否を一括で設定できます。
かんたん設定
利用シーンに合わせた設定
アドレスやドメインを個別に指定した受信や拒否はこちら。

5 ［受信拒否　強］もしくは［受信拒否　弱］をタッチし、［確認する］をタッチします。パソコンとのメールのやりとりがある場合は［受信拒否　強］だと必要なメールが届かなくなる場合があります。

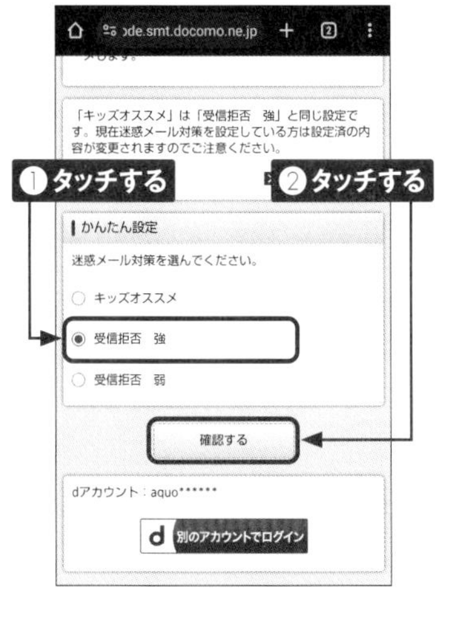

de.smt.docomo.ne.jp
「キッズオススメ」は「受信拒否　強」と同じ設定です。現在迷惑メール対策を設定している方は設定済の内容が変更されますのでご注意ください。
①タッチする
②タッチする
かんたん設定
迷惑メール対策を選んでください。
キッズオススメ
受信拒否　強
受信拒否　弱
確認する
dアカウント：aquo******
別のアカウントでログイン

6 設定した内容を確認し、［設定を確定する］をタッチします。

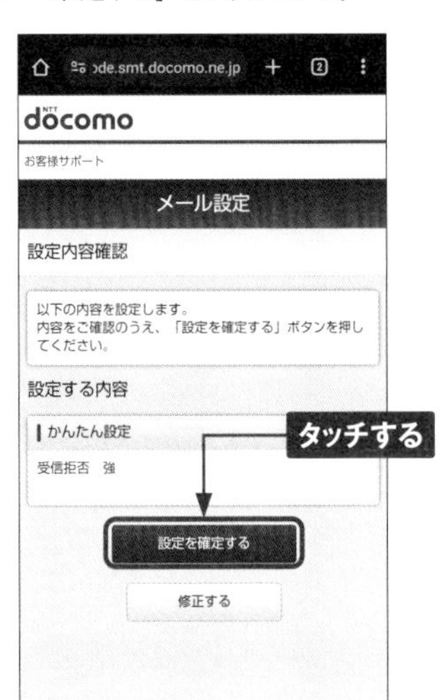

de.smt.docomo.ne.jp
docomo
お客様サポート
メール設定
設定内容確認
以下の内容を設定します。
内容をご確認のうえ、「設定を確定する」ボタンを押してください。
設定する内容
かんたん設定
受信拒否　強
タッチする
設定を確定する
修正する
メール設定トップへ

7 設定した内容の詳細が表示されます。

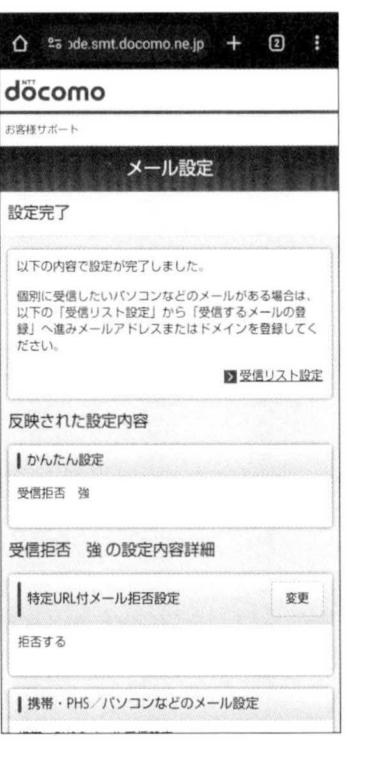

de.smt.docomo.ne.jp
docomo
お客様サポート
メール設定
設定完了
以下の内容で設定が完了しました。
個別に受信したいパソコンなどのメールがある場合は、以下の「受信リスト設定」から「受信するメールの登録」へ進みメールアドレスまたはドメインを登録してください。
受信リスト設定
反映された設定内容
かんたん設定
受信拒否　強
受信拒否　強 の設定内容詳細
特定URL付メール拒否設定
変更
拒否する
携帯・PHS／パソコンなどのメール設定

Section 30

Application

+メッセージを利用する

「+メッセージ」アプリでは、携帯電話番号を宛先にして、テキストや写真、ビデオ、スタンプなどを送信できます。「+メッセージ」アプリを使用していない相手の場合は、SMSでやり取りが可能です。

+メッセージとは

SH-54Dでは、「+メッセージ」アプリで+メッセージとSMSが利用できます。+メッセージでは文字が全角2,730文字、そのほかに100MBまでの写真や動画、スタンプ、音声メッセージをやり取りでき、グループメッセージや現在地の送受信機能もあります。パケットを使用するため、パケット定額のコースを契約していれば、とくに料金は発生しません。なお、SMSではテキストメッセージしか送れず、別途送信料もかかります。
また、+メッセージは、相手も+メッセージを利用している場合のみ利用できます。SMSと+メッセージどちらが利用できるかは自動的に判別されますが、画面の表示からも判断することができます（下図参照）。

すべての連絡先
岡めぐみ
カニが苦手です。
公式アカウントを探す
あ
和泉 ナナ
な
南原 千鶴

「+メッセージ」アプリで表示される連絡先の相手画面です。+メッセージを利用している相手には、が表示されます。プロフィールアイコンが設定されている場合は、アイコンが表示されます。

南原 千鶴
SMS
今日
よかったら、今日のランチ一緒にどうですか？
SMS

和泉 ナナ
今日
今日のランチ、どこに行こうか?
10:18

相手が+メッセージを利用していない場合は、メッセージ画面の名前欄とメッセージ欄に「SMS」と表示されます（上図）。+メッセージを利用している相手の場合は、何も表示されません（下図）。

＋メッセージを利用できるようにする

1 ホーム画面を左方向にフリックし、[＋メッセージ] をタッチします。

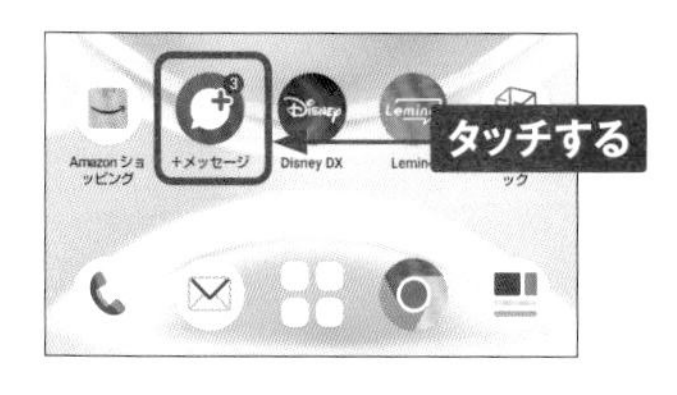
Amazon ショッピング
＋メッセージ
Disney DX
タッチする

2 初回起動時は、＋メッセージについての説明が表示されるので、内容を確認して、[次へ] をタッチしていきます。バックアップ連携のメッセージが表示されたら、[許可] をタッチします。

docomo
SMSも使える
＋メッセージへようこそ！
スタンプや写真などを使って
もっと豊かな会話を楽し
タッチする
次へ

3 利用条件に関する画面が表示されたら、内容を確認して、[同意する] をタッチします。

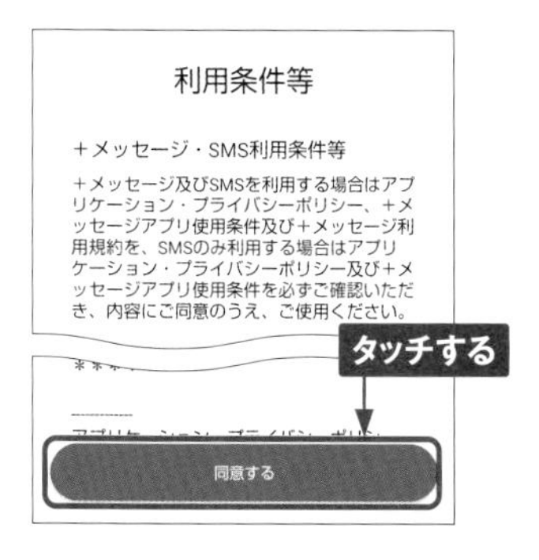
利用条件等
＋メッセージ・SMS利用条件等
＋メッセージ及びSMSを利用する場合はアプリケーション・プライバシーポリシー、＋メッセージアプリ使用条件及び＋メッセージ利用規約を、SMSのみ利用する場合はアプリケーション・プライバシーポリシー及び＋メッセージアプリ使用条件を必ずご確認いただき、内容にご同意のうえ、ご使用ください。
タッチする
同意する

4 「＋メッセージ」アプリについての説明が表示されたら、左方向にフリックしながら、内容を確認します。

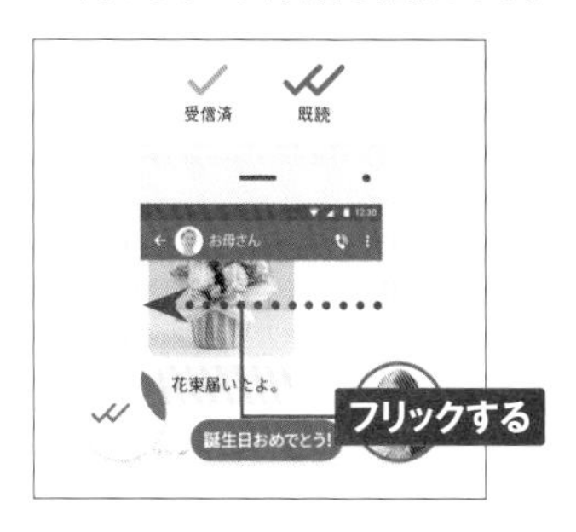
受信済
既読
お母さん
花束届いたよ。
誕生日おめでとう!
フリックする

5 「プロフィール（任意）」画面が表示されます。名前などを入力し、[OK] をタッチします。プロフィールは設定しなくてもかまいません。

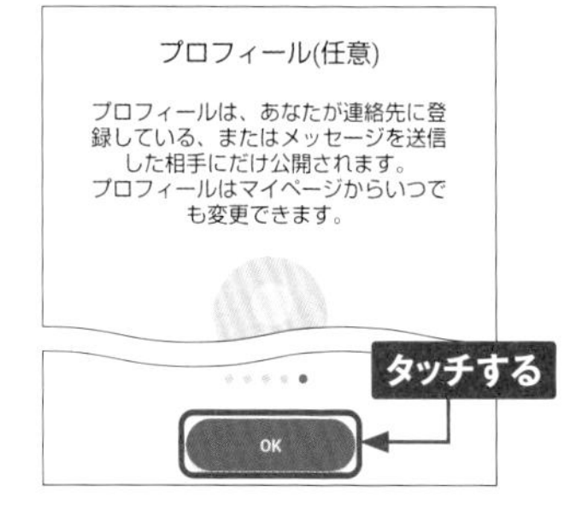
プロフィール(任意)
プロフィールは、あなたが連絡先に登録している、またはメッセージを送信した相手にだけ公開されます。
プロフィールはマイページからいつでも変更できます。
タッチする
OK

6 「＋メッセージ」アプリが起動します。

メッセージ
＋メッセージ
09:40
＊このメッセージはNTTドコモか...

メッセージを送信する

① P.89手順①を参考にして、「+メッセージ」アプリを起動します。新規にメッセージを作成する場合は［メッセージ］をタッチして、⊕をタッチします。

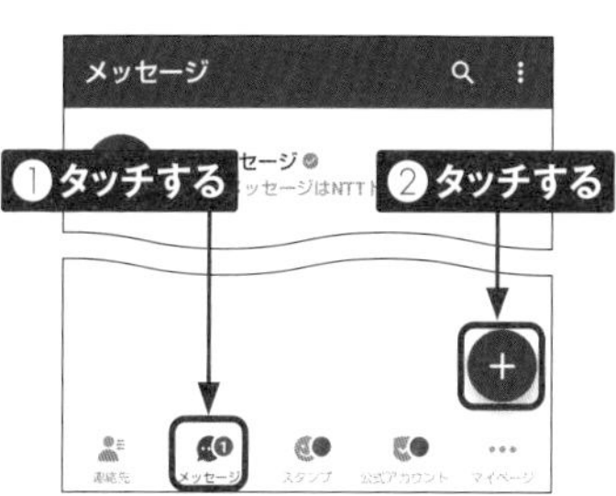
メッセージ
①タッチする
②タッチする

② ［新しいメッセージ］をタッチします。

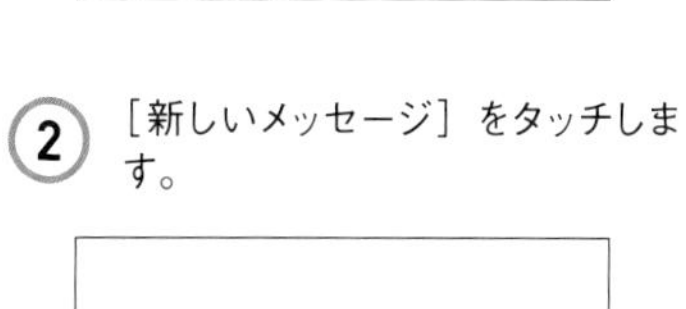

タッチする
新しいメッセージ
新しいグループメッセージ

③ 「新しいメッセージ」画面が表示されます。送信先の電話番号を入力して、［直接指定］をタッチします。メッセージを送りたい相手をタッチして、選択することも可能です。

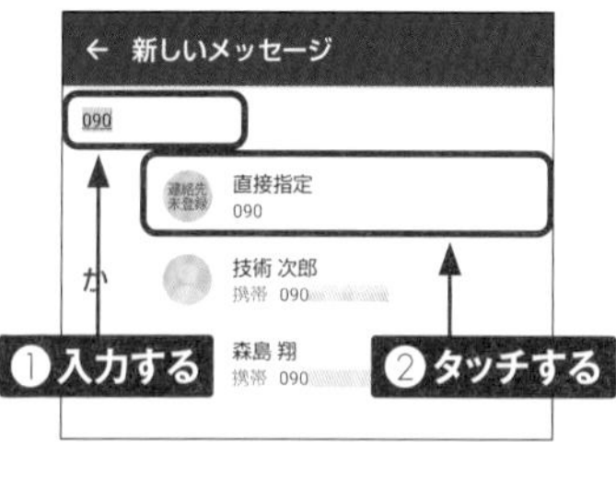
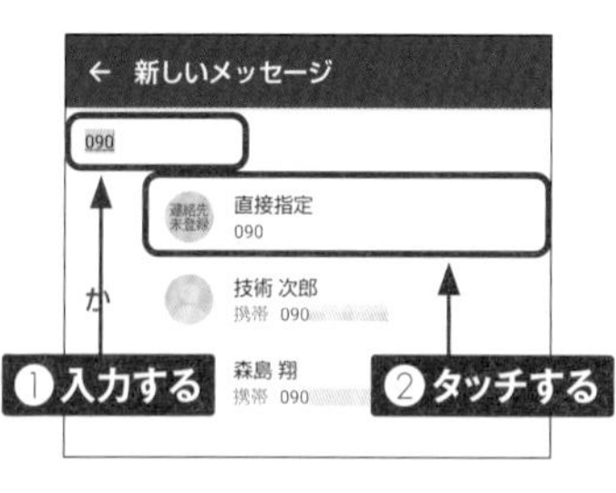
← 新しいメッセージ
090
直接指定
090
技術 次郎
森島 翔
①入力する
②タッチする

④ ［メッセージ］をタッチして、メッセージを入力し、▶をタッチします。

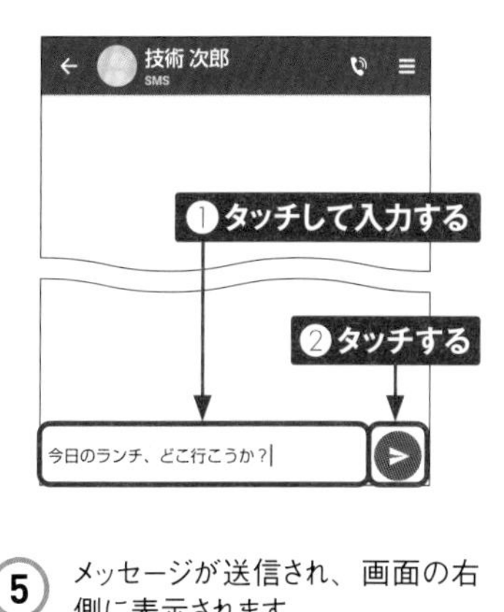
技術 次郎
SMS
①タッチして入力する
②タッチする
今日のランチ、どこ行こうか？

⑤ メッセージが送信され、画面の右側に表示されます。

技術 次郎
SMS
今日
15:08 SMS
今日のランチ、どこ行こうか？
メッセージが送信される

MEMO 写真やスタンプの送信

「+メッセージ」アプリでは、写真やスタンプを送信することもできます。写真を送信したい場合は、手順④の画面で⊕→🖼の順にタッチして、送信したい写真をタッチして選択し、▶をタッチします。スタンプを送信したい場合は、手順④の画面で☺をタッチして、送信したいスタンプをタッチして選択し、▶をタッチします。

相手のメッセージに返信する

1. メッセージが届くと、ステータスバーに受信のお知らせ が表示されます。ステータスバーを下方向にドラッグします。

ドラッグする

2. ステータスパネルに表示されているメッセージの通知をタッチします。

タッチする

3. 受信したメッセージが画面の左側に表示されます。メッセージを入力して、 をタッチすると、相手に返信できます。

①入力する
②タッチする

MEMO 「メッセージ」画面からのメッセージ送信

「+メッセージ」アプリで相手とやり取りすると、「メッセージ」画面にやり取りした相手が表示されます。以降は、「メッセージ」画面から相手をタッチすることで、メッセージを送信できます。

タッチする

Section 31

Gmailを利用する

Application

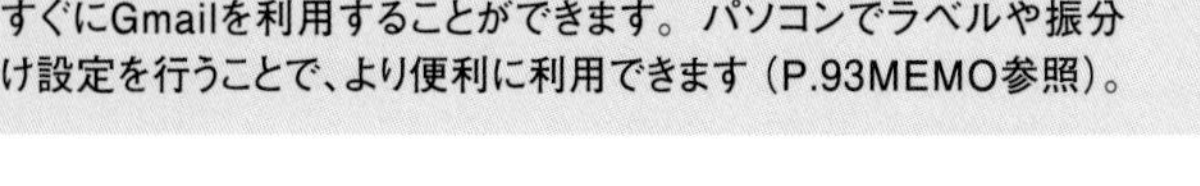

SH-54DにGoogleアカウントを登録しておけば（Sec.11参照）、すぐにGmailを利用することができます。パソコンでラベルや振分け設定を行うことで、より便利に利用できます（P.93MEMO参照）。

受信したメールを閲覧する

① ホーム画面のGoogleフォルダを開いて［Gmail］をタッチします。「Gmailの新機能」画面が表示された場合は、［OK］→［GMAILに移動］→［許可］の順にタッチします。

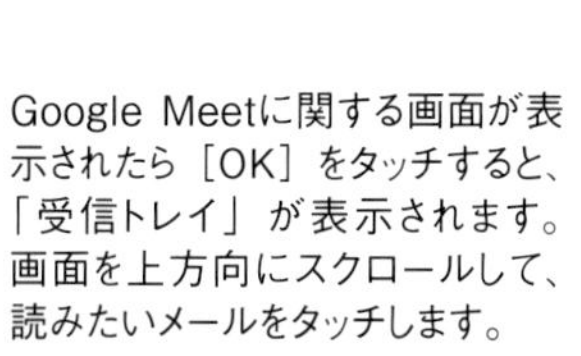
Google
Gmail
マップ
YouTube
ドライブ
カレンダー
タッチする

② Google Meetに関する画面が表示されたら［OK］をタッチすると、「受信トレイ」が表示されます。画面を上方向にスクロールして、読みたいメールをタッチします。

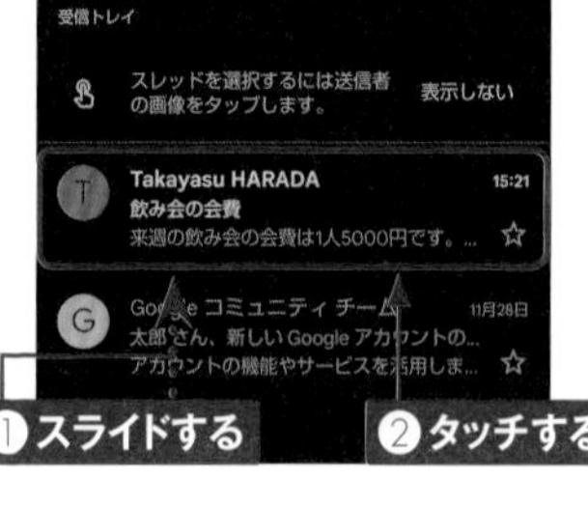
受信トレイ
スレッドを選択するには送信者の画像をタップします。
表示しない
Takayasu HARADA
15:21
飲み会の会費
来週の飲み会の会費は1人5000円です。...
11月28日
❶スライドする
❷タッチする

③ メールの差出人やメール受信日時、メール内容が表示されます。画面左上のをタッチすると、受信トレイに戻ります。なお、をタッチすると、メールに返信することができます。

返信する
飲み会の会費
受信トレイ
Takayasu HARADA 15:21
自分
タッチする
来週の飲み会の会費は1人5000円です。

MEMO Googleアカウントの同期

Gmailを使用する前に、Sec.11の方法であらかじめSH-54Dに自分のGoogleアカウントを設定しましょう。P.35手順⑰の画面で「Gmail」をオンにしておくと、Gmailも自動的に同期されます。すでにGmailを使用している場合は、受信トレイの内容がそのままSH-54Dでも表示されます。

メールを送信する

1 P.92を参考に「メイン」などの画面を表示して、[作成] をタッチします。

2 メールの「作成」画面が表示されます。[宛先] をタッチして、メールアドレスを入力します。「ドコモ電話帳」内の連絡先であれば、表示される候補をタッチします。

From aquos8sh54@gmail.com
宛先 技術
技術 次郎
@yahoo.co.jp
入力する
受信者を追加
技術
の を が に は で 、 と
や も 。 から には です

3 件名とメールの内容を入力し、▷をタッチすると、メールが送信されます。

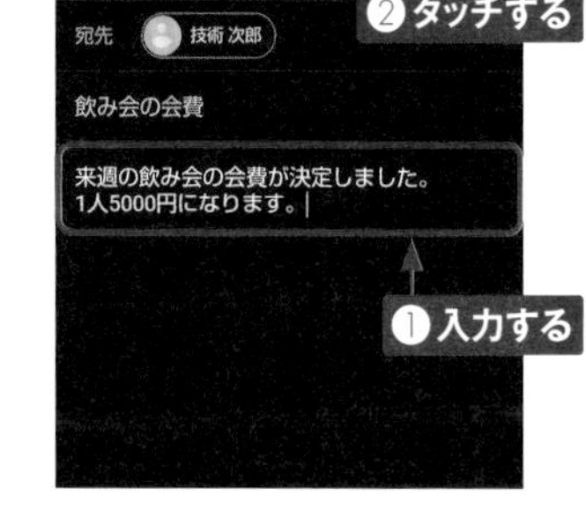
From aquos8sh54@gmail.com
②タッチする
宛先 技術 次郎
飲み会の会費
来週の飲み会の会費が決定しました。
1人5000円になります。
①入力する

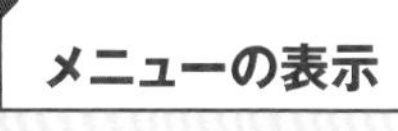

MEMO メニューの表示

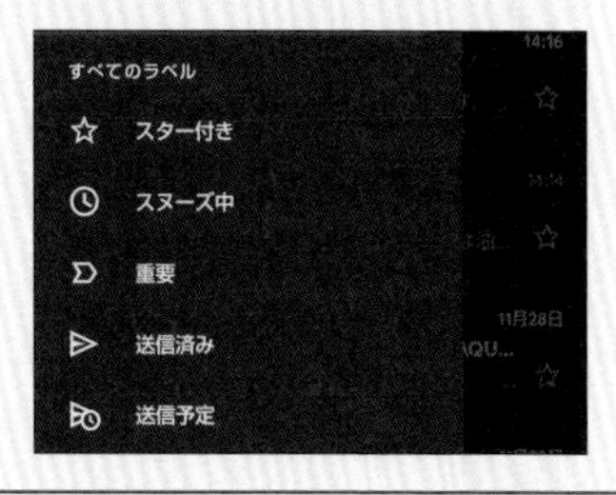

「Gmail」の画面を左端から右方向にフリックすると、メニューが表示されます。メニューでは、「メイン」以外のカテゴリやラベルを表示したり、送信済みメールを表示したりできます。なお、ラベルの作成や振分け設定は、パソコンのWebブラウザで「https://mail.google.com/」にアクセスして行います。

すべてのラベル
スター付き
スヌーズ中
重要
送信済み
送信予定

Section 32

Yahoo!メール／PCメールを設定する

Application

「Gmail」アプリを利用すれば、パソコンで使用しているメールを送受信することができます。ここでは、Yahoo!メールの設定方法と、PCメールの追加方法を解説します。

Yahoo!メールを設定する

① あらかじめ、Yahoo!メールのアカウント情報を準備しておきます。「Gmail」アプリを起動し、P.92手順②の画面で画面左端から右方向にフリックし、[設定]をタッチします。

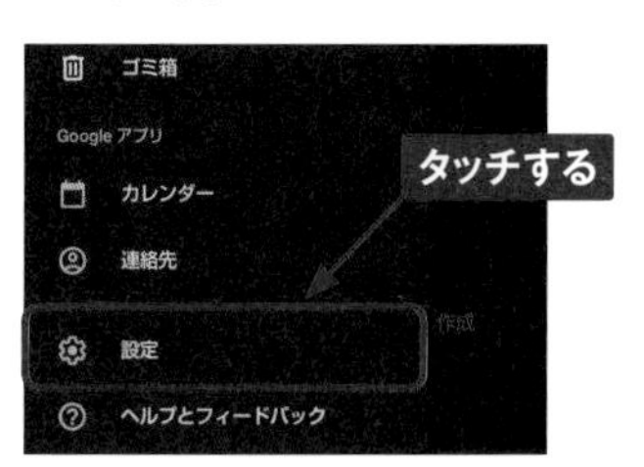

ゴミ箱
Google アプリ
カレンダー
連絡先
設定
ヘルプとフィードバック
タッチする

② [アカウントを追加する]をタッチします。

設定
全般設定
aquos8sh54@gmail.com
アカウントを追加する
タッチする

③ [Yahoo]をタッチします。

メールのセットアップ
Google
Outlook、Hotmail、Live
Yahoo
Exchange と Office 365
その他
タッチする

④ Yahoo!メールのメールアドレスを入力して、[続ける]をタッチし、画面の指示に従って設定します。

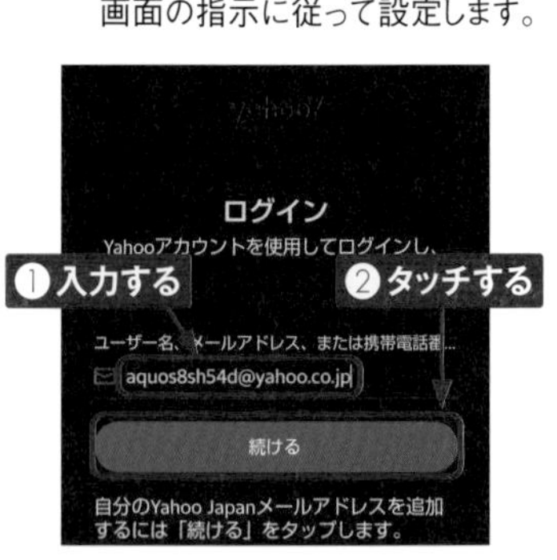

ログイン
Yahooアカウントを使用してログインし、
①入力する
②タッチする
aquos8sh54d@yahoo.co.jp
続ける
自分のYahoo JapanメールアドレスをGに追加するには「続ける」をタップします。

PCメールを設定する

1 あらかじめプロバイダメールなどのPCメールのアカウント情報を準備しておきます。P.94手順③の画面で［その他］をタッチします。

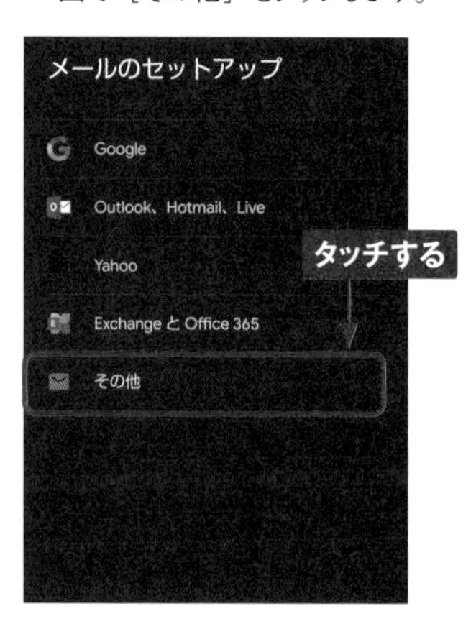

メールのセットアップ
Google
Outlook、Hotmail、Live
Yahoo
Exchange と Office 365
その他
タッチする

2 PCメールのメールアドレスを入力して、［次へ］をタッチします。

メールアドレスの追加
aquos8@cross-gift.com
❶入力する
❷タッチする
手動設定
次へ

3 アカウントの種類を選択します。ここでは、［個人用（POP3）］をタッチします。

タッチする
aquos8@cross-gift.com
このアカウントの種類を選択します
個人用（POP3）
個人用（IMAP）

4 パスワードを入力して、［次へ］をタッチします。

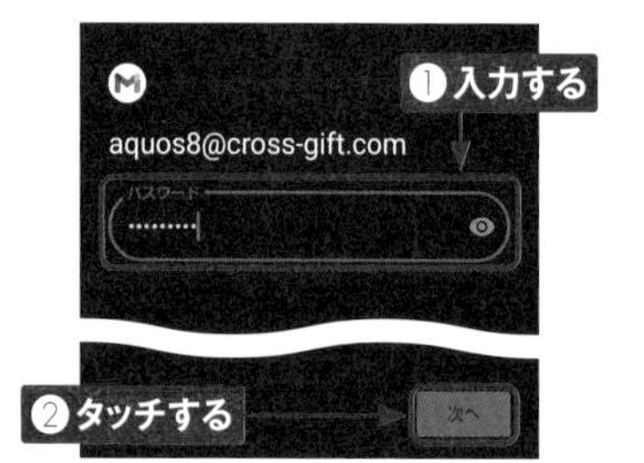

❶入力する
aquos8@cross-gift.com
パスワード
❷タッチする
次へ

5 ユーザー名や受信サーバーを入力して、［次へ］をタッチします。

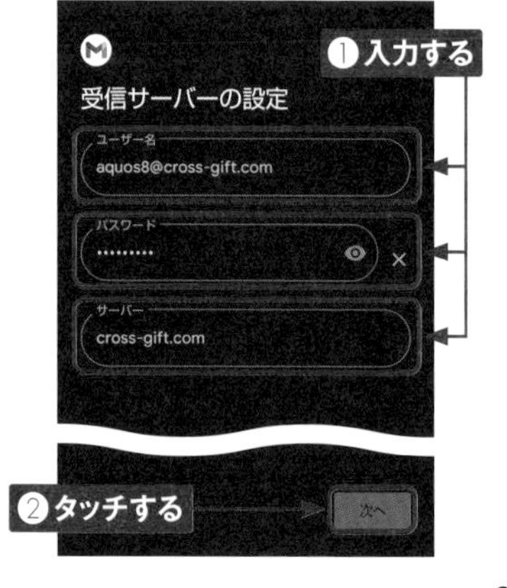

❶入力する
受信サーバーの設定
ユーザー名
aquos8@cross-gift.com
パスワード
サーバー
cross-gift.com
❷タッチする
次へ

6 ユーザー名や送信サーバーを入力して、［次へ］をタッチします。

送信サーバーの設定
ログインが必要
ユーザー名
aquos8@cross-gift.com
パスワード
SMTP サーバー
cross-gift.com
次へ
①入力する
②タッチする

7 「アカウントのオプション」画面が設定されます。［次へ］をタッチします。

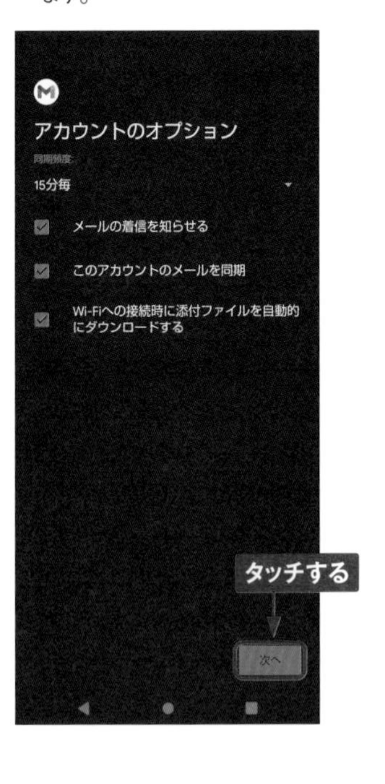
アカウントのオプション
同期頻度
15分毎
メールの着信を知らせる
このアカウントのメールを同期
Wi-Fiへの接続時に添付ファイルを自動的にダウンロードする
次へ
タッチする

8 アカウントの設定が完了します。［次へ］をタッチします。

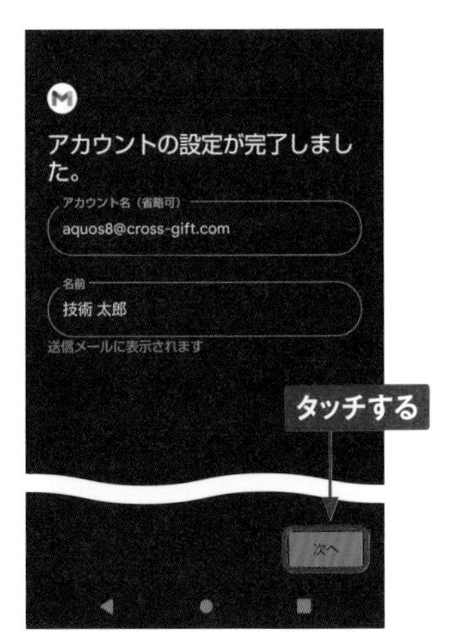
アカウントの設定が完了しました。
アカウント名（省略可）
aquos8@cross-gift.com
名前
技術 太郎
送信メールに表示されます
次へ
タッチする

MEMO **アカウントの表示切り替え**

設定したアカウントに表示を切り替えるには、P.92手順②の画面で右上のアイコンをタッチし、切り替えたいアカウントをタッチします。

メールを検索
Google
技術太郎
aquos8sh54@gmail.com
Google アカウントを管理
ストレージの 0%/15 GB を使用しています
aquos8@cross-gift.com
別のアカウントを追加
このデバイスのアカウントを管理
プライバシー ポリシー
利用規約

Chapter 4

Googleのサービスを使いこなす

Section 33 Googleのサービスとは
Section 34 Googleアシスタントを利用する
Section 35 Google Playでアプリを検索する
Section 36 アプリをインストール・アンインストールする
Section 37 有料アプリを購入する
Section 38 Googleマップを使いこなす
Section 39 紛失したSH-54Dを探す
Section 40 YouTubeで世界中の動画を楽しむ

Section 33

Googleのサービスとは

Application

Googleは地図、ニュース、動画などのさまざまなサービスをインターネットで提供しています。専用のアプリを使うことで、Googleの提供するこれらのサービスをかんたんに利用することができます。

Googleのサービスでできること

GmailはGoogleの代表的なサービスですが、そのほかにも地図、ニュース、動画、SNS、翻訳など、さまざまなサービスを無料で提供しています。また、連絡先やスケジュール、写真などの個人データをGoogleのサーバーに保存することで、パソコンやタブレット、ほかのスマートフォンとデータを共有することができます。

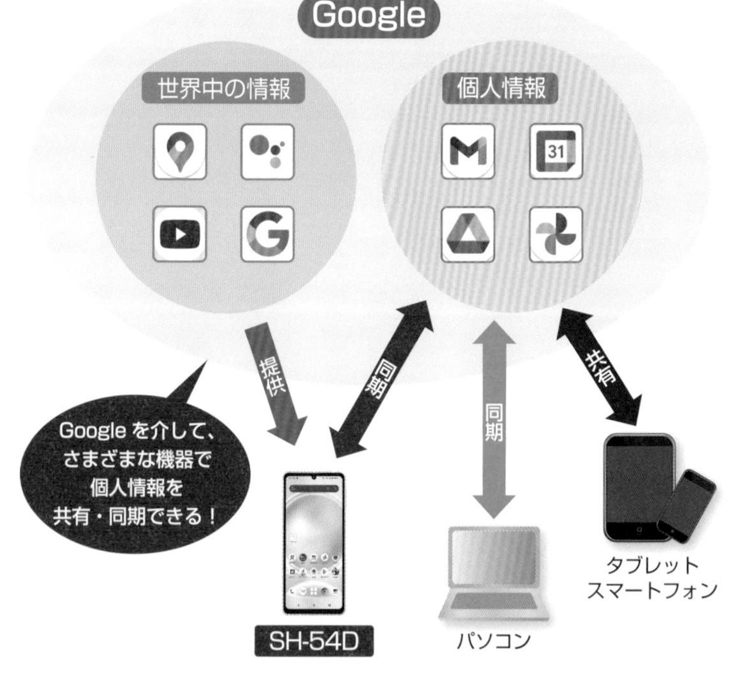

Google
世界中の情報
個人情報
提供
同期
同期
共有
Google を介して、
さまざまな機器で
個人情報を
共有・同期できる！
SH-54D
パソコン
タブレット
スマートフォン

Googleのサービスと対応アプリ

Googleのほとんどのサービスは、Googleが提供している標準のアプリを使って利用できます。最初からインストールされているアプリ以外は、Google Playからダウンロードします（Sec.35 ～ 36参照）。また、Google製以外の対応アプリを利用することもできます。

サービス名	対応アプリ	サービス内容
Google Play	Playストア	各種コンテンツ（アプリ、書籍、映画、音楽）のダウンロード
Googleニュース	Googleニュース	ニュースや雑誌の購読
YouTube	YouTube	動画サービス
YouTube Music	YouTube Music（YT Music）	音楽の再生、オンライン上のプレイリストの再生など
Gmail	Gmail	Googleアカウントをアドレスにしたメールサービス
Googleマップ	マップ	地図・経路・位置情報サービス
Googleカレンダー	Googleカレンダー	スケジュール管理
Google ToDoリスト	ToDoリスト	タスク（ToDo）管理
Google翻訳	Google翻訳	多言語翻訳サービス（音声入力対応）
Googleフォト	Googleフォト	写真・動画のバックアップ
Googleドライブ	Googleドライブ	文書作成・管理・共有サービス
Googleアシスタント	Google	話しかけるだけで、情報を調べたり端末を操作したりできるサービス
Google Keep	Google Keep	メモ作成サービス

Googleのサービスとドコモのサービスのどちらを使う？

「ドコモ電話帳」アプリと「スケジュール」アプリのデータの保存先は、Googleとドコモで同様のサービスを提供しているため、どちらか1つを選ぶ必要があります。ふだんからGoogleのサービスを利用していて、それらのデータを連携させたい人はGoogleを、Googleのサービスはあまり利用していないという人はドコモを選ぶとよいでしょう。
Googleのサービスを利用する場合は、連絡先の保存先（P.52手順②参照）でGoogleアカウントを選び、スケジュール管理には「Googleカレンダー」アプリを使いましょう。一方、ドコモを利用する場合は、連絡先の保存先に「docomo」を選び、スケジュール管理に「スケジュール」アプリを使います。

Section 34

Application

Googleアシスタントを利用する

SH-54Dでは、Googleの音声アシスタントサービス「Googleアシスタント」を利用できます。アシスタントキーを押すだけで起動でき、音声でさまざまな操作をすることができます。

Googleアシスタントの利用を開始する

1 ●をロングタッチします。

ロングタッチする

2 Googleアシスタントの開始画面が表示されます。

未読メールがあります
次のように言ってみましょう
「リマインダーを設定、「今夜ゴミを出す」」
アシスタント機能をもっと活用しましょう
開始

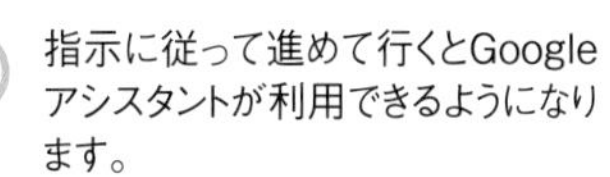

3 指示に従って進めて行くとGoogleアシスタントが利用できるようになります。

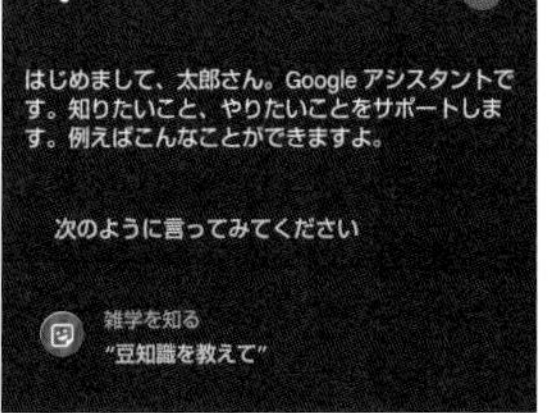
はじめまして、太郎さん。Google アシスタントです。知りたいこと、やりたいことをサポートします。例えばこんなことができますよ。
次のように言ってみてください
雑学を知る
"豆知識を教えて"

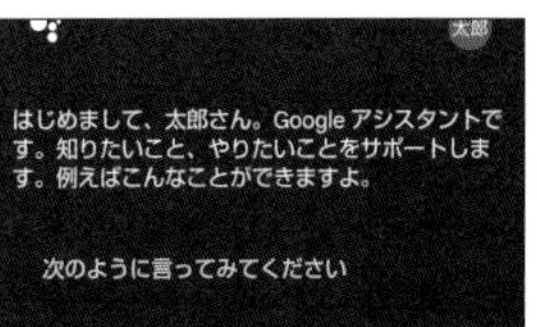

MEMO 音声でアシスタントを起動する

音声を登録すると、SH-54Dの起動中に「Hey Google（ヘイグーグル）」と発声して、すぐにGoogleアシスタントを使うことができます。設定メニューで、[Google] → [Googleアプリの設定] → [検索、アシスタントと音声] → [Googleアシスタント] → [OK GoogleとVoice Match] → [使ってみる] の順にタッチして、画面に従って音声を登録します。

Googleアシスタントへの問いかけ例

Googleアシスタントを利用すると、語句の検索だけでなく予定やリマインダーの設定、電話やメールの発信など、SH-54Dに話しかけることでさまざまな操作ができます。まずは、「何ができる?」と聞いてみましょう。

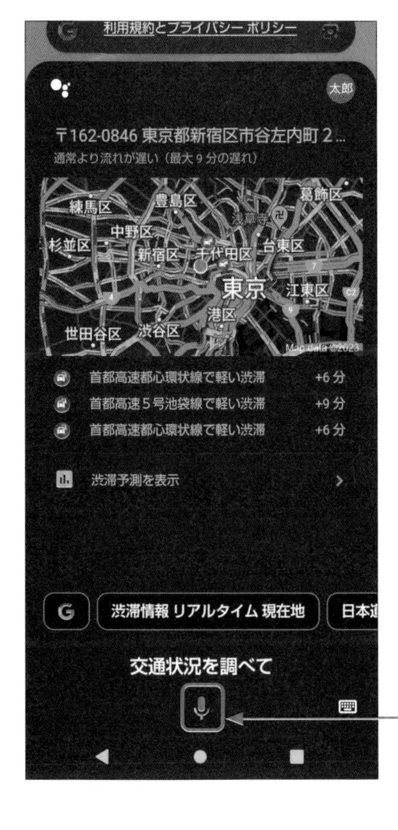

利用規約とプライバシーポリシー
太郎
〒162-0846 東京都新宿区市谷左内町 2 ...
通常より流れが遅い（最大 9 分の遅れ）
練馬区
豊島区
葛飾区
中野区
杉並区
新宿区
千代田区
台東区
東京
江東区
港区
世田谷区
渋谷区
Map data ©2023
首都高速都心環状線で軽い渋滞 +6 分
首都高速 5 号池袋線で軽い渋滞 +9 分
首都高速都心環状線で軽い渋滞 +6 分
渋滞予測を表示
渋滞情報 リアルタイム 現在地
交通状況を調べて
タッチして話しかける

●調べ物

「1ポンドは何グラム?」
「DX ってなに?」
「今月の祭日は?」

●スポーツ

「ワールドカップの結果は?」
「大相撲の番付は?」
「高校野球の結果は?」

●経路案内

「後楽園ホールの行き方は?」
「市ヶ谷駅の時刻表を知りたい」
「近くの食堂に行きたい」

●楽しいこと

「オカメインコの鳴き声は?」
「今日の運勢は?」
「豆知識を教えて」

Googleアシスタントから利用できないアプリ

たとえば、Googleアシスタントで「○○さんにメールして」と話しかけると、「Gmail」アプリ（Sec.31参照）が起動し、ドコモの「ドコモメール」アプリ（Sec.27参照）は利用できません。このように、Googleアシスタントでは Googleのアプリが優先されるため、一部のアプリはGoogleアシスタントからは利用できません。

Section 35

Google Playでアプリを検索する

Application

Google Playで公開されているアプリをSH-54Dにインストールすることで、さまざまな機能を利用できるようになります。まずは、目的のアプリを探す方法を解説します。

アプリを検索する

1. ホーム画面で［Playストア］をタッチします。

タッチする
dポイント
d払い
My docomo
フォト
カメラ
dメニュー
dマーケット
dcard
Playストア
Google

2. 「Playストア」アプリが起動するので、［アプリ］をタッチし、［カテゴリ］をタッチします。

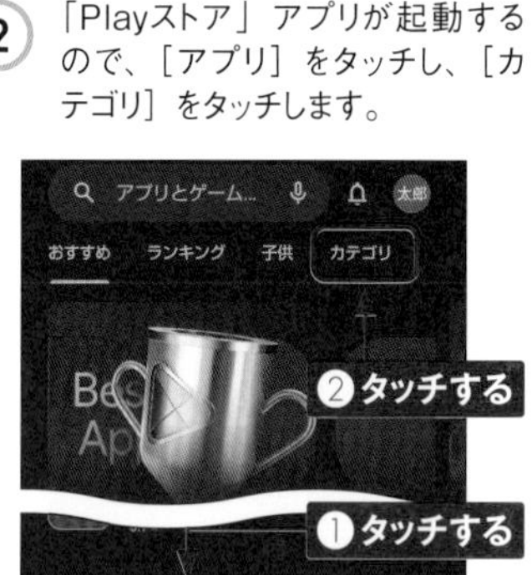
アプリとゲーム...
おすすめ
ランキング
子供
カテゴリ
②タッチする
①タッチする
ゲーム
アプリ
新規
書籍

3. アプリのカテゴリが表示されます。画面を上下にスライドします。

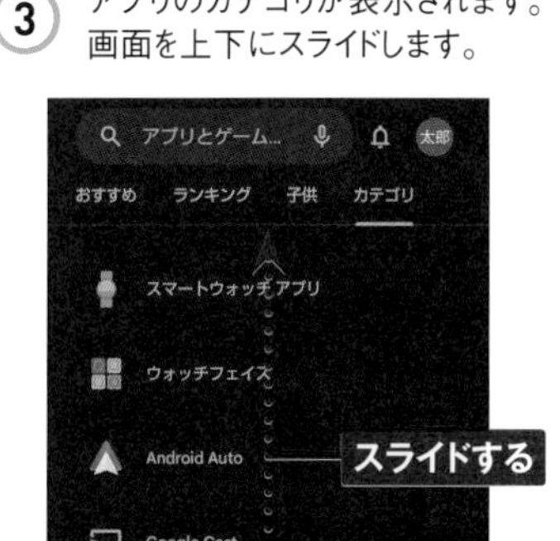
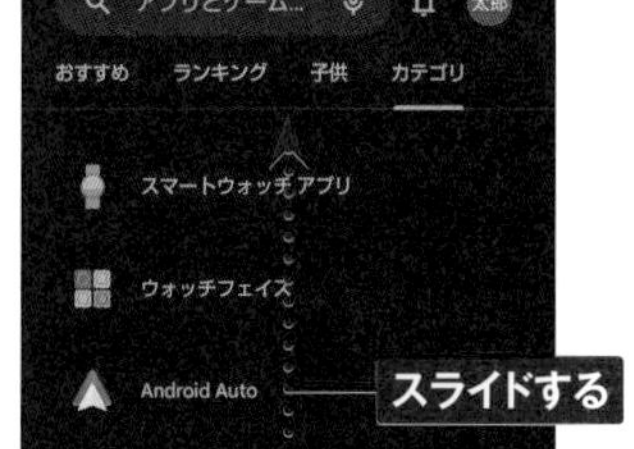
アプリとゲーム...
おすすめ
ランキング
子供
カテゴリ
スマートウォッチ アプリ
ウォッチフェイス
Android Auto
スライドする
Google Cast
Kids

4. アプリを探したいジャンル（ここでは［ツール］）をタッチします。

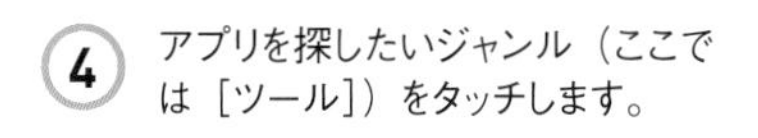
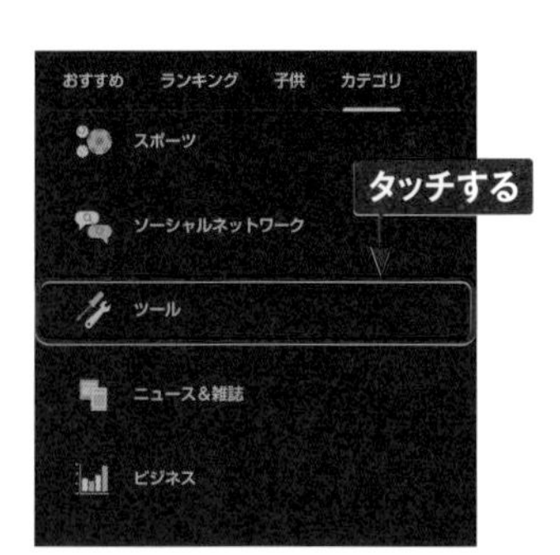
おすすめ
ランキング
子供
カテゴリ
スポーツ
ソーシャルネットワーク
タッチする
ツール
ニュース&雑誌
ビジネス

5 「ツール」に属するアプリが表示されます。上方向にスライドし、「人気のツールアプリ（無料）」の➡をタッチします。

6 「無料」のアプリが一覧で表示されます。詳細を確認したいアプリをタッチします。

7 アプリの詳細な情報が表示されます。人気のアプリでは、ユーザーレビューも読めます。

qrコード読み取りアプリ
Gamma Play
広告を含む
4.3★
241万 件のレビュー
5億 以上
ダウンロード数
3 歳以上
インストール
このアプリについて
最速の QR バーコード スキャナーです。
無料の第 2 位（カテゴリ: ツール）
データ セーフティ

キーワードでの検索

Google Playでは、キーワードからアプリを検索できます。検索機能を利用するには、手順②の画面で画面上部の検索ボックスをタッチしてキーワードを入力し、キーボードの🔍をタッチします。

R-type
①入力する
r-type
r-type 1
②タッチする
日本語

Section 36

アプリをインストール・アンインストールする

Application

Google Playで目的の無料アプリを見つけたら、インストールしてみましょう。なお、不要になったアプリは、Google Playからアンインストール（削除）できます。

アプリをインストールする

1. Google Playでアプリの詳細画面を表示し（P.103手順⑥〜⑦参照）、［インストール］をタッチします。

qrコード読み取りアプリ
Gamma Play
広告を含む
タッチする
4.3★
241万 件のレビュー
5億 以上
ダウンロード数
3+
3 歳以上
インストール

2. アプリのダウンロードとインストールが開始されます。

qrコード読み取りアプリ
8.93 MB のうち 39%
Play プロテクトにより検証済み
キャンセル
アプリがインストールされる
スポンサー・おすすめ
無料
簡単
QRコード読み取りアプリ・QRコー...
Yahoo! JAPAN
4.0★
QRコード読み取りアプリ＆バーコ...

3. アプリのインストールが完了します。アプリを起動するには、［開く］をタッチするか、ホーム画面に追加されたアイコンをタッチします。

qrコード読み取りアプリ
Gamma Play
広告を含む
タッチする
アンインストール
開く
スポンサー・おすすめ
無料
簡単
QRコード読み取りアプリ・QRコー...
3.6★
Yahoo! JAPAN
4.0★
QRコード読み取りアプリ＆バーコ...
3.8★

MEMO ホーム画面にアイコンを追加しない設定

ホーム画面にアイコンを追加したくない場合は、ホーム画面の何もないところをロングタッチし、［ホーム設定］→［ホーム画面にアプリのアイコンを追加］の順にタッチして、●を●にします。

●アプリをアップデートする

1 「Google Play」のトップ画面で右上のアカウントアイコンをタッチし、表示される画面の［アプリとデバイスの管理］をタッチします。

アプリとゲーム...
Google
技術太郎
aquos8sh54@gmail.com
Google アカウントを管理
アプリとデバイスの管理
通知と特典
お支払いと定期購入
Play プロテクト
①タッチする
②タッチする

2 アップデート可能なアプリがある場合、「利用可能なアップデートがあります」と表示されます。［すべて更新］をタッチすると、アプリが一括で更新されます。

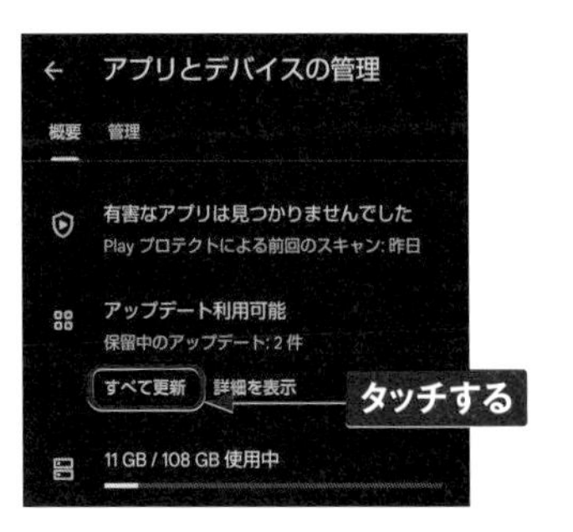

アプリとデバイスの管理
概要
管理
有害なアプリは見つかりませんでした
Play プロテクトによる前回のスキャン: 昨日
アップデート利用可能
保留中のアップデート: 2 件
すべて更新
詳細を表示
11 GB / 108 GB 使用中
タッチする

●アプリをアンインストールする

1 左側の手順②の画面で［管理］をタッチし、アンインストールしたいアプリをタッチします。

インストール済み
アップデート利用可能
アプリ（49 個）
最近更新されたアプリ
あとからキャプチャー
0 B
328 KB
my daiz
152 MB
qrコード読み取りアプリ
13 MB
System parental controls
0 B
タッチする

2 アプリの詳細が表示されます。［アンインストール］をタッチし、確認画面で［アンインストール］をタッチすると、アプリがアンインストールされます。

qrコード読み取りアプリ
Gamma Play
広告を含む
アンインストール
開く
新機能 •
最終更新: 2023/09/04
私たちのアプリをダウンロードしていただき、ありがとうございます！私たちは常に、ユーザーの経験、パフォーマンス、信頼性を向上し、不具合を修正するた...
このアプリを評価
ご意見をお聞かせください
タッチする

MEMO

ドコモのアプリのアップデートとアンインストール

ドコモで提供されているアプリは、上記の方法ではアップデートやアンインストールが行えないことがあります。詳しくは、P.147を参照してください。

Section 37

有料アプリを購入する

Application

有料アプリを購入する場合、「NTTドコモの決済を利用」「クレジットカード」「Google Playギフトカード」などの支払い方法が選べます。ここでは、クレジットカードを登録する方法を解説します。

クレジットカードで有料アプリを購入する

① Google Playで有料アプリを選択し、アプリの価格が表示されたボタンをタッチします。

タッチする

② ［カードを追加］をタッチします。

タッチする

③ 登録画面で「カード番号」と「有効期限」、「CVCコード」を入力します。

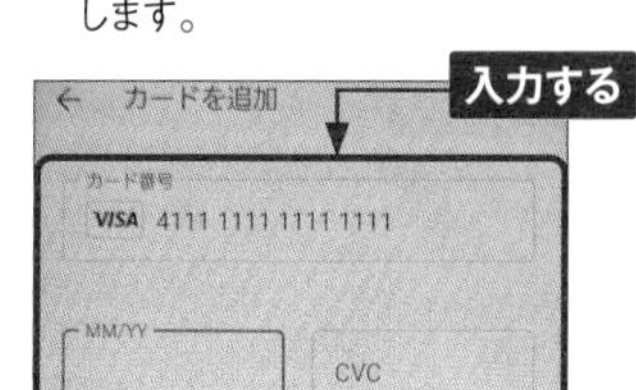
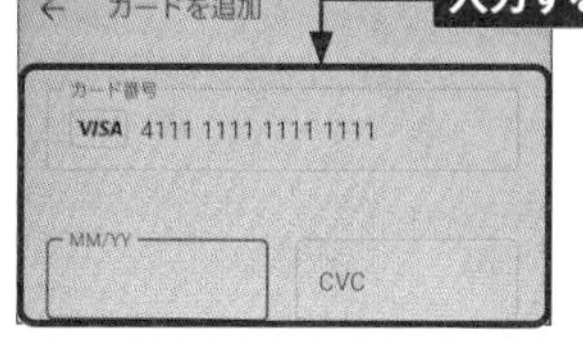
入力する
カードを追加
カード番号
VISA 4111 1111 1111 1111
MM/YY
CVC

MEMO Google Play ギフトカード

コンビニなどで販売されている「Google Playギフトカード」を利用すると、プリペイド方式でアプリを購入できます。クレジットカードを登録したくないときに使うと便利です。Google Playギフトカードを利用するには、P.105左の手順②の画面で［お支払いと定期購入］→［お支払い方法］→［コードの利用］の順にタッチし、カードに記載されているコードを入力して、［コードを利用］をタッチします。

4 ［クレジットカード所有者の名前］、［国名］、［郵便番号］を入力し、［保存］をタッチします。

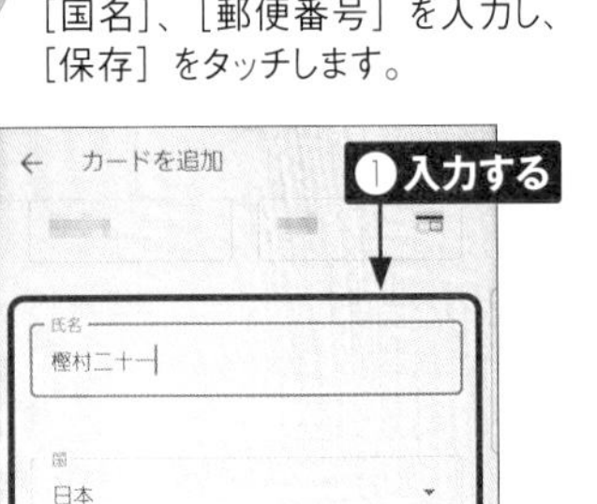

カードを追加
①入力する
氏名
国
日本
テラリア（日本語版）
￥550
保存
②タッチする

5 ［1クリックで購入］をタッチします。

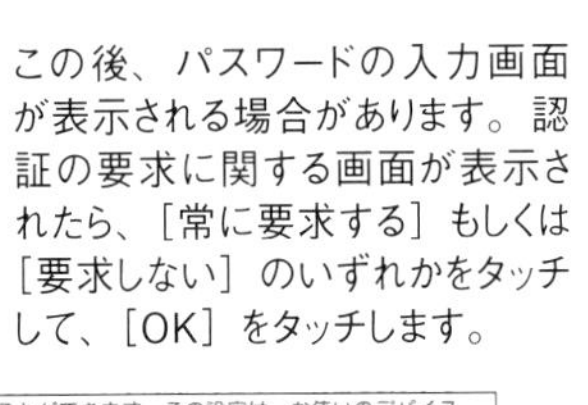
Nova Launcher Prime
￥499
Visa
タッチする
1クリックで購入

6 この後、パスワードの入力画面が表示される場合があります。認証の要求に関する画面が表示されたら、［常に要求する］もしくは［要求しない］のいずれかをタッチして、［OK］をタッチします。

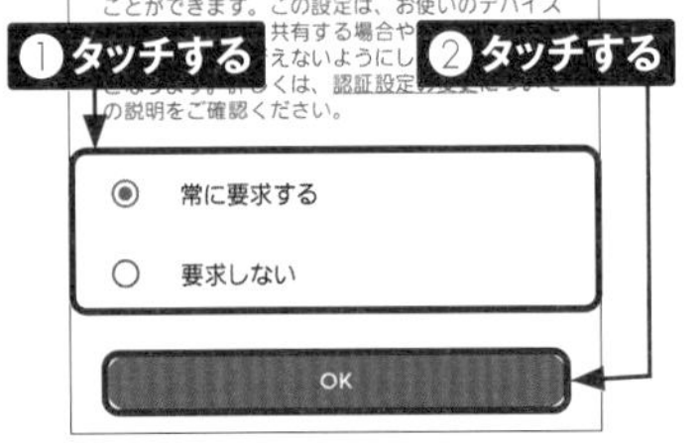
①タッチする
②タッチする
常に要求する
要求しない
OK

7 Google Play Passに関する画面が表示されたら、［スキップ］もしくは［確認する］のいずれかをタッチします。アプリのダウンロードとインストールが開始します。

Nova Launcher
Prime
インストール中...
Play プロテクトにより検証済み
キャンセル
開く
広告・おすすめ
スマートニュース
Yahoo! JAPAN
TikTok
その他のおすすめアプリ

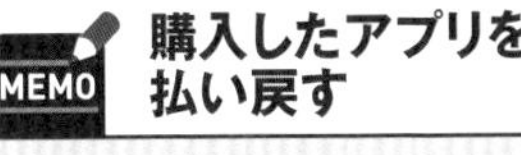

MEMO

購入したアプリを払い戻す

有料アプリは、購入してから2時間以内であれば、Google Playから返品して全額払い戻しを受けることができます。P.105右側の手順①〜②を参考に、購入したアプリの詳細画面を表示し、［払い戻し］をタッチして、次の画面で［はい］をタッチします。なお、払い戻しできるのは、1つのアプリにつき1回だけです。

Section 38

Googleマップを使いこなす

Application

Googleマップを利用すれば、自分の今いる場所や、現在地から目的地までの道順を地図上に表示できます。なお、Googleマップのバージョンによっては、本書と表示内容が異なる場合があります。

「マップ」アプリを利用する準備をする

1. 設定メニューを起動して、[位置情報]をタッチします。[位置情報を使用]が◯の場合は、タッチして◯に切り替えます。

2. [位置情報サービス]をタッチし、「位置情報サービス」画面で[Googleロケーション履歴]をタッチします。

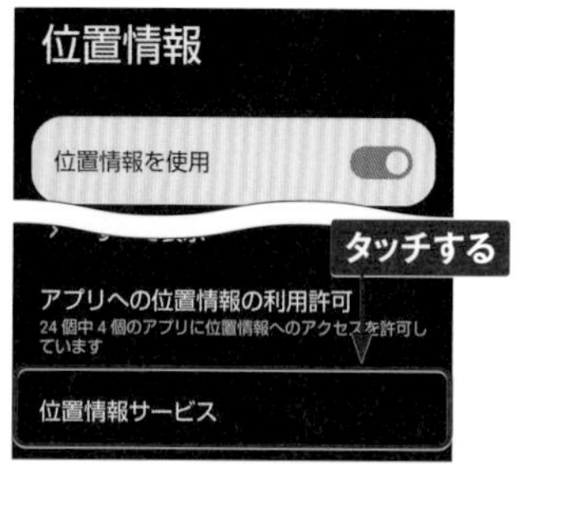
位置情報
位置情報を使用
タッチする
アプリへの位置情報の利用許可
24 個中 4 個のアプリに位置情報へのアクセスを許可しています
位置情報サービス

3. 「アクティビティ管理」画面で「ロケーション履歴」の[オンにする]をタッチします。

4. 画面を上方向にスライドし、[オンにする]をタッチします。「設定がオンになりました」と表示されたら[OK]をタッチします。

現在地を表示する

1 ホーム画面で［Google］をタッチし、Googleフォルダ内の［マップ］をタッチします。

2 「マップ」アプリが起動します。◎をタッチし、初回に確認画面が表示されたら［アプリの使用時のみ］→［有効にする］の順にタッチします。

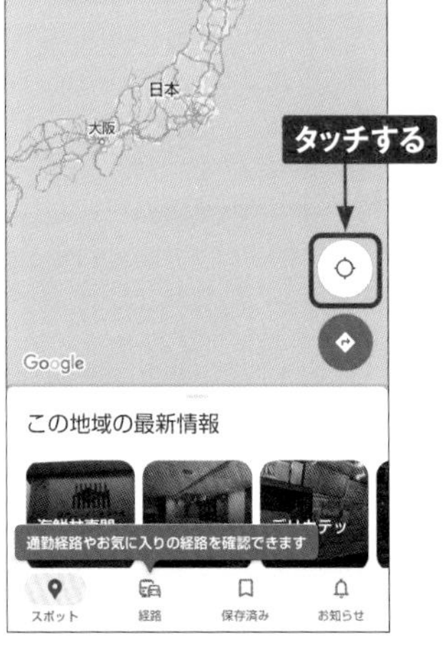

日本海
日本
大阪
タッチする
Google
この地域の最新情報
通勤経路やお気に入りの経路を確認できます
スポット
経路
保存済み
お知らせ

3 現在地が表示されます。地図の拡大はピンチアウト、縮小はピンチインで行います。スライドすると表示位置を移動できます。

MEMO 位置情報の精度を変更

P.108手順②の画面で［位置情報サービス］→［Google位置情報の精度］の順でタッチし、［位置情報の精度を改善］のトグルをオンに切り替えると、収集された位置情報を活用することで位置情報の精度を改善できます。

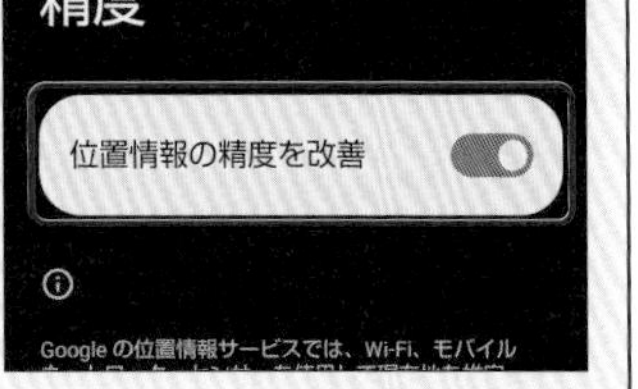

Google 位置情報の精度
位置情報の精度を改善

目的地までのルートを検索する

1 P.109手順③の画面で◆をタッチし、移動手段（ここでは🚆）をタッチして、[目的地を入力] をタッチします。出発地を現在地から変えたい場合は、[現在地] をタッチして変更します。

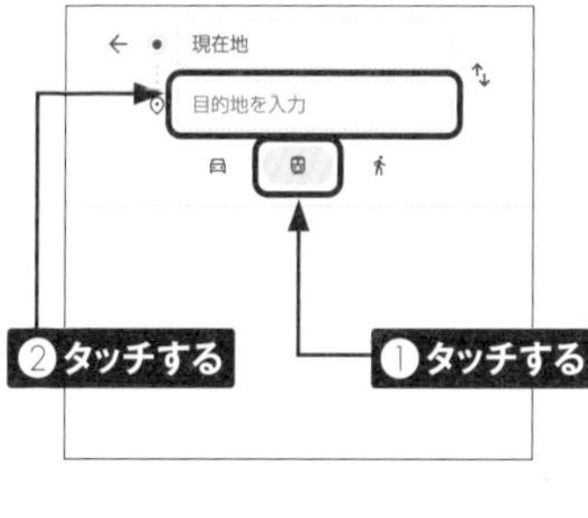

現在地
目的地を入力
②タッチする
①タッチする

2 目的地を入力し、検索結果の候補から目的の場所をタッチします。

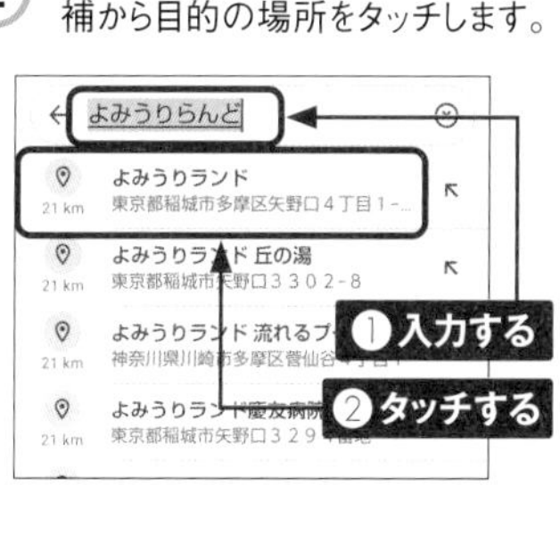
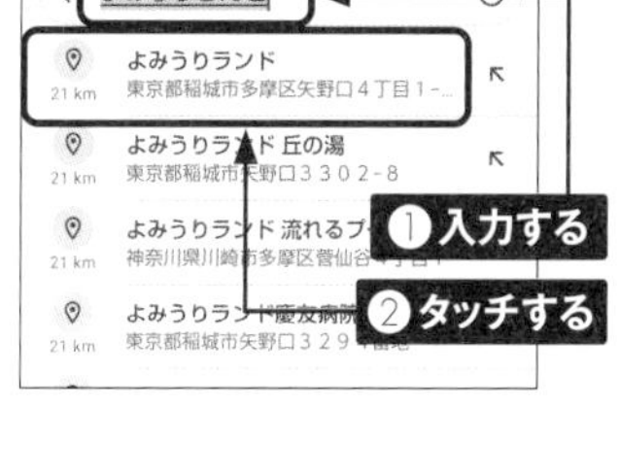

よみうりらんど
よみうりランド
東京都稲城市多摩区矢野口４丁目１-…
よみうりランド 丘の湯
よみうりランド 流れるプ
よみうりランド慶友病院
①入力する
②タッチする

3 ルートが一覧表示されます。利用したい経路をタッチします。

4 目的地までのルートが地図で表示されます。画面下部を上方向へフリックします。

1時間 12分
東京
新宿区
渋谷区
現在地
10:32
徒歩で 8 分(500 m)
フリックする

5 ルートの詳細が表示されます。下方向へフリックすると、手順④の画面に戻ります。◀を何度かタッチすると、地図に戻ります。

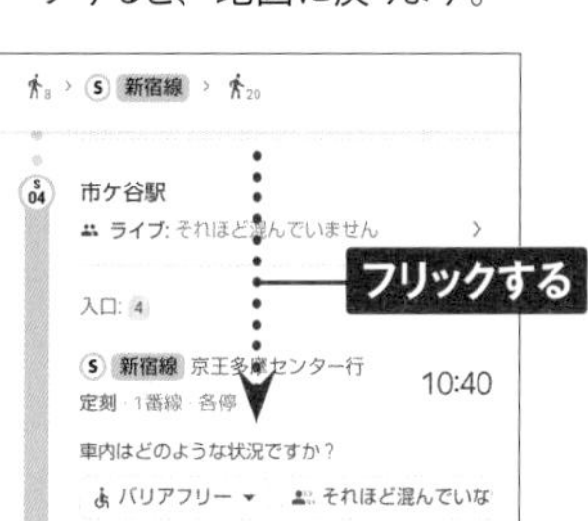

市ケ谷駅
入口: 4
新宿線 京王多摩センター行
10:40
フリックする

MEMO ナビの利用

「マップ」アプリには、「ナビ」機能が搭載されています。手順④の画面に表示される［ナビ開始］をタッチすると、ナビが起動します。現在地から目的地までのルートを音声ガイダンス付きで案内してくれます。

周辺の施設を検索する

1 施設を検索したい場所を表示し、検索ボックスをタッチします。

ここで検索
タッチする
さいたま市
所沢市
板橋区
武蔵野市
新宿区
東京
渋谷区
世田谷区
品川区
川崎市

2 探したい施設を入力し、🔍をタッチします。

かふぇどくりえ
①入力する
カフェ・ド・クリエ
場所を表示
カフェ・ド・クリエ飯田橋東口店
東京都千代田区飯田橋4丁目7-1
カフェ・ド・クリエ市ヶ谷駅前店
東京都千代田区五番町1-10
カフェ・ド・クリエ四ッ谷店
東京都千代田区麹町6丁目6
カフェ・ド・クリエ九段下店
東京都千代田区九段南1丁目4-5
②タッチする

3 該当するスポットが一覧で表示されます。上下にスライドして、気になるスポット名をタッチします。

①スライドする
経路
ナビ開始
注文
通話

概要
メニュー
クチコミ
写真
最新情報
オンラインで注文
②タッチする

4 選択した施設の情報が表示されます。上下にスライドすると、より詳細な情報を表示できます。

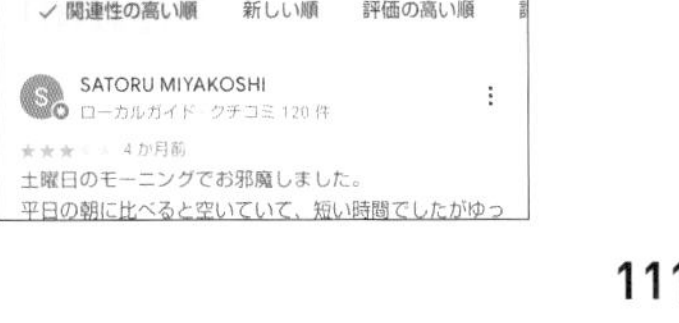

カフェ・ド・クリエ市ヶ...
フィルタ条件
3.7
評価とクチコミ
スライドする
並べ替え
関連性の高い順
新しい順
評価の高い順
SATORU MIYAKOSHI
土曜日のモーニングでお邪魔しました。

Section 39

紛失したSH-54Dを探す

Application

万一、SH-54Dを紛失した場合でも、パソコンからSH-54Dがある場所を確認できます。なお、この機能を利用するには、事前に位置情報を有効にしておく必要があります（P.108参照）。

「デバイスを探す」を設定する

1 ホーム画面でアプリ一覧ボタンをタッチし、［設定］をタッチします。

2 設定メニューで［セキュリティとプライバシー］をタッチします。

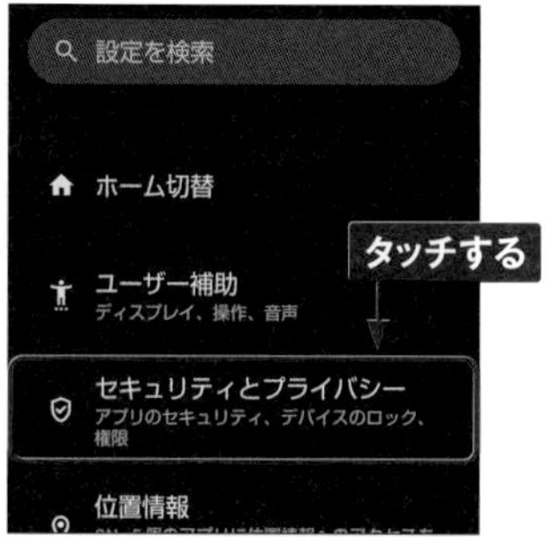
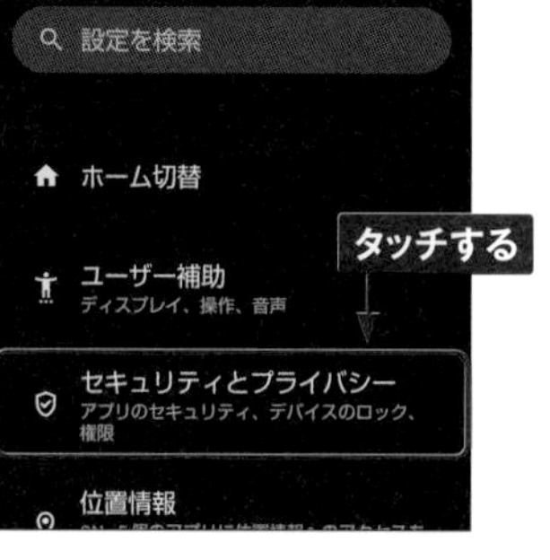
設定を検索
ホーム切替
ユーザー補助
ディスプレイ、操作、音声
タッチする
セキュリティとプライバシー
アプリのセキュリティ、デバイスのロック、権限
位置情報

3 「セキュリティとプライバシー」画面で［デバイスを探す］をタッチします。

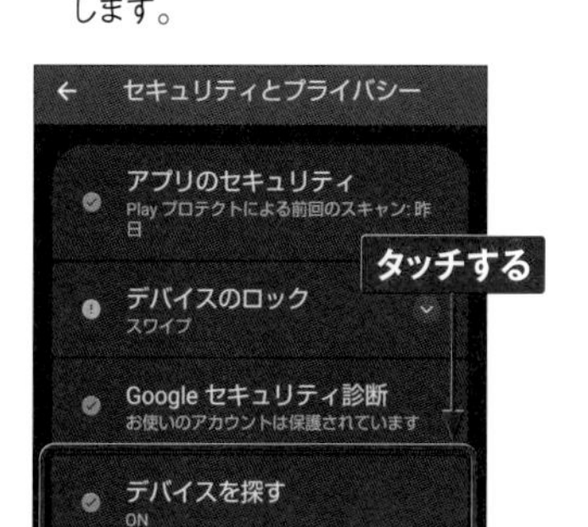
セキュリティとプライバシー
アプリのセキュリティ
Play プロテクトによる前回のスキャン: 昨日
タッチする
デバイスのロック
スワイプ
Google セキュリティ診断
お使いのアカウントは保護されています
デバイスを探す
ON

4 ［「デバイスを探す」を使用］がの場合は、タッチしてにします。

パソコンでSH-54Dを探す

1 パソコンのWebブラウザでGoogleの「Googleデバイスを探す」(https://android.com/find)にアクセスします。

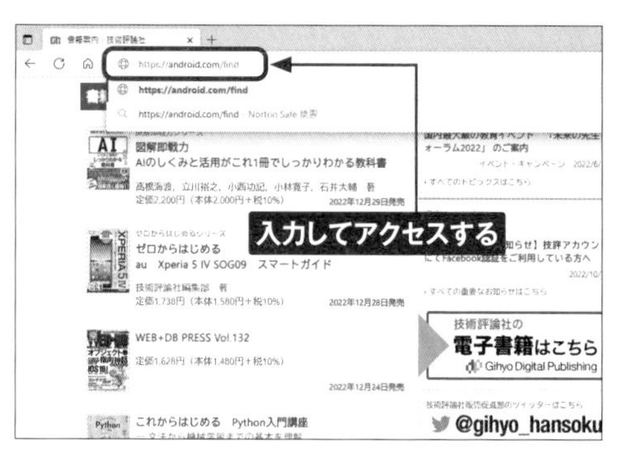

https://android.com/find
入力してアクセスする

2 ログイン画面が表示されたら、Sec.11で設定したGoogleアカウントを入力し、[次へ]をクリックします。Googleアカウントのパスワードの入力を求められたらパスワードを入力し、[次へ]をクリックします。

3 「デバイスを探す」画面で[承認]をクリックすると、地図が表示され、現在SH-54Dがあるおおよその位置を確認できます。画面左上の項目をクリックすると、現地にあるSH-54Dで音を鳴らしたり、ロックをかけたり、端末内のデータを初期化したりできます。

Google デバイスを探す
Sharp AQUOS sense8
音を鳴らす
デバイスを保護
デバイスデータを消去
クリックする

YouTubeで 世界中の動画を楽しむ

世界最大の動画共有サイトであるYouTubeの動画は、SH-54Dでも視聴することができます。高画質の動画を再生可能で、一時停止や再生位置の変更も行えます。

YouTubeの動画を検索して視聴する

1 ホーム画面でGoogleフォルダをタッチして開き、[YouTube]をタッチします。

スマートフォン内のアプリを探す
タッチする

2 YouTube Premiumに関する画面が表示された場合は、[スキップ]をタッチします。YouTubeのトップページが表示されるので、🔍をタッチします。

YouTube
Yahoo! JAPANアプリ
タッチする

3 検索したいキーワード（ここでは「アフリカコノハズク」）を入力して、🔍をタッチします。

アフリカコノハズク
①入力する
②タッチする

4 検索結果の中から、視聴したい動画のサムネイルをタッチします。

アフリカコノハズ...
あっと驚く変身を見せるアフリカオオコノハズク
タッチする
他の人はこちらも検索

5 動画が再生されます。ステータスパネル（P.17参照）の［自動回転］をタッチしてオンにすると、本体が横向きの場合に全画面表示になります。画面をタッチします。

タッチする

6 メニューが表示されます。⏸をタッチすると一時停止します。⌄をタッチします。

あっと驚く変身を見せるアフリカオオコノハズク
ふくろうカフェ楽園 / Owl's Paradise
タッチする
タッチして一時停止
1:54 / 3:01
その他の動画

7 再生画面がウィンドウ化され、動画を再生しながら視聴したい動画の選択操作ができます。動画再生を終了するには☒をタッチするか、◀を何度かタッチしてYouTubeを終了します。

タッチする

ウィンドウ化されて再生される

YouTubeの操作

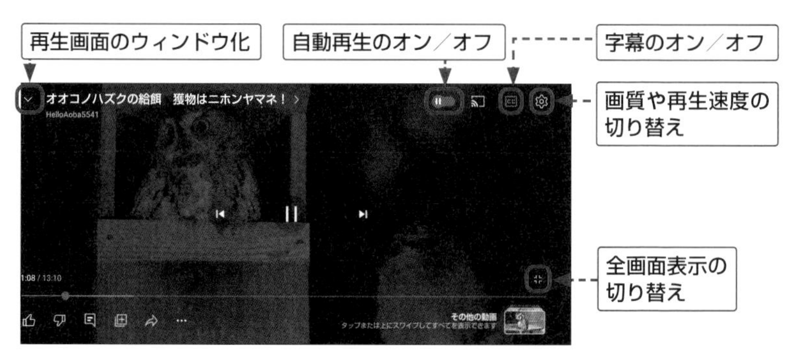
再生画面のウィンドウ化
自動再生のオン／オフ
字幕のオン／オフ
画質や再生速度の切り替え
全画面表示の切り替え
オオコノハズクの給餌　獲物はニホンヤマネ！
HelloAoba5541
1:08 / 13:10
その他の動画
タップまたは上にスワイプしてすべてを表示できます

MEMO そのほかのGoogleサービスアプリ

本章で紹介したアプリ以外にも、さまざまなGoogleサービスのアプリがあります。あらかじめSH-54Dにインストールされているアプリのほか、Google Playで無料で公開されているアプリも多いので、ぜひ試してみてください。

Google翻訳

100種類以上の言語に対応した翻訳アプリ。音声入力やカメラで撮影した写真の翻訳も可能。

Google Keep

文字や写真、音声によるメモを作成するアプリ。Webブラウザでの編集も可能。

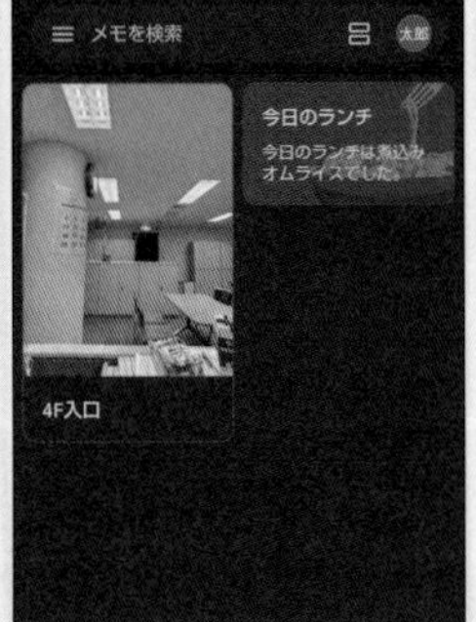
メモを検索
今日のランチ
4F入口

Googleドライブ

無料で15GBの容量が利用できるオンラインストレージアプリ。ファイルの保存・共有・編集ができる。

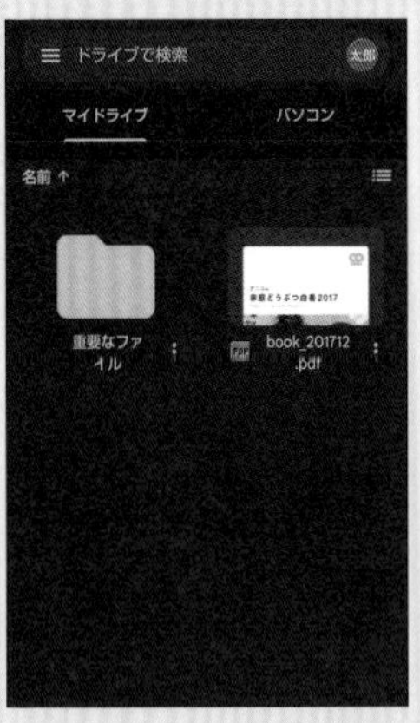
ドライブで検索
マイドライブ
パソコン
名前
重要なファイル
book_201712.pdf

Googleカレンダー

Web上のGoogleカレンダーと同期し、同じ内容を閲覧・編集できるカレンダーアプリ。

Chapter 5

音楽や写真、動画を楽しむ

Section 41　パソコンから音楽・写真・動画を取り込む
Section 42　本体内の音楽を聴く
Section 43　写真や動画を撮影する
Section 44　カメラの撮影機能を活用する
Section 45　Googleフォトで写真や動画を閲覧する
Section 46　Googleフォトを活用する

Section 41

パソコンから音楽・写真・動画を取り込む

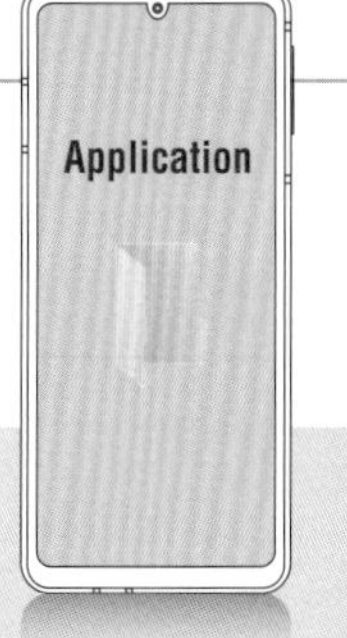
Application

SH-54DはUSB Type-Cケーブルでパソコンと接続して、本体メモリやmicroSDカードに各種データを転送することができます。お気に入りの音楽や写真、動画を取り込みましょう。

パソコンと接続する

① パソコンとSH-54DをUSB Type-Cケーブルで接続します。パソコンでドライバーソフトのインストール画面が表示された場合はインストール完了まで待ちます。ステータスバーを下方向にドラッグします。

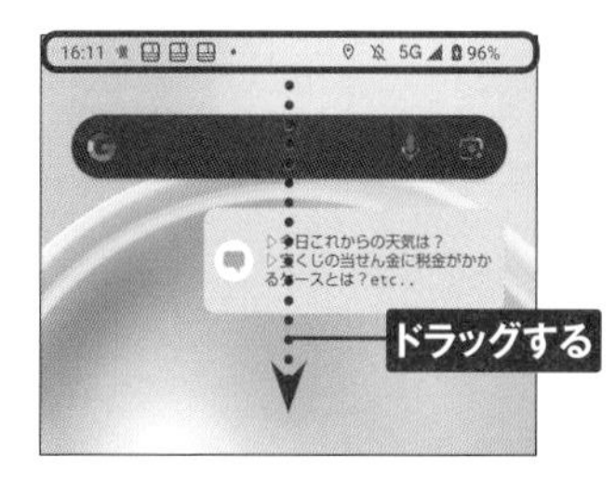
16:11
5G 96%
ドラッグする

② ［このデバイスをUSBで充電中］をタッチします。

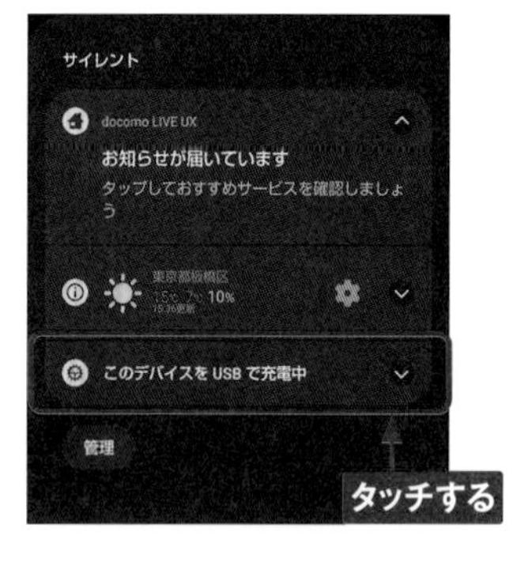
サイレント
docomo LIVE UX
お知らせが届いています
タップしておすすめサービスを確認しましょう
東京都板橋区
10%
このデバイスを USB で充電中
管理
タッチする

③ 通知が展開されるので、再度［このデバイスをUSBで充電中］をタッチします。

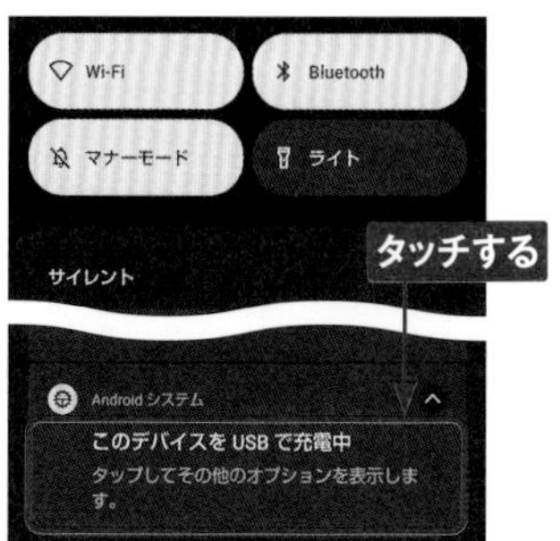
Wi-Fi
Bluetooth
マナーモード
ライト
サイレント
タッチする
Android システム
このデバイスを USB で充電中
タップしてその他のオプションを表示します。

④ 「USBの設定」画面が表示されるので、［ファイル転送/Android Auto］をタッチすると、パソコンからSH-54Dにデータを転送できるようになります。

USB の制御元
接続済みのデバイス
このデバイス
タッチする
USB の接続用途
ファイル転送 / Android Auto
USB テザリング

パソコンからデータを転送する

① パソコンでエクスプローラーを開き、「PC」にある［SH-54D］をクリックします。

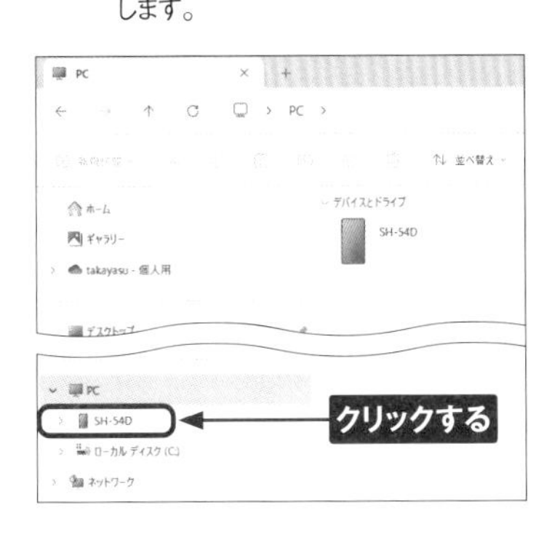
PC
SH-54D
クリックする
ローカル ディスク (C:)
ネットワーク

② ［内部共有ストレージ］をダブルクリックします。microSDカードを挿入している場合は、「SDカード」と「内部共有ストレージ」が表示されます。

SH-54D
内部共有ストレージ
ダブルクリックする

③ 本体内のフォルダやファイルが表示されます。

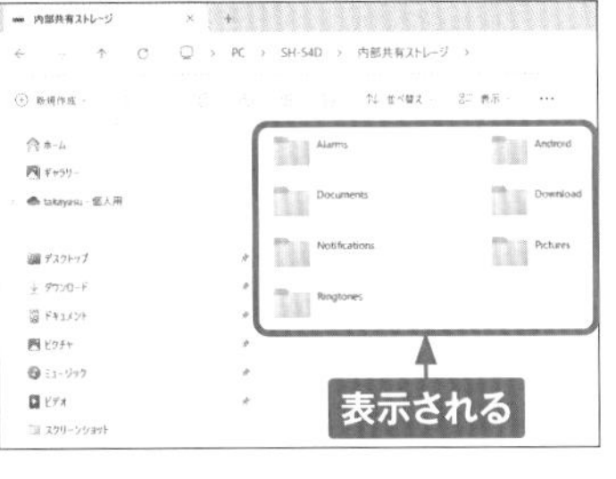
内部共有ストレージ
Alarms
Android
Documents
Download
Notifications
Pictures
Ringtones
表示される

④ パソコンからコピーしたいファイルやフォルダをドラッグします。ここでは、音楽ファイルが入っている「音楽」というフォルダを「Music」フォルダにコピーします。

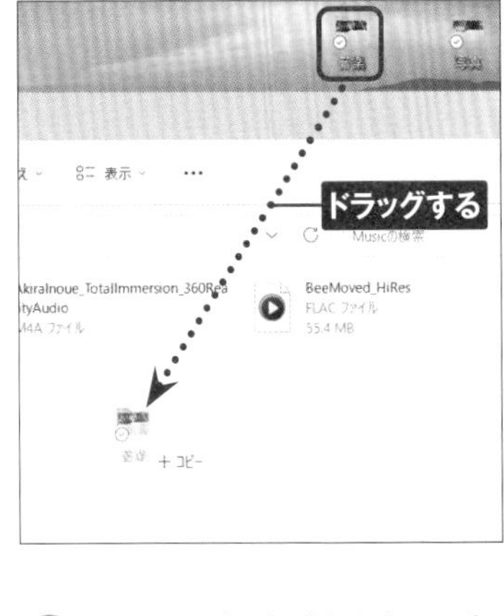
ドラッグする
BeeMoved_HiRes
FLAC ファイル
55.4 MB
+ コピー

⑤ ファイルがコピーされます。コピーが完了したら、パソコンからUSB Type-Cケーブルを外します。画面はコピーしたファイルをSH-54Dの「YT Music（Sec.42参照）」アプリで表示したところです。

デバイスのファイル
プレイリスト
アルバム
アーティスト
*これらの楽曲は単独では再生できますが、YouTube Music のトラックと合わせてキューやプレイリストに追加することはできません。また、他のデバイスへのキャストもできません。
OK
Asturias Meets Carmen
2CELLOS・2:40
Cadenza
2CELLOS・1:17
Champions Anthem
2CELLOS・2:02
Concept2
2CELLOS・2:08

Section 42

Application

本体内の音楽を聴く

SH-54Dでは、音楽の再生や音楽情報の閲覧などができる「YouTube Music」を利用することができます。ここでは、本体に取り込んだ曲のファイルを再生する方法を紹介します。

本体内の音楽ファイルを再生する

① 「Playストア（Sec.36参照）」から「YT Music」アプリをインストールします。ホーム画面のGoogleフォルダを開き、［YT Music］をタッチします。

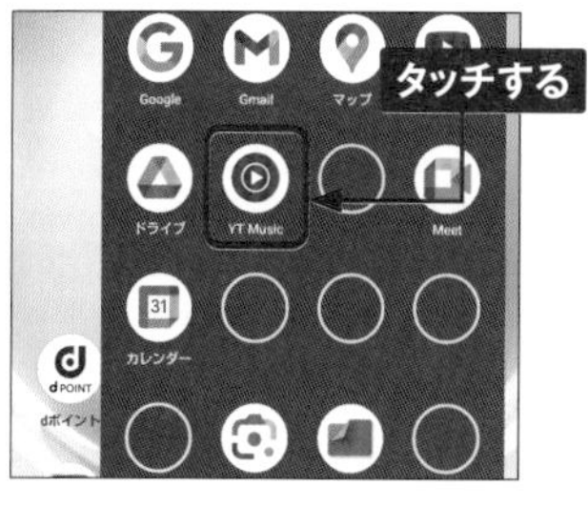
タッチする
Google
Gmail
マップ
ドライブ
YT Music
Meet
カレンダー
dポイント

② Googleアカウント（Sec.11参照）にログインしていない場合はこの画面が表示されます。［ログイン］→［アカウントを追加］をタッチしてログインします。ログインしている場合は③に進みます。

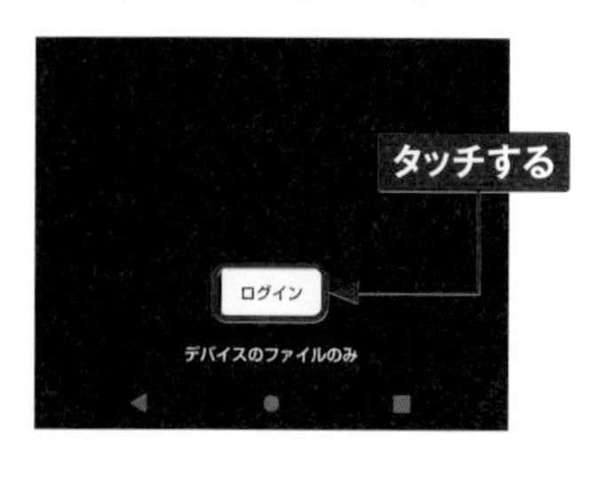
タッチする
ログイン
デバイスのファイルのみ

③ 初回起動時には、有料プランの案内が表示されます。ここでは、右上の☒をタッチします。

④ YouTube Musicのホーム画面が表示されます。

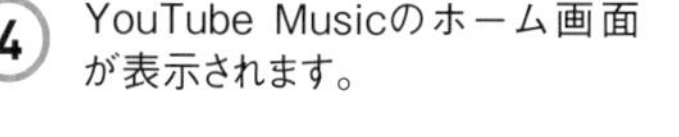
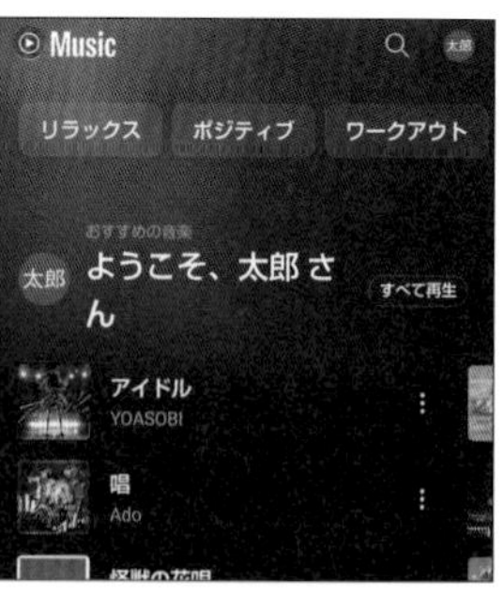

Music
リラックス
ポジティブ
ワークアウト
ようこそ、太郎 さん
すべて再生
アイドル
YOASOBI
唱
Ado

5 YouTube Musicのホーム画面の下部にある［ライブラリ］をタッチします。

6 ［ライブラリ］をタッチし、［デバイスのファイル］をタッチします。

ライブラリ
プレイリスト
曲
アルバム
後で視聴するエピソード

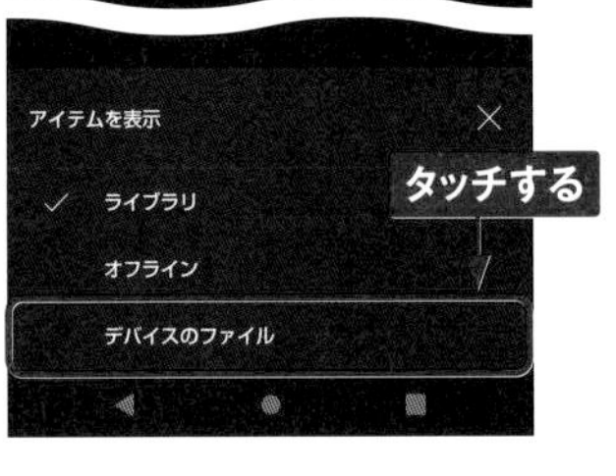
アイテムを表示
ライブラリ
オフライン
デバイスのファイル
タッチする

7 アクセスの許可が求められるので、［許可］をタッチすると、デバイス内の音楽ファイルが表示されるので聴きたい曲をタッチします。

デバイスのファイル
プレイリスト
アルバム
アーティスト
Asturias Meets Carmen
2CELLOS・2:40
Cadenza
2CELLOS・1:17
Champions Anthem
2CELLOS・2:02
タッチする

8 曲が再生されます。画面を下方向にスライドします。

スライドする
Champions Anthem
2CELLOS
0:06
2:03

9 再生画面がウィンドウ化され、曲の選択操作ができます。

MEMO ラジスマ

「ラジスマ」は、インターネットラジオとFMラジオの両方がどこでも聞ける機能です。SH-54Dでは、「radiko+FM」アプリで利用できます。

タイムフリー
ライブ
エリアフリー
RaNi Music ♪Morning
12/13(火)9:00-12:00
RaNi Music♪
Interfm
OH! HAPPY MORNING

Section 43

写真や動画を撮影する

Application

SH-54Dには高性能なカメラが搭載されています。さまざまなシーンで自動で最適の写真や動画が撮れるほか、モードや設定を変更することで、自分好みの撮影ができます。

写真を撮影する

① ホーム画面で[カメラ]をタッチします。はじめてカメラを起動したときは、カメラの機能の説明や写真の保存先の確認画面が表示される場合があります。

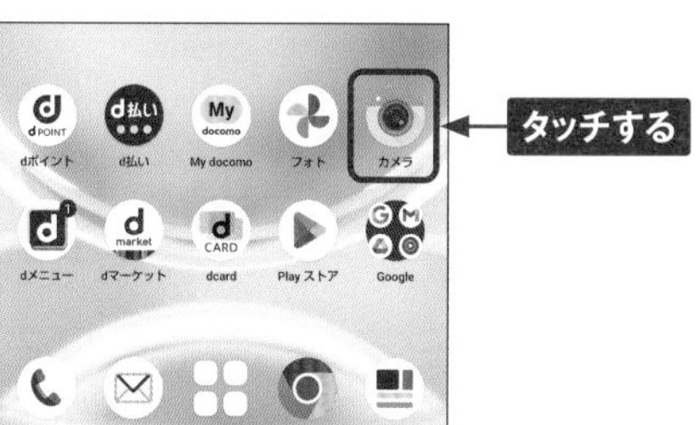
dポイント
d払い
My docomo
フォト
カメラ
dメニュー
dマーケット
dcard
Play ストア
Google
タッチする

② 写真を撮るときは、カメラが起動したらピントを合わせたい場所をタッチして、◯をタッチすると写真を撮影できます。また、ロングタッチすると、連続撮影ができます。

③ 撮影後、直前に撮影した写真のサムネイルが表示されます。サムネイルをタッチすると、撮影した写真が表示されます。◎をタッチすると、インカメラとアウトカメラを切り替えることができます。

②タッチする
1.0x
①タッチする
カメラを切り替え
写真を表示

動画を撮影する

① 動画を撮影するには、画面右端を上方向（横向き時。縦向き時は右方向）にスワイプして「ビデオ」に合わせるか、［ビデオ］をタッチします。

スワイプする
1.0x
タッチする

② 動画撮影モードになります。◉をタッチします。

タッチする
1.0x
ビデオ

③ 動画の撮影が始まり、撮影時間が表示されます。撮影を終了するには、◘をタッチします。

タッチする
1.0x
00:03
撮影時間

④ 「フォト」アプリ（P.132参照）のアルバムで動画を選択すると、動画が再生されます。

5G 99%
共有
編集
削除

撮影画面の見かた

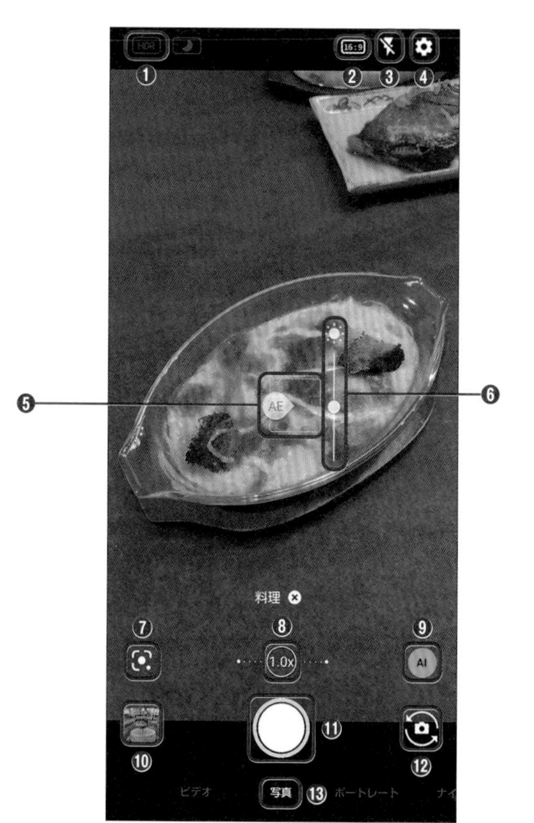
HDR
16:9
AE
料理
1.0x
AI
写真
ビデオ
ポートレート

❶	HDR機能の動作中に表示	❽	ズーム倍率
❷	写真サイズ	❾	認識アイコン
❸	フラッシュ	❿	直前に撮影した写真のサムネイル
❹	設定	⓫	写真撮影（シャッターボタン）
❺	フォーカスマーク	⓬	イン／アウトカメラ切り替え
❻	明るさ調整バー	⓭	撮影モード
❼	Googleレンズ		

ズーム倍率を変更する

1. カメラのズーム倍率を上げるには、「カメラ」アプリの画面上でピンチアウトします。

ピンチアウトする
1.0x

2. ズーム倍率は最大8.0倍まで上げることができます。ズーム倍率を下げるには、画面上をピンチインします。

8.0x
ピンチインする

3. ズーム倍率は最小0.6倍まで下げることができます。ズーム倍率に応じて、標準カメラと広角カメラが自動で切り替わります。

0.6x

4. ズーム倍率のスライダー上をドラッグすることでも、ズーム倍率を変更できます。

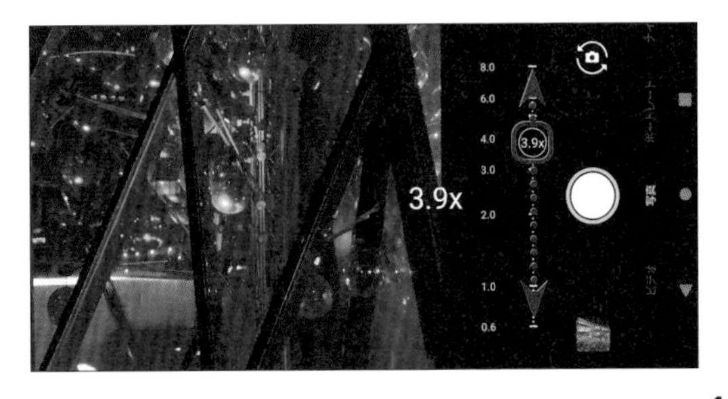
3.9x

Section 44

カメラの撮影機能を活用する

Application

SH-54Dのカメラには、自撮りをきれいに撮れる機能や、撮影した被写体やテキストをすばやく調べることができる機能などがあり、活用すれば撮影をより楽しめます。

カメラの「設定」画面を表示する

① カメラを起動し、⚙をタッチします。

タッチする

② カメラの「設定」画面が表示されます。[写真]をタッチすると、写真のサイズ変更、ガイド線の選択、インテリジェントフレーミング／オートHDR／QRコード・バーコード認識のオン・オフなどの設定ができます。

③ [動画]をタッチすると、動画のサイズ、画質とデータ量、手振れ補正／マイク設定／風切り音低減のオン・オフなどの設定ができます。なお、[共有]をタッチすると、写真と動画の共通の設定ができます。

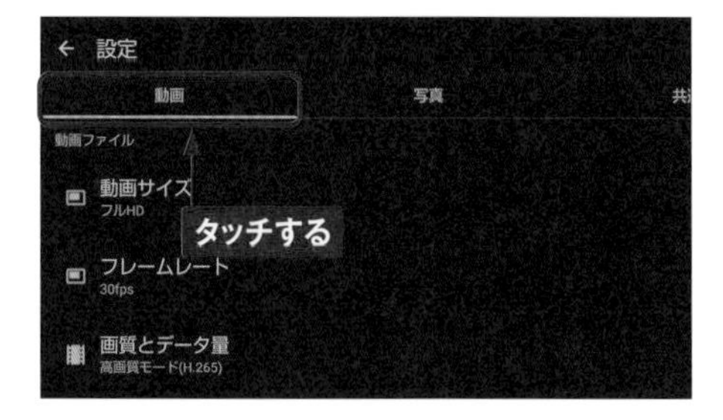

設定
動画
写真
動画ファイル
動画サイズ
フルHD
タッチする
フレームレート
30fps
画質とデータ量
高画質モード(H.265)

ガイド線を利用する

① P.126手順①～②を参考にカメラの「設定」画面を表示して、[写真]→[ガイド線]の順でタッチします。

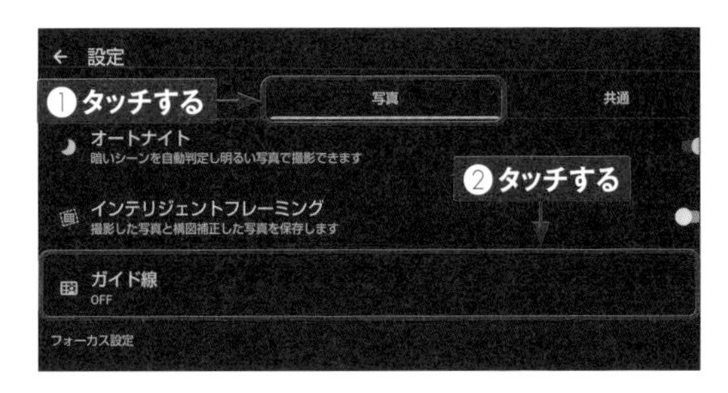

設定
①タッチする
写真
共通
オートナイト
暗いシーンを自動判定し明るい写真で撮影できます
②タッチする
インテリジェントフレーミング
撮影した写真と構図補正した写真を保存します
ガイド線
OFF
フォーカス設定

② 「ガイド線」画面に切り替わります。いろいろあるガイド線の1つをタッチすると、手順①の「設定」画面に戻るので、左上の←をタッチします。

ガイド線
タッチする
料理 3
定食など複数の料理を撮る際に便利です
三分割
黄金分割交点
複数の要素を安定感ある配置で撮れます
十字＋日の丸
水平や垂直、および中央配置が行えます
対角線

③ カメラの画面に戻ると、画面上にガイド線が表示されます。ガイド線を参考に写真の構図を決めて、○をタッチします。

AI
1.4x
写真
タッチする

④ ガイド線はカメラの画面に表示されるだけで、撮影された写真には写りません。

編集
レンズ

写真の縦横比ーサイズを変更する

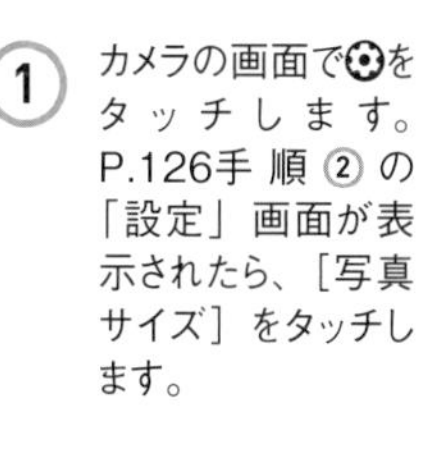

① カメラの画面で⚙をタッチします。P.126手順②の「設定」画面が表示されたら、[写真サイズ]をタッチします。

タッチする

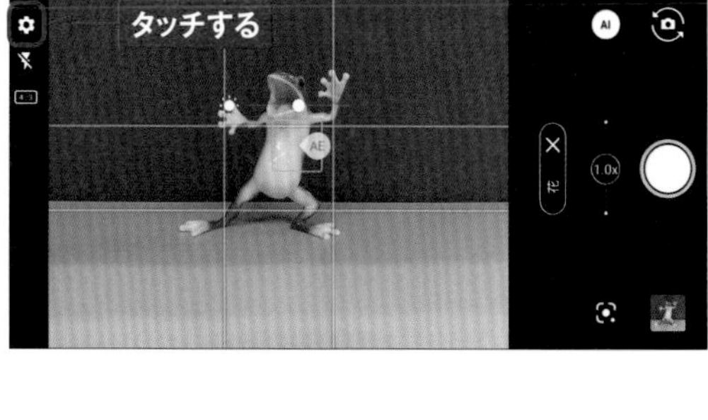

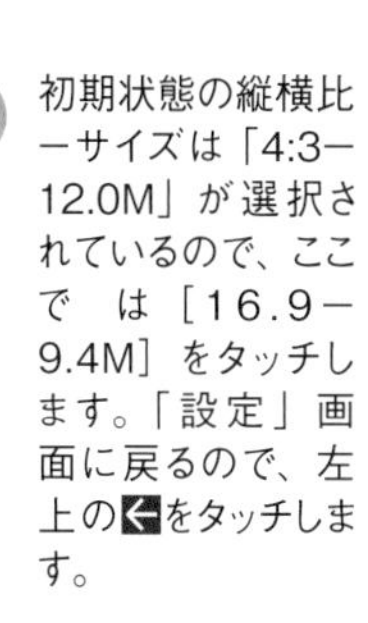

② 初期状態の縦横比ーサイズは「4:3ー12.0M」が選択されているので、ここでは[16.9ー9.4M]をタッチします。「設定」画面に戻るので、左上の←をタッチします。

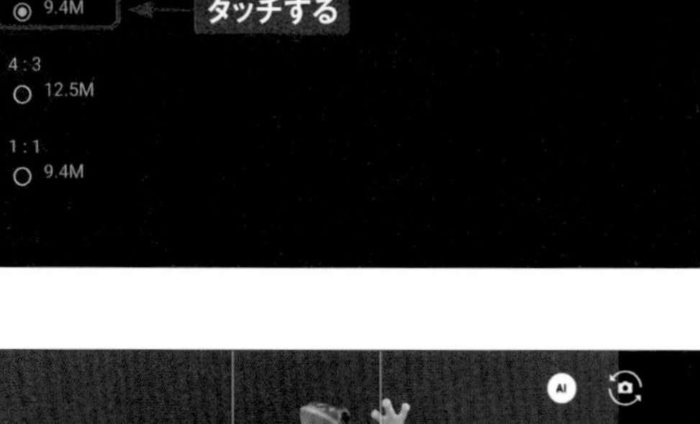

写真サイズ
16:9
9.4M
タッチする
4:3
12.5M
1:1
9.4M

③ カメラの画面に戻ります。手順②で選択した縦横比ーサイズに応じて、カメラの画面の縦横比が変わります。○をタッチして写真を撮影します。

タッチする

④ 選択した縦横比ーリイズで写真が撮影されます。

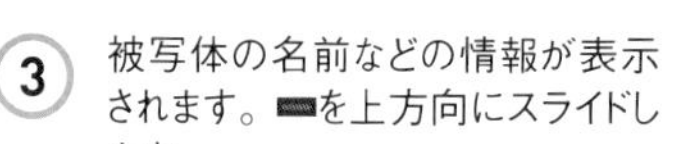

Googleレンズで撮影したものをすばやく調べる

① カメラを起動し、をタッチします。初回起動時は［カメラを起動］→［アプリの起動時のみ］の順にタッチします。

タッチする
花
1.0x
AI

② 調べたいものにカメラをかざし、をタッチします。

タッチする
シャッター ボタンをタップして検索
翻訳
検索
宿題

③ 被写体の名前などの情報が表示されます。を上方向にスライドします。

Google レンズ
スライドする
検索に追加
翻訳
検索
宿題

④ さらに詳しい情報をWeb検索で調べることができます。

AIの自動認識をオンにする

1 SH-54DはAIが自動認識したシーンや被写体に応じて、最適な画質やシャッタースピードで撮影できます。自動認識をオンにするには、[AI] をタッチします。

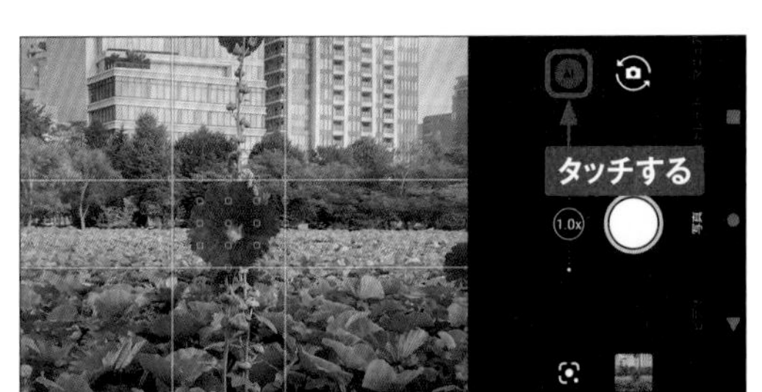
タッチする
1.0x
写真

2 アイコンの色が変化して、自動認識がオンになります。被写体を認識すると、被写体の種類が表示されます。

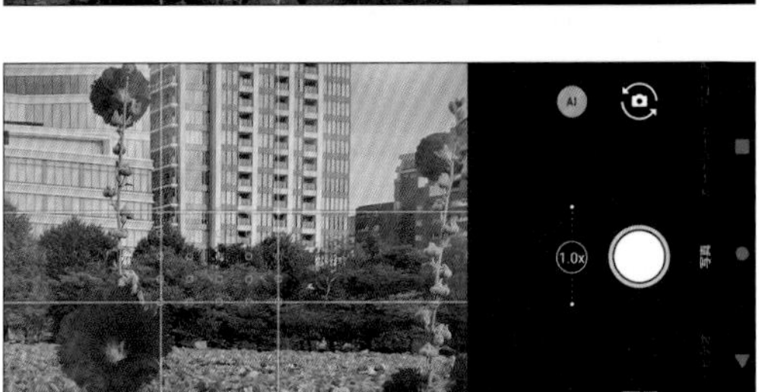
オンになった
花
1.0x
写真
被写体の種類

3 手順②の画面で被写体の種類をタッチすると、現在の被写体の認識が解除されます。

1.0x
写真

AIライブシャッター

P.126手順③の画面で［AIライブシャッター］をオンにすると、動画の撮影中にAIが被写体や構図を判断して、自動で写真を撮影します。動画の撮影中に◯をタッチして、手動で写真を撮影することもできます。

タッチする
1.0x
03:20

AIが認識する被写体やシーン

AIが認識する被写体やシーンは人物、動物、料理、花、夕景、黒板／白版などです。被写体の状態によっては、うまく認識できない場合もあります。

●人物

人物 ×

●動物

動物 ×

●料理

理 ×

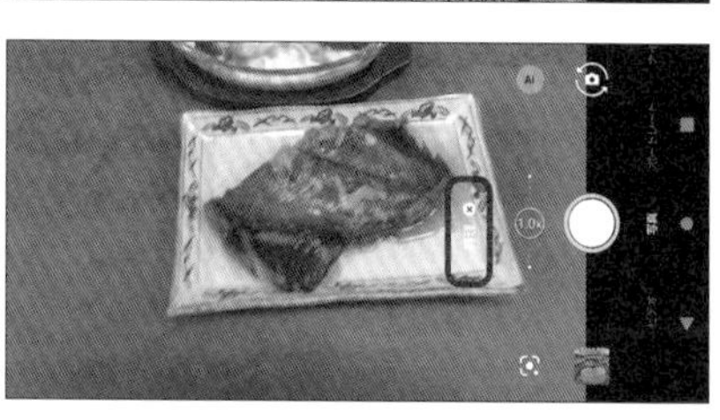

●花

花 ×

●夕景

夕景 ×

Section 45

Googleフォトで写真や動画を閲覧する

Application

SH-54Dには、写真や動画を閲覧する「フォト」アプリが最初からインストールされています。撮影した写真や動画は、その場ですぐに再生して楽しむことができます。

「フォト」アプリを起動する

1 ホーム画面で［フォト］をタッチします。

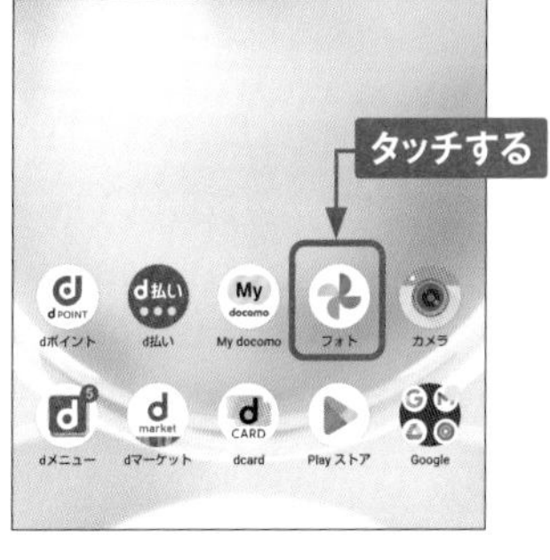
タッチする
dポイント
d払い
My docomo
フォト
カメラ
dメニュー
dマーケット
dcard
Play ストア
Google

2 ［バックアップをオンにする］をタッチすると、写真や動画がGoogleドライブにアップロードされます。次の画面で、［高画質］か［元のサイズ］を選びます。バックアップの設定は後から変更することもできます（P.137参照）。

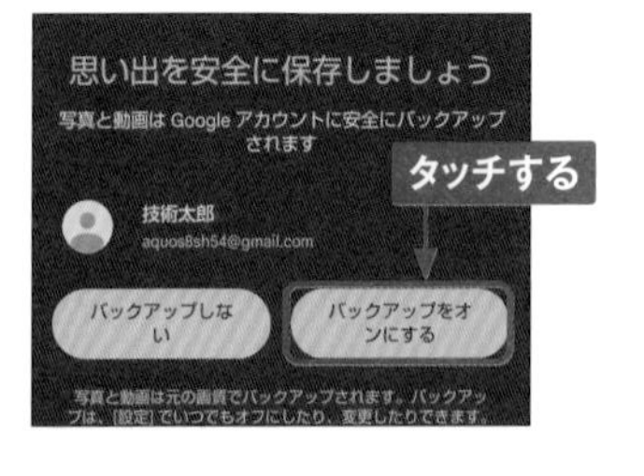
思い出を安全に保存しましょう
写真と動画は Google アカウントに安全にバックアップされます
タッチする
技術太郎
aquos8sh54@gmail.com
バックアップしない
バックアップをオンにする
写真と動画は元の画質でバックアップされます。バックアップは、[設定] でいつでもオフにしたり、変更したりできます。

3 「フォト」アプリの画面が表示されます。写真や動画のサムネイルをタッチします。

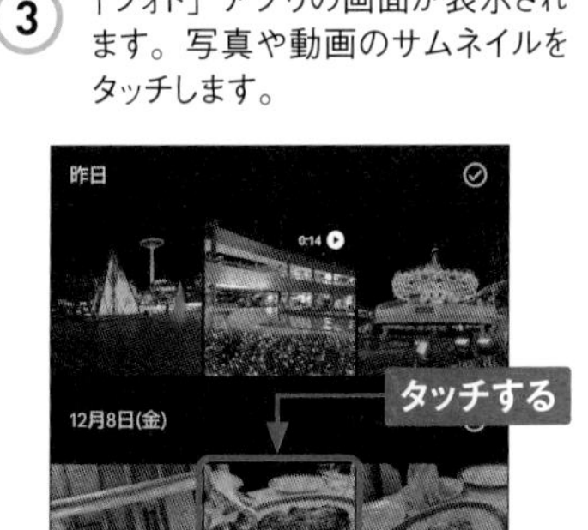

昨日
0:14
タッチする
12月8日(金)

4 写真や動画が表示されます。

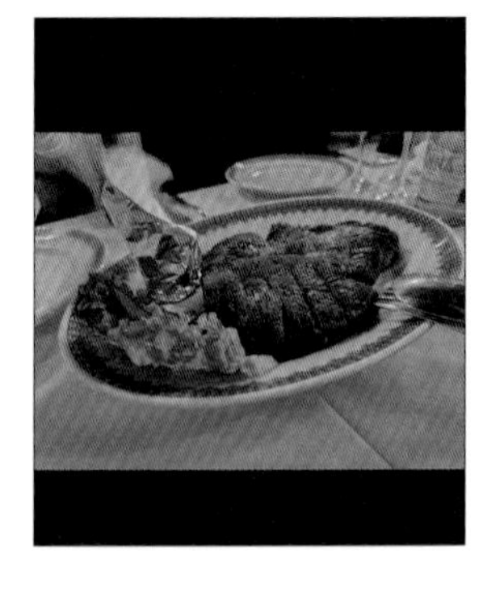

写真や動画を削除する

① 「フォト」アプリを起動して、削除したい写真をロングタッチします。

Googleフォト
昨日
0:14
12月8日(金)
ロングタッチする

② 写真が選択されます。複数の写真を削除したい場合は、ほかの写真もタッチして選択しておきます。■をタッチし、「アイテムをゴミ箱に移動します」の説明が表示されたら［OK］をタッチします。

12月8日(金)
タッチする
共有
追加先
削除
プリントを注文
送信

③ ［ゴミ箱に移動］をタッチします。

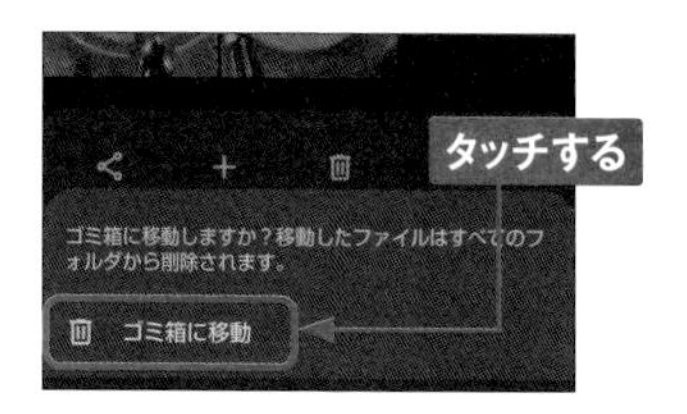
タッチする
ゴミ箱に移動しますか？移動したファイルはすべてのフォルダから削除されます。
ゴミ箱に移動

④ 写真がゴミ箱に移動します。

Googleフォト
昨日
0:14
12月8日(金)

MEMO 写真を完全に削除する

手順④の時点で写真はゴミ箱に移動しますが、まだ削除されていません。写真をGoogleフォトから完全に削除するには、手順①の画面で右下の［ライブラリ］→［ゴミ箱］の順でタッチし、「ゴミ箱」画面で⋮→［ゴミ箱を空にする］→［完全に削除する］の順でタッチします。

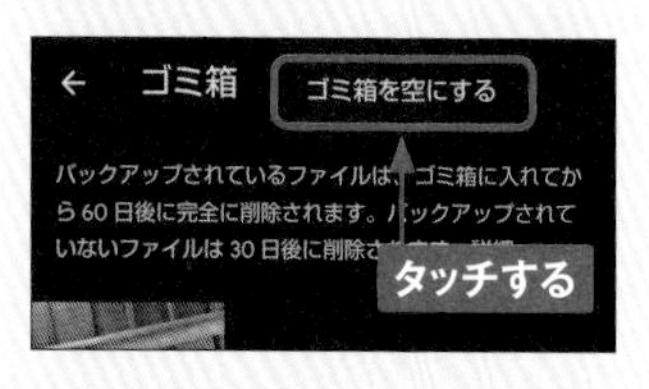
ゴミ箱
ゴミ箱を空にする
バックアップされているファイルは、ゴミ箱に入れてから 60 日後に完全に削除されます。バックアップされていないファイルは 30 日後に削除
タッチする

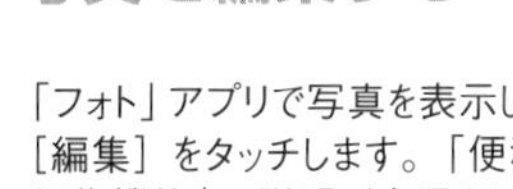

写真を編集する

① 「フォト」アプリで写真を表示して、[編集] をタッチします。「便利な編集機能」の説明が表示されたら [OK] をタッチします。

タッチする
共有
編集
レンズ
削除

② 写真を自動補正するには、[ダイナミック]、[補整]、[ウォーム]、[クール] のいずれかを選んでタッチします。

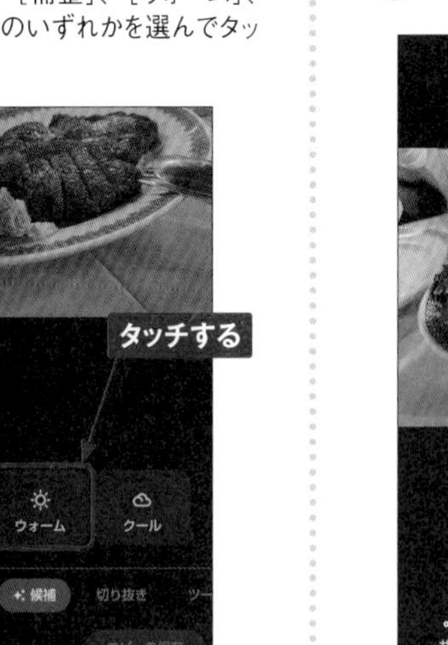

タッチする
補正
ウォーム
クール
候補
切り抜き
キャンセル
コピーを保存

③ 編集が適用された写真が表示されます。いずれの編集の場合も、[キャンセル] をタッチすると編集をやり直すことができます。[コピーを保存] をタッチすると、もとの写真はそのままで、写真のコピーが保存されます。

タッチする
タッチする
補正
ウォーム
クール
候補
切り抜き
キャンセル
コピーを保存

④ 写真のコピーが保存されました。

コピーが保存された
保存済み
共有
編集
レンズ
削除

5 手順①の画面で［切り抜き］をタッチすると、写真をトリミングしたり、回転させたりすることができます。

0°
リセット
候補
切り抜き
ツール
調整
キャンセル
コピーを保存

6 ［調整］をタッチすると、明るさやコントラストの変更や、肌の色の修正などができます。

明るさ
コントラスト
HDR エフェクト
ホワイト
切り抜き
ツール
調整
フィルタ
キャンセル
コピーを保存

7 ［フィルタ］をタッチすると、各種のフィルタを適用して写真の雰囲気を変更することができます。

西部
メトロ
フィルム
バザール
ツール
調整
フィルタ
マークアップ
キャンセル
コピーを保存

Google One メンバーシップ

手順⑤～⑦で紹介したGoogleフォトの機能を利用するには、Google Oneベーシックプラン（月額250円）以上に加入する必要があります。Googleフォトのその他の編集機能が利用できる他、Gmail、Googleドライブ、Googleフォト用の保存容量を合計100GBまで利用できるようになります。

Google One プランを通じて、
Google フォトで追加の編集機能
やストレージなどを利用できます
プロモーション終了後のプランは 月額 ¥250
から

動画を編集する

① 「フォト」アプリで動画を表示して、[編集] をタッチします。

タッチする
0:06
0:14
共有
編集
削除

② 画面の下部に表示されたフレームをタッチして場面を選び、[フレーム画像をエクスポート] をタッチすると、その場面が写真として保存されます。□をタッチすると、動画の手ブレを補整できます。

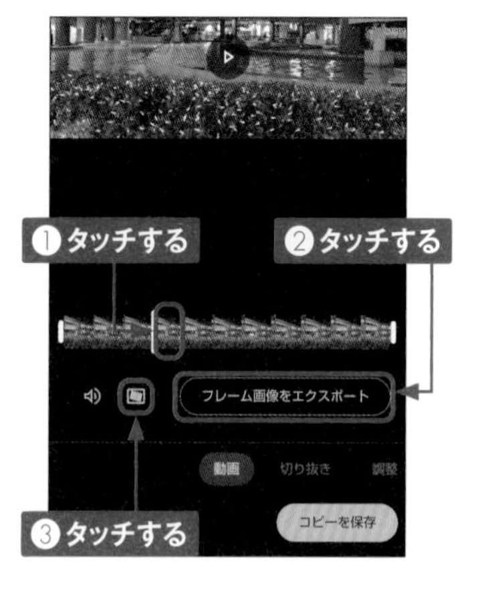

①タッチする
②タッチする
フレーム画像をエクスポート
動画
切り抜き
調整
コピーを保存
③タッチする

③ 画面の下部に表示されたフレームの左右のハンドルをドラッグして、動画をトリミングすることができます。[コピーを保存] をタッチすると、新しい動画として保存されます。

①タッチする
フレーム画像をエクスポート
②タッチする
動画
切り抜き
調整
キャンセル
コピーを保存

MEMO 静止画として保存

手順①の画面で、画面上部の⋮をタップし、[あとからキャプチャーで編集] をタップし、再生する動画中で◎をタップすることで、静止画として保存することができます。

Section 46

Googleフォトを活用する

Application

「フォト」アプリでは、写真をバックアップしたり、写真を検索したりできる便利な機能が備わっています。また、写真は自動的にアルバムで分類されて、撮影した写真をかんたんにまとめてくれます。

バックアップする写真の画質を確認する

1 「フォト」アプリで、右上のユーザーアイコンをタッチし、[フォトの設定]をタッチします。

2 [バックアップ] をタッチします。

← 設定
バックアップ
OFF
タッチする

3 [バックアップ] が ●の場合はタッチします。

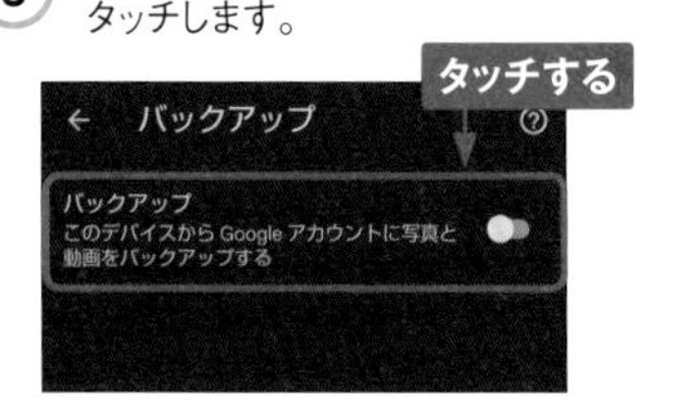
← バックアップ
バックアップ
このデバイスから Google アカウントに写真と動画をバックアップする
タッチする

4 ●に切り替わり、バックアップと同期がオンになります。[バックアップの画質] をタッチします。

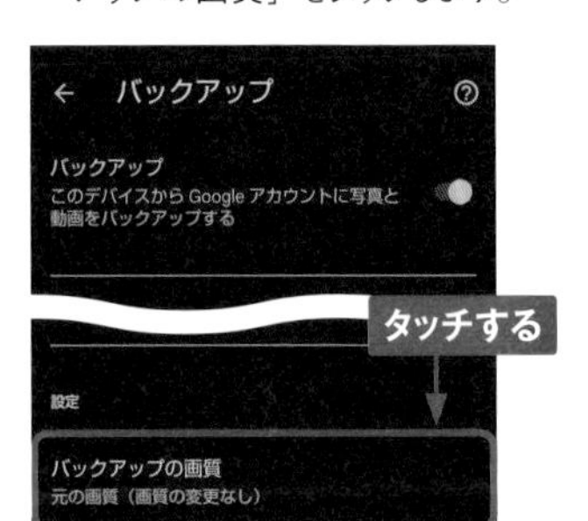
← バックアップ
バックアップ
このデバイスから Google アカウントに写真と動画をバックアップする
タッチする
設定
バックアップの画質
元の画質（画質の変更なし）

5 [元の画質] はもとの画質で、[保存容量の節約画質] は画質を下げてGoogleドライブへ保存します。「節約画質」のほうがより多くの写真を保存できます。

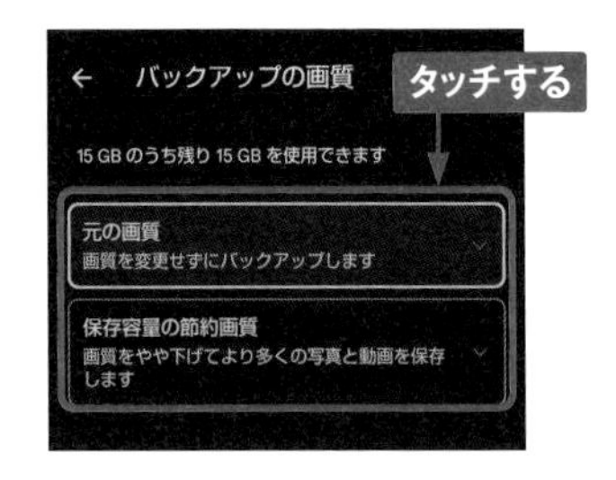
← バックアップの画質
タッチする
15 GB のうち残り 15 GB を使用できます
元の画質
画質を変更せずにバックアップします
保存容量の節約画質
画質をやや下げてより多くの写真と動画を保存します

 写真を検索する

① 「フォト」アプリを起動し、[検索]をタッチします。

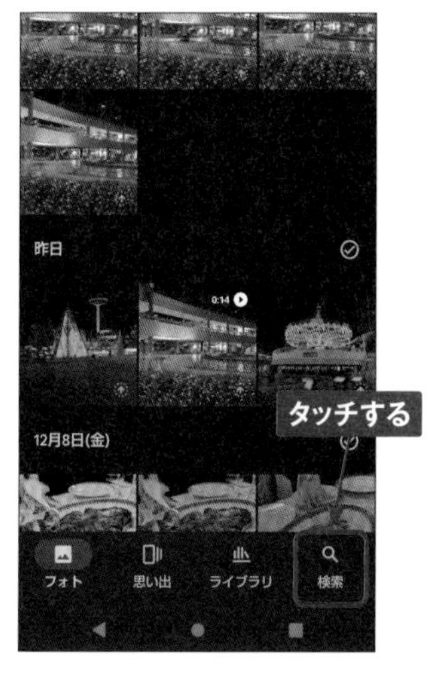
昨日
0:14
タッチする
12月8日(金)
フォト
思い出
ライブラリ
検索

② [写真を検索] 欄に写真のキーワードを入力し、✓をタッチします。「写真の検索結果を改善するには」の確認画面が表示されたら、ここでは [利用しない] をタッチします。

カエル
①入力する
②タッチする
日本語

③ キーワードに対応した写真の一覧が表示されます。

カエル
昨日

MEMO 写真内の文字で検索する

手順②の画面でキーワードを入力して、写真に写っている活字やフォントで、写真を検索することもできます。

Aquos
入力する
昨日
sense7
12月14日(水)
写真内の文字が検索される

Chapter 6

ドコモのサービスを利用する

Section 47　dメニューを利用する
Section 48　my daizを利用する
Section 49　My docomoを利用する
Section 50　d払いを利用する
Section 51　マイマガジンでニュースをまとめて読む
Section 52　ドコモデータコピーを利用する

Section 47

Application

dメニューを利用する

SH-54Dでは、ドコモのポータルサイト「dメニュー」を利用できます。dメニューでは、ドコモのサービスにアクセスしたり、メニューリストからWebページやアプリを探したりできます。

メニューリストからWebページを探す

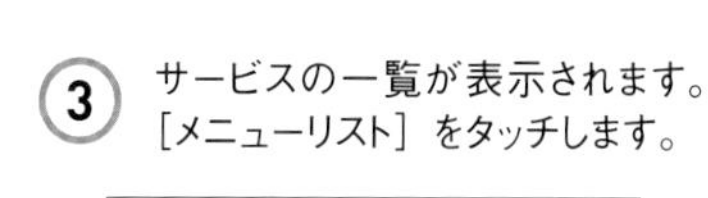

1. ホーム画面で［dメニュー］をタッチします。「dメニューお知らせ設定」画面が表示された場合は、［OK］をタッチします。

2. 「Chrome」アプリが起動し、dメニューが表示されます。［すべてのサービス］をタッチします。

dmenu
キーワードを入力
検索
注目
ポイント必ず当たる お買物スタンプ祭！
データ・料金
ポイント投資
どうぶつ
ママテナ
ためる
dブック
d fashion
災害情報
すべてのサービス
最大5,000ポイント
キャンペーン期間：2023年6月1日(木)～2024年2月29日(木)
タッチする

3. サービスの一覧が表示されます。［メニューリスト］をタッチします。

dmenu
サービス
トップに設定
天気
災害情報
占い
乗換/運行
株価・マネー
毎日くじ
dポイント
dマーケット
スゴ得コンテンツ
メニューリスト
マイメニュー
My docomo
ahamo
スポーツ・趣味
タッチする

MEMO dメニューとは

dメニューは、ドコモのスマートフォン向けのポータルサイトです。ドコモおすすめのアプリやサービスなどをかんたんに検索したり、利用料金の確認などができる「My docomo」(Sec.49参照）にアクセスしたりできます。

4 「メニューリスト」画面が表示されます。画面を上方向にスクロールして、閲覧したいジャンルをタッチします。

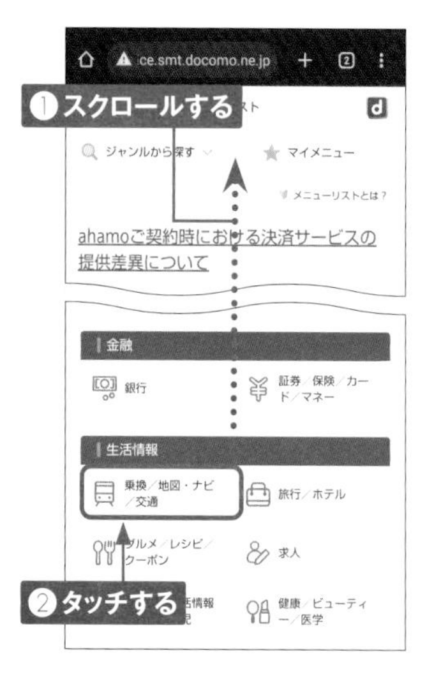
ce.smt.docomo.ne.jp
①スクロールする
ジャンルから探す
マイメニュー
メニューリストとは？
ahamoご契約時における決済サービスの提供差異について
金融
銀行
証券／保険／カード／マネー
生活情報
乗換／地図・ナビ／交通
旅行／ホテル
グルメ／レシピ／クーポン
求人
②タッチする
健康／ビューティー／医学

5 一覧から、閲覧したいWebページのタイトルをタッチします。アクセス許可の確認が表示された場合は、［許可］をタッチします。

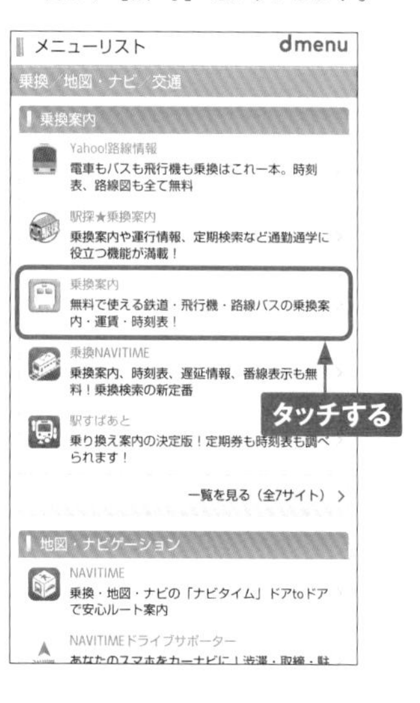
メニューリスト
dmenu
乗換／地図・ナビ／交通
乗換案内
Yahoo!路線情報
電車もバスも飛行機も乗換はこれ一本。時刻表、路線図も全て無料
駅探★乗換案内
乗換案内や運行情報、定期検索など通勤通学に役立つ機能が満載！
乗換案内
無料で使える鉄道・飛行機・路線バスの乗換案内・運賃・時刻表！
乗換NAVITIME
乗換案内、時刻表、遅延情報、番線表示も無料！乗換検索の新定番
駅すぱあと
乗り換え案内の決定版！定期券も時刻表も調べられます！
タッチする
一覧を見る（全7サイト）
地図・ナビゲーション
NAVITIME
乗換・地図・ナビの「ナビタイム」ドアtoドアで安心ルート案内
NAVITIMEドライブサポーター

6 目的のWebページが表示されます。◀を何回かタッチすると、一覧に戻ります。

煌めく夜！人気のイルミネーション
出発
到着
現在時刻で出発
利用メニュー
乗換案内
終電・始発・時間指定
行き方案内
バス・スポット・住所
時刻表
地図・タウンガイド
運行情報
ジョルダンライブ!
現在地検索
目的から調べる
タッチする
鉄道 路線図

MEMO マイメニューの利用

P.140手順③で［マイメニュー］をタッチしてdアカウントでログインすると、「マイメニュー」画面が表示されます。登録したアプリやサービスの継続課金一覧、dメニューから登録したサービスやアプリを確認できます。

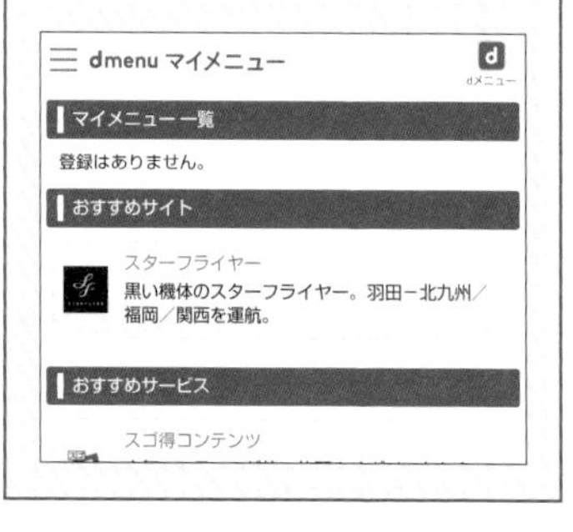
dmenu マイメニュー
マイメニュー一覧
登録はありません。
おすすめサイト
スターフライヤー
黒い機体のスターフライヤー。羽田－北九州／福岡／関西を運航。
おすすめサービス
スゴ得コンテンツ

Section 48

my daizを利用する

Application
my daiz

「my daiz」は、話しかけるだけで情報を教えてくれたり、ユーザーの行動に基づいた情報を自動で通知してくれたりするサービスです。使い込めば使い込むほど、さまざまな情報を提供してくれます。

my daizを準備する

① ホーム画面でmy daizのキャラクターアイコンをタッチします。

タッチする
dポイント
d払い
My docomo
フォト
カメラ
dメニュー
dマーケット
dcard
Play ストア
Google

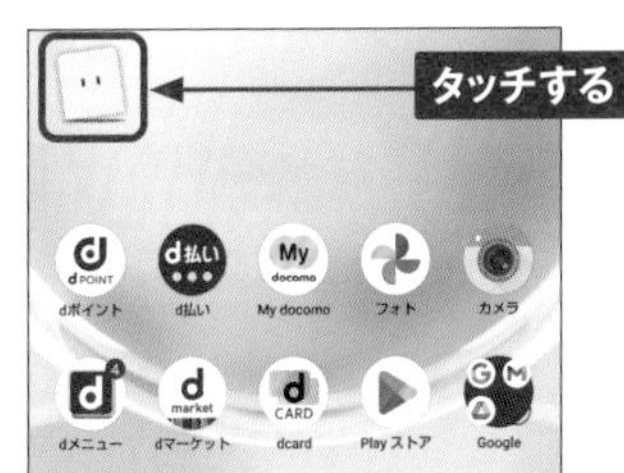

② 初回起動時は、許可に関する画面などが表示されるので、画面の指示に従って操作します。

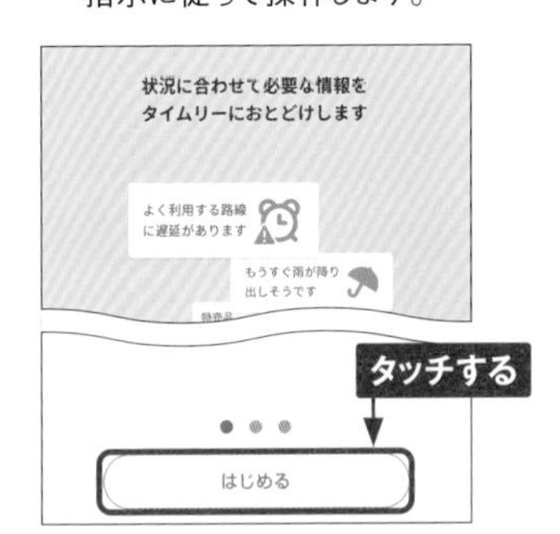
状況に合わせて必要な情報を
タイムリーにおとどけします
よく利用する路線
に遅延があります
もうすぐ雨が降り
出しそうです
タッチする
はじめる

③ 「ご利用にあたって」画面が表示された場合は、[上記事項に同意する]をタッチしてチェックを付け、[同意する] をタッチします。

④ 設定が完了して、my daizが利用できるようになります。

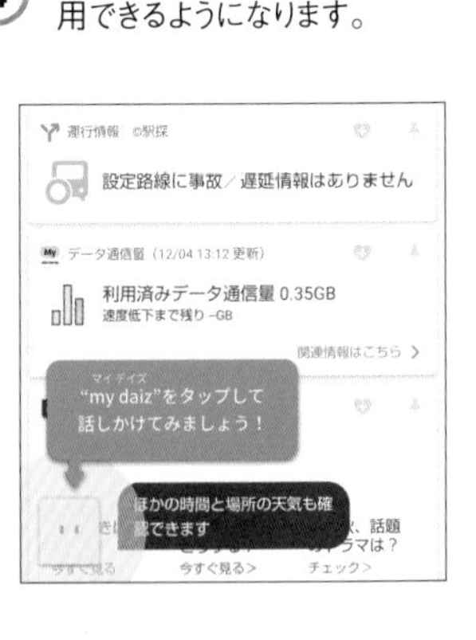
運行情報
設定路線に事故／遅延情報はありません
データ通信量 (12/04 13:12 更新)
利用済みデータ通信量 0.35GB
速度低下まで残り -GB
関連情報はこちら
マイデイズ
"my daiz"をタップして
話しかけてみましょう！
ほかの時間と場所の天気も確認できます
今すぐ見る>
チェック>

my daizを利用する

① ホーム画面でmy daizのキャラクターアイコンをタッチします。

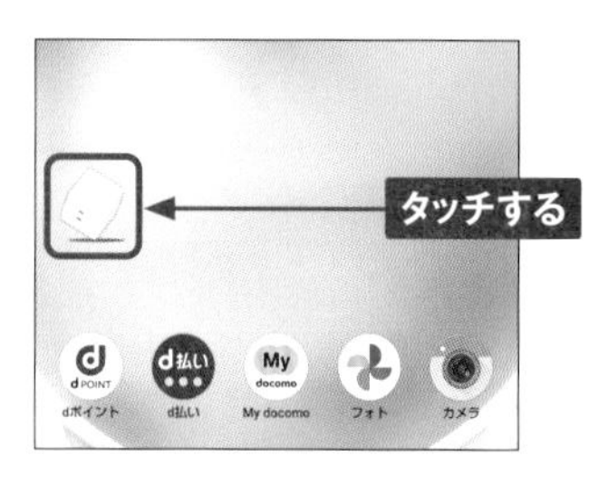

タッチする
dポイント
d払い
My docomo
フォト
カメラ

② my daizの対話画面が開きます。

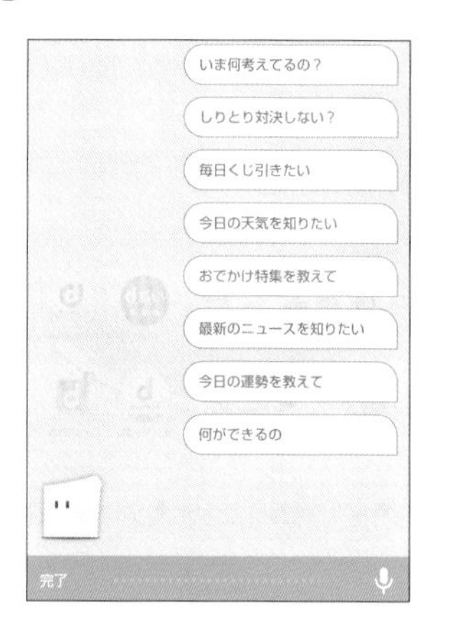

いま何考えてるの？
しりとり対決しない？
毎日くじ引きたい
今日の天気を知りたい
おでかけ特集を教えて
最新のニュースを知りたい
今日の運勢を教えて
何ができるの
完了

③ 画面に向かって話しかけます。ここでは、「最新のニュースは」と話します。

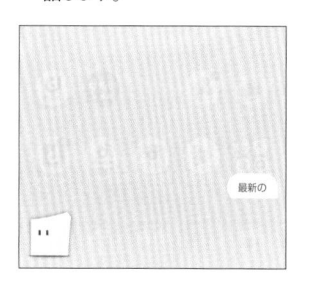

最新の

④ 最新のニュースの一覧が表示されます。そのほかにも、アラームをセットしたり、現在地周辺の施設を探したりと、いろいろなことができるので試してみましょう。

NOW
最新のトップニュースはこちらです。
最新のトップニュース
インドネシア火山噴火　11人死亡
松野氏　裏金疑惑「言及控える」
京アニ遺族「あの日に戻して」
Jリーグ　優秀選手賞34名を発表
クマが会社敷地内に居座り？警戒

MEMO テキストを入力する

「テキストを入力」欄にテキストを入力して、キャラクターに指示することもできます。

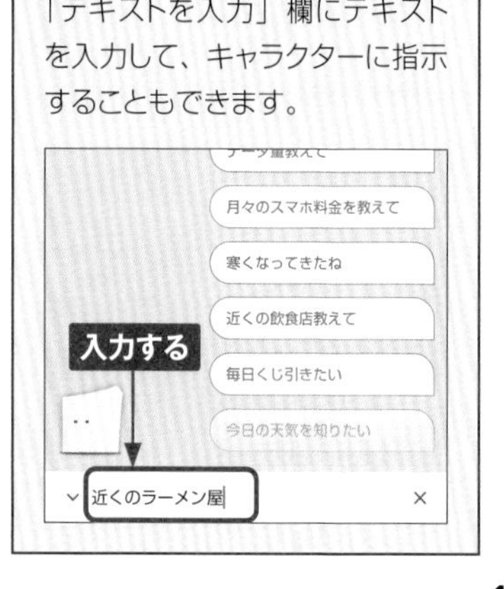

月々のスマホ料金を教えて
寒くなってきたね
近くの飲食店教えて
毎日くじ引きたい
今日の天気を知りたい
入力する
近くのラーメン屋

Section 49

My docomoを利用する

Application
My
docomo

「My docomo」では、契約内容の確認・変更などのサービスが利用できます。My docomoを利用する際は、dアカウントのパスワード（Sec.12参照）が必要です。

契約情報を確認・変更する

① P.140手順②の画面で［My docomo］をタッチします。

dmenu
キーワードを入力
検索
注目
ポイント必ず当たる
お買物スタンプ祭！
My docomo
dポイント
マイメニュー
スポーツ
タッチする

② dアカウントのログイン画面が表示されたら、［（dアカウント名）でログインする］をタッチします。ログイン済みの場合は手順⑤に移行します。

docomo
ログイン
お困りのとき
お知らせ
データ・料金
ご契約内容
お手続き
設定
オンラインショップ
すべてのご利用状況を表示する
ログインする
ID／パスワードをお忘れの方
紛失・故障などのトラブル時にご一読ください
タッチする

③ dアカウントのパスワードを入力し、［パスワード確認］をタッチします。

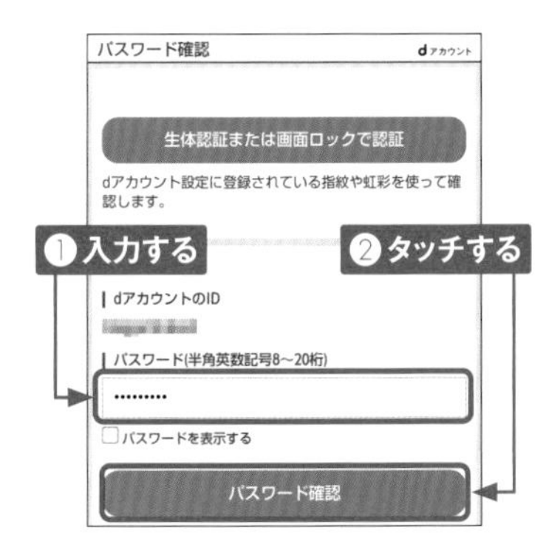
パスワード確認
生体認証または画面ロックで認証
dアカウント設定に登録されている指紋や虹彩を使って確認します。
①入力する
②タッチする
dアカウントのID
パスワード(半角英数記号8～20桁)
パスワードを表示する
パスワード確認

④ dアカウントの認証の画面が表示されたら、画面の指示に従って認証の操作をします。

スマホ認証
dアカウントを設定済みの端末で認証してください。
画面が切り替わります。
※通知が届かない場合は、以下の手順をお試しください。
dアカウント設定アプリ＞「その他機能」＞「認証要求の確認」

5 「My docomo」画面が開いたら［お手続き］をタッチし、画面を上方向にスクロールします。

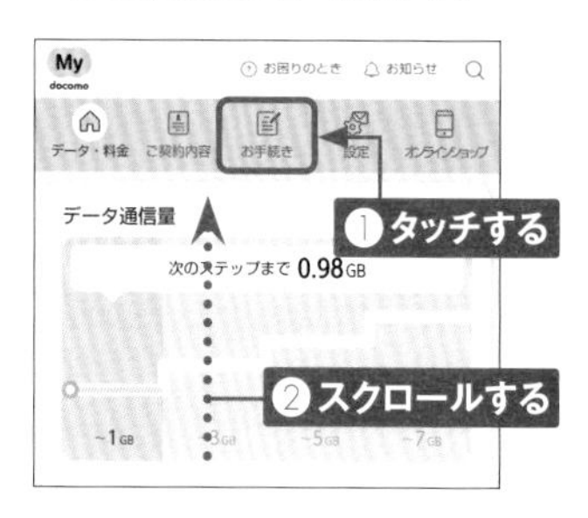
①タッチする
②スクロールする

6 「カテゴリから探す」の［契約・料金］をタッチします。

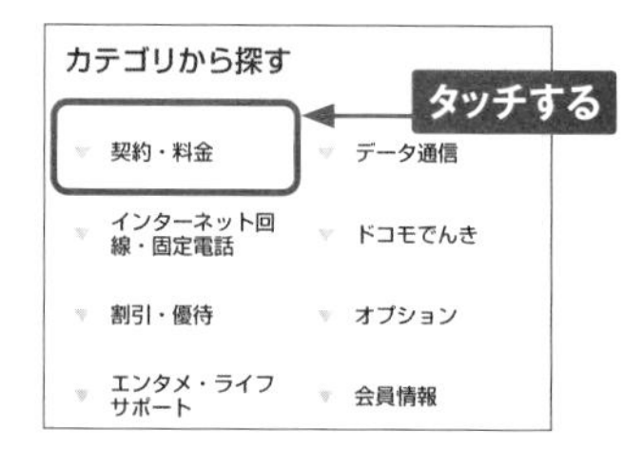
タッチする

7 「契約・料金」の［ご契約内容確認・変更］をタッチして展開します。

契約・料金
契約プラン／料金プラン変更
音声オプション
機種の購入／SIMカードの発行（ドコモオンラインショップ）
新規契約／のりかえ（MNP）／機種の購入／SIMカードの発行（ドコモオンラインショップ）
ahamo（アハモ）サイト
irumo（イルモ）サイト
ご契約内容確認・変更
タッチする

8 表示された［確認・変更する］をタッチします。

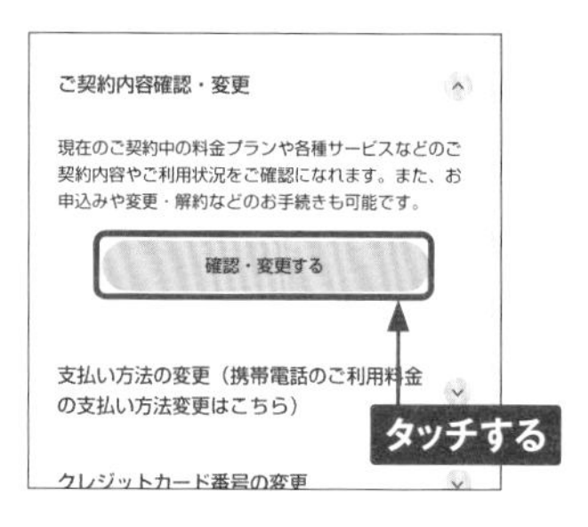
タッチする

9 「ご契約内容確認・変更」画面を上方向へスクロールします。

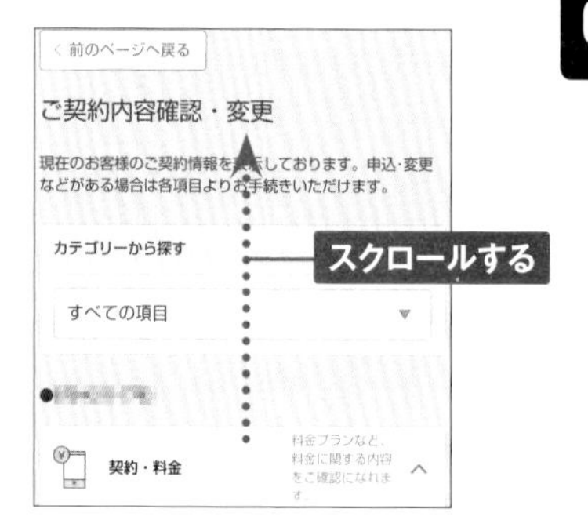
スクロールする

10 ［オプション］をタッチして展開します。

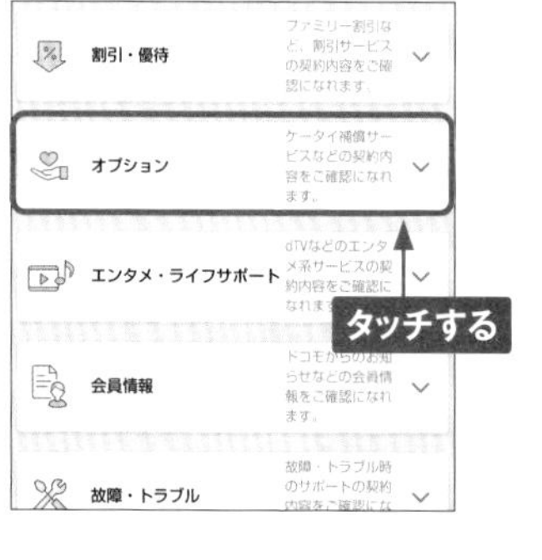
タッチする

⑪ 有料オプションサービスの契約状況が表示されます。申し込みや解約をしたいサービスの［申込］または［解約］をタッチします。

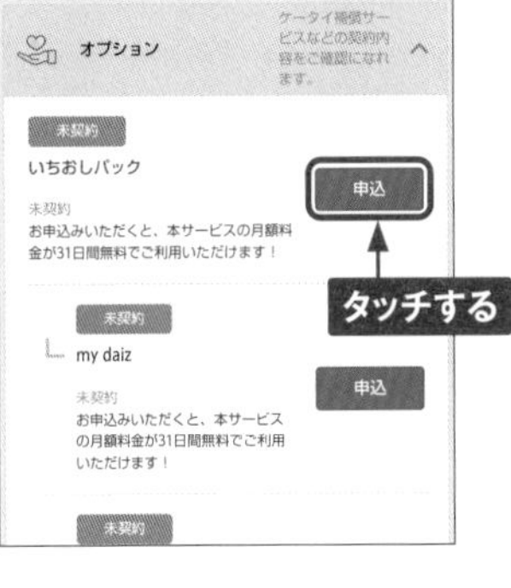

オプション
ケータイ補償サービスなどの契約内容をご確認になれます。
未契約
いちおしパック
申込
未契約
お申込みいただくと、本サービスの月額料金が31日間無料でご利用いただけます！
タッチする
未契約
my daiz
申込
未契約
お申込みいただくと、本サービスの月額料金が31日間無料でご利用いただけます！
未契約

⑫ 画面を上方向にスクロールして、契約内容を確認します。

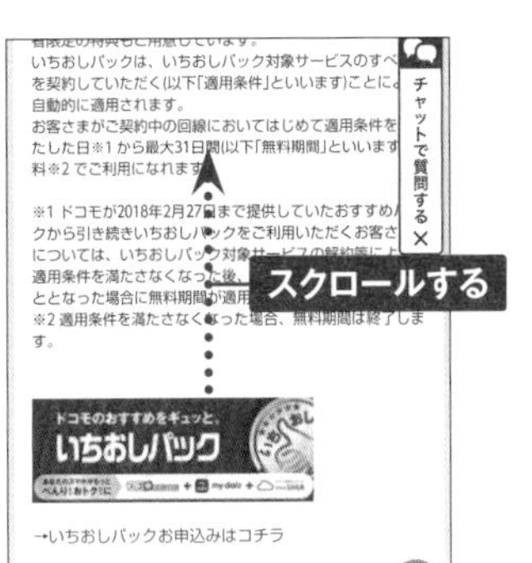

いちおしパックは、いちおしパック対象サービスのすべてを契約していただく(以下「適用条件」といいます)ことに自動的に適用されます。
お客さまがご契約中の回線においてはじめて適用条件を満たした日※1から最大31日間(以下「無料期間」といいます)無料※2でご利用になれます。
※2 適用条件を満たさなくなった場合、無料期間は終了します。
スクロールする
チャットで質問する
ドコモのおすすめをギュッと、
いちおしパック
→いちおしパックお申込みはコチラ

⑬ 「お手続き内容確認」にチェックが付いていることを確認して、画面を上方向にスクロールします。

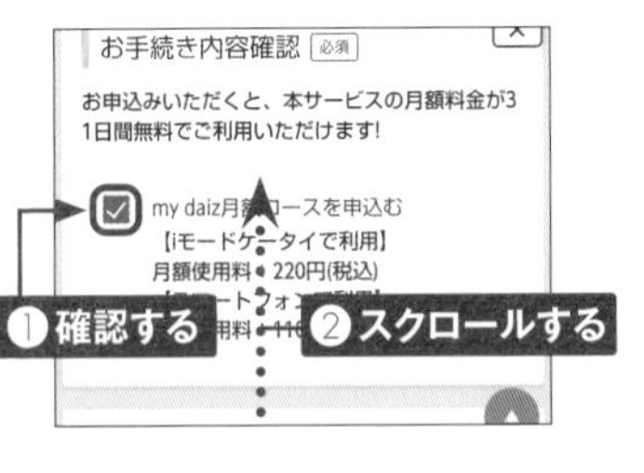

お手続き内容確認 必須
お申込みいただくと、本サービスの月額料金が31日間無料でご利用いただけます!
my daiz月額コースを申込む
【iモードケータイで利用】
月額使用料 220円(税込)
①確認する
②スクロールする

⑭ 受付確認メールの送信先をタッチして選択し、［次へ進む］をタッチします。

⑮ 確認画面が表示されるので、［はい］をタッチします。

⑯ ［開いて確認］をタッチして注意事項を確認し、チェックボックスにチェックを付け、［同意して進む］→［この内容で手続きを完了する］の順でタッチすると、手続きが完了します。

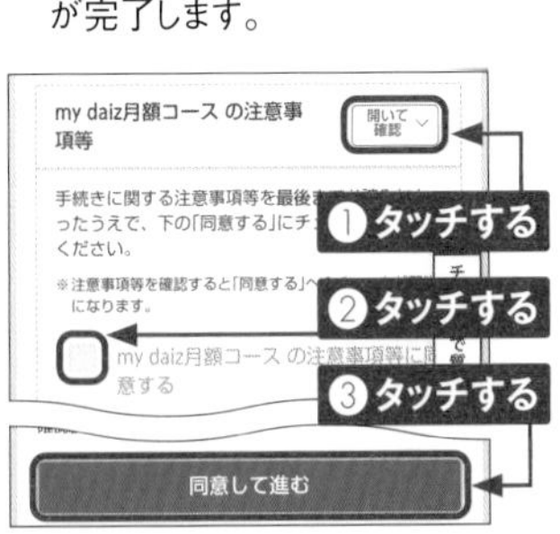

my daiz月額コース の注意事項等
開いて確認
①タッチする
②タッチする
③タッチする
同意して進む

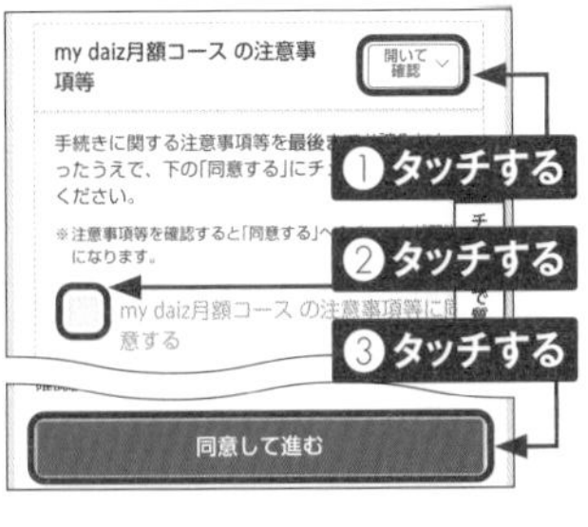

ドコモのアプリをアップデートする

① 設定メニューで［ドコモのサービス/クラウド］をタッチします。

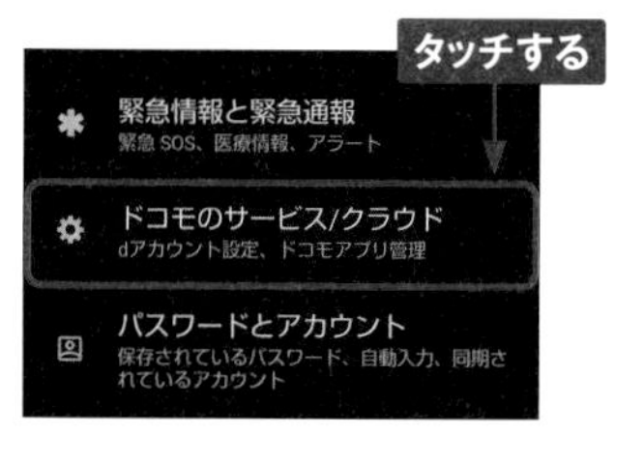
タッチする
緊急情報と緊急通報
緊急 SOS、医療情報、アラート
ドコモのサービス/クラウド
dアカウント設定、ドコモアプリ管理
パスワードとアカウント
保存されているパスワード、自動入力、同期されているアカウント

② 「ドコモのサービス/クラウド」画面で［ドコモアプリ管理］をタッチします。

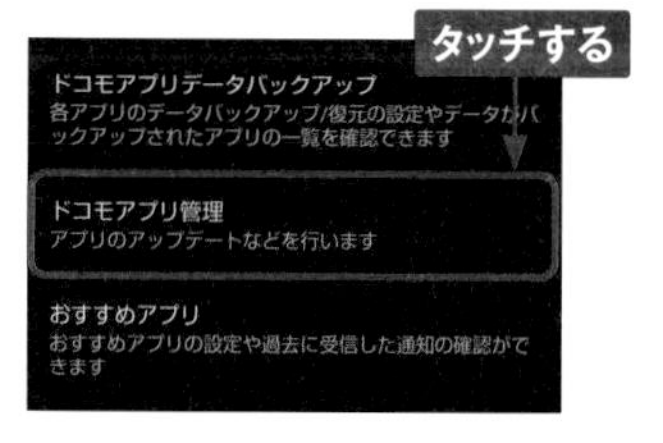
タッチする
ドコモアプリデータバックアップ
各アプリのデータバックアップ/復元の設定やデータがバックアップされたアプリの一覧を確認できます
ドコモアプリ管理
アプリのアップデートなどを行います
おすすめアプリ
おすすめアプリの設定や過去に受信した通知の確認ができます

③ 「ドコモアプリ管理」画面で［すべてアップデート］をタッチします。

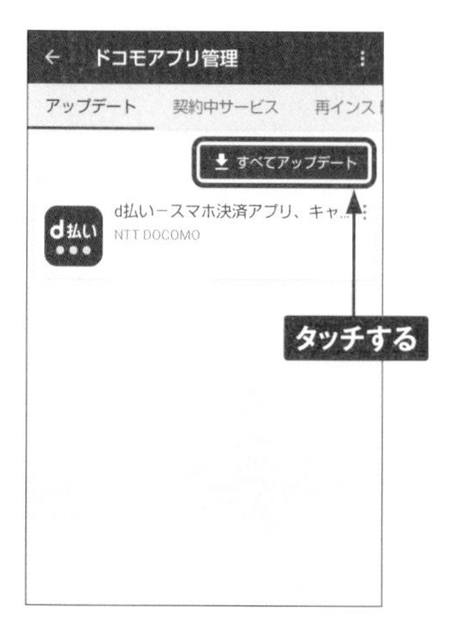
ドコモアプリ管理
アップデート
契約中サービス
すべてアップデート
d払いースマホ決済アプリ、キャ...
NTT DOCOMO
タッチする

④ それぞれのアプリで「ご確認」画面が表示されたら、［同意する］をタッチします。

ご確認
3/5
my daiz
NTT DOCOMO
プライバシーポリシー
外部送信する情報と利用目的
■外部送信する情報
タッチする
同意しない
同意する

⑤ アプリのアップデートが開始します。

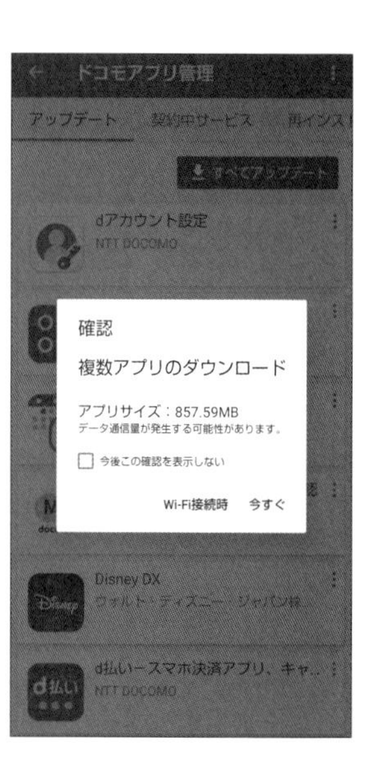
ドコモアプリ管理
アップデート
契約中サービス
dアカウント設定
確認
複数アプリのダウンロード
アプリサイズ：857.59MB
データ通信量が発生する可能性があります。
今後この確認を表示しない
Wi-Fi接続時
今すぐ
Disney DX
d払いースマホ決済アプリ、キャ...

Section 50

d払いを利用する

Application

「d払い」は、NTTドコモが提供するキャッシュレス決済サービスです。お店でバーコードを見せるだけでスマホ決済を利用できるほか、Amazonなどのネットショップの支払いにも利用できます。

d払いとは

「d払い」は、以前からあった「ドコモケータイ払い」を拡張して、ドコモ回線ユーザー以外も利用できるようにした決済サービスです。ドコモユーザーの場合、支払い方法に電話料金合算払いを選べ、より便利に使えます（他キャリアユーザーはクレジットカードが必要）。

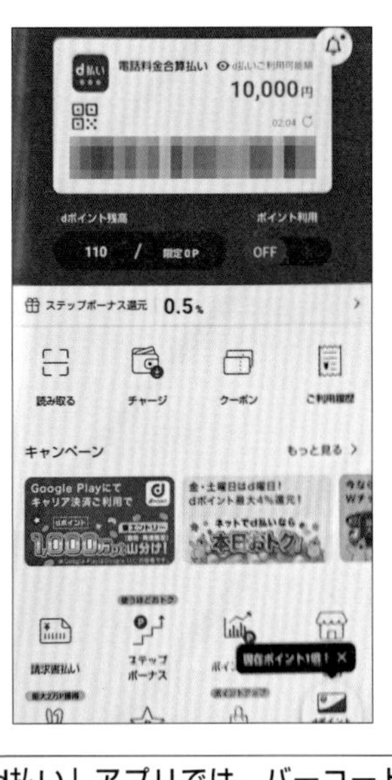
電話料金合算払い
10,000円
dポイント残高
ポイント利用
110
OFF
ステップボーナス還元 0.5%
読み取る
チャージ
クーポン
ご利用履歴
キャンペーン
もっと見る
Google Playにて
キャリア決済ご利用で
1,000万pt山分け!
金・土曜日はd曜日!
本日おトク!
請求書払い
ステップ
ボーナス
現在ポイント1倍!

「d払い」アプリでは、バーコードを見せるか読み取ることで、キャッシュレス決済が可能です。支払い方法は、電話料金合算払い、d払い残高（ドコモ口座）、クレジットカードから選べるほか、dポイントを使うこともできます。

クーポン
すべて
コンビニ
総合ネットショッピングサイト
ドラッグスト
お店から探す
LAWSON
EXCELSIOR CAFFÉ
※表示金額はすべて税込
クーポンから探す
ドリンク商品
映画や人気のレジャーチケット
d払いでのお支払いで
30円OFF
最大53%OFF
からあげクン レギュラーなど各種
でからあげクンも含む
ドリンク商品

左の画面で［クーポン］をタッチすると、店頭で使える割り引きなどのクーポンの情報が一覧表示されます。ポイント還元のキャンペーンはエントリー操作が必須のものが多いので、こまめにチェックしましょう。

d払いの初期設定をする

1 Wi-Fiに接続している場合はP.182を参考にWi-Fiをオフにしてから、ホーム画面で［d払い］をタッチします。

タッチする
dポイント
d払い
My docomo
フォト
カメラ
dメニュー
dマーケット
dcard
Play ストア
Google

2 サービスの紹介の画面で［次へ］を2回タッチし、［はじめる］→［OK］→［アプリの使用時のみ］の順にタッチします。

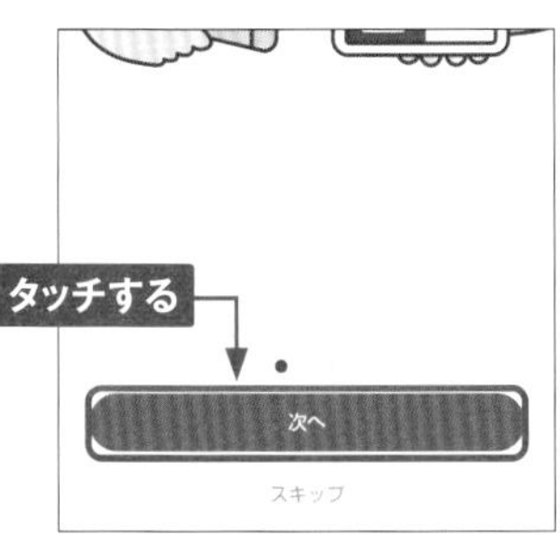

タッチする
次へ
スキップ

3 「ご利用規約」画面をよく読み、［同意して次へ］をタッチします。

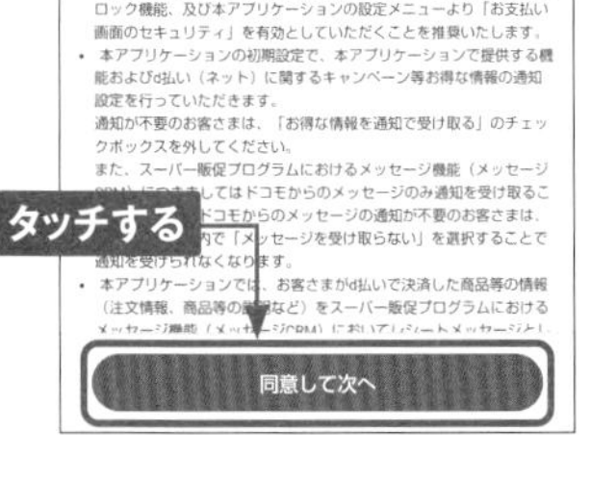

タッチする
同意して次へ

4 ログイン確認画面が表示されたら、［はい］をタップし、画面の指示に従ってログインします。

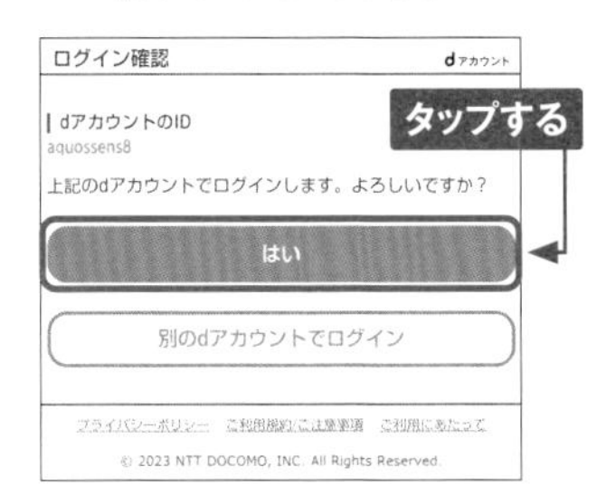

ログイン確認
dアカウント
dアカウントのID
aquossens8
上記のdアカウントでログインします。よろしいですか？
タップする
はい
別のdアカウントでログイン
© 2023 NTT DOCOMO, INC. All Rights Reserved.

5 「ご利用設定」画面で［次へ］をタッチし、使い方の説明で［次へ］を何度かタッチして［さあ、d払いをはじめよう!］をタッチすると、利用設定が完了します。

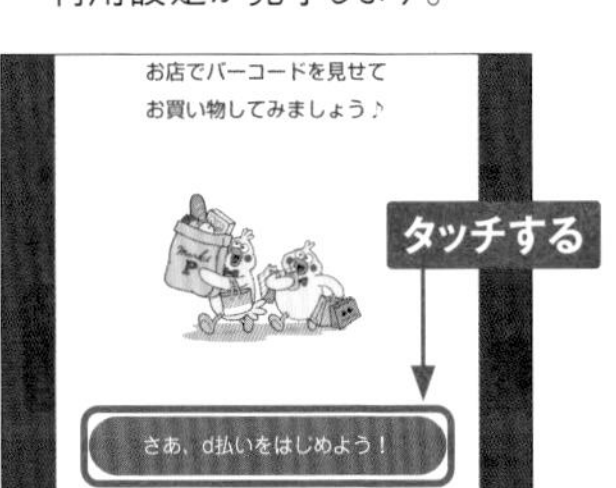

お店でバーコードを見せて
お買い物してみましょう♪
タッチする
さあ、d払いをはじめよう！

MEMO dポイントカード

「d払い」アプリの画面右下の［dポイントカード］をタッチすると、モバイルdポイントカードのバーコードが表示されます。dポイントカードが使える店では、支払い前にdポイントカードを見せてd払いにすることで、二重にdポイントを貯めることが可能です。

Section 51

マイマガジンでニュースをまとめて読む

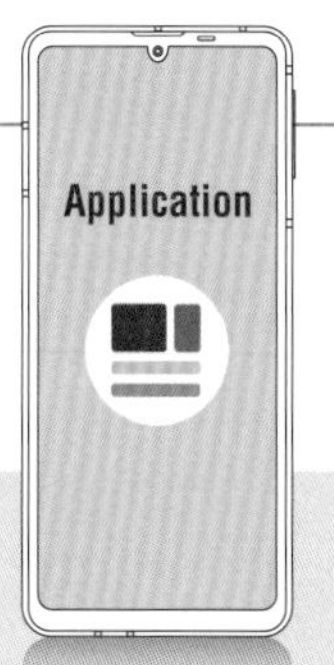
Application

マイマガジンは、自分で選んだジャンルのニュースが自動で表示される無料のサービスです。読むニュースの傾向に合わせて、より自分好みの情報が表示されるようになります。

好きなニュースを読む

1 ホーム画面で▣をタッチします。

タッチする

2 初回に「マイマガジンへようこそ」画面が表示されたら、[規約に同意して利用を開始] をタッチします。

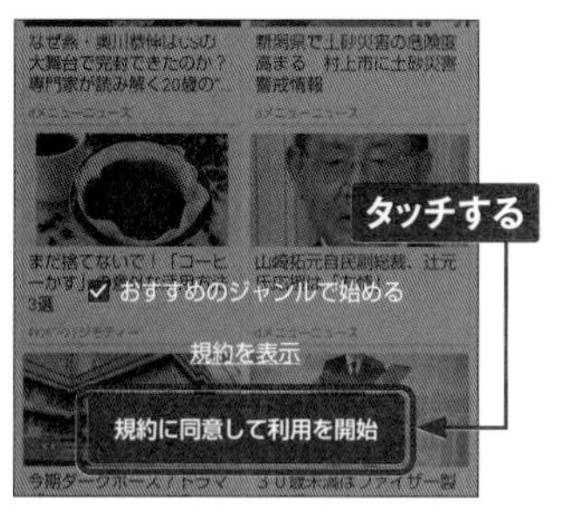
タッチする
おすすめのジャンルで始める
規約を表示
規約に同意して利用を開始

3 画面を左右にフリックして、ニュースのジャンルを切り替え、読みたいニュースをタッチします。

①フリックする
②タッチする

4 ニュースの冒頭の部分が表示されます。[元記事サイトへ] をタッチします。

タッチする

5 元記事のWebページが表示されて、全文を読むことができます。画面右下の🌐をタッチします。

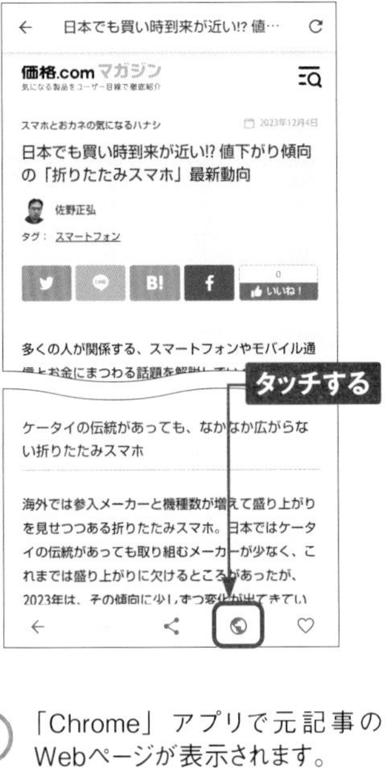
タッチする

6 「Chrome」アプリで元記事のWebページが表示されます。

7 手順⑤の画面で右下の♡をタッチすると、表示したニュースをお気に入りに登録できます。既存のお気に入りに登録するほか、お気に入りを新規作成することもできます。

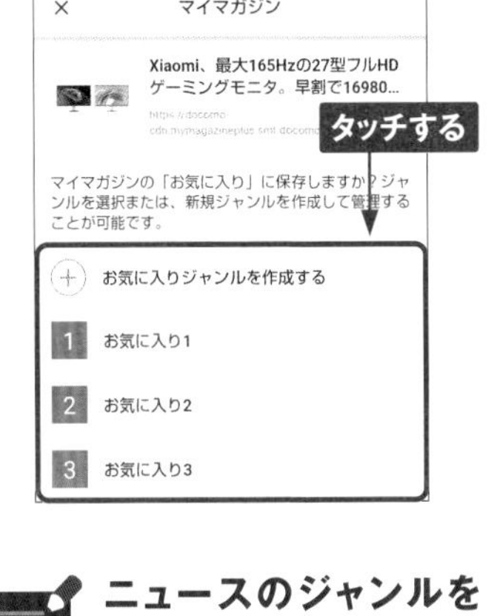
タッチする

MEMO ニュースのジャンルを追加する

ニュースのジャンルを追加するには、P.150手順③の画面で左上の≡→［ジャンル追加］の順にタッチします。「ジャンル追加」画面で追加したいジャンルをタッチし、表示された画面で右上の［追加］をタッチします。

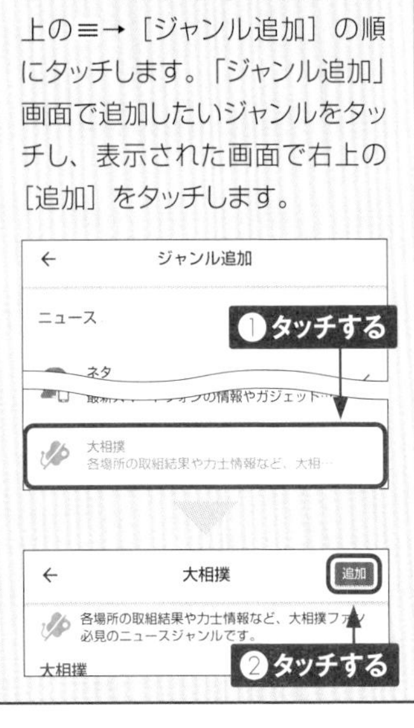
①タッチする
②タッチする

Section 52

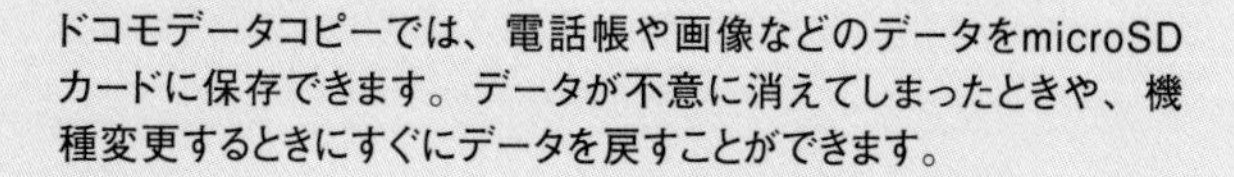

ドコモデータコピーを利用する

Application

ドコモデータコピーでは、電話帳や画像などのデータをmicroSDカードに保存できます。データが不意に消えてしまったときや、機種変更するときにすぐにデータを戻すことができます。

ドコモデータコピーでデータをバックアップする

① アプリ一覧画面で［ツール］フォルダ→［データコピー］の順でタッチします。表示されていない場合は、P.147を参考にドコモのアプリをアップデートします。

スマートフォン内のアプリを探す
取扱説明書
メモ
データコピー
データ保管BOX
時計
電卓
あんしんセキュリティ
docomo 災害用キット
スケジュール
おすすめアプリ
タッチする

② 初回起動時に「ドコモデータコピー」画面が表示された場合は、［規約に同意して利用を開始］をタッチします。

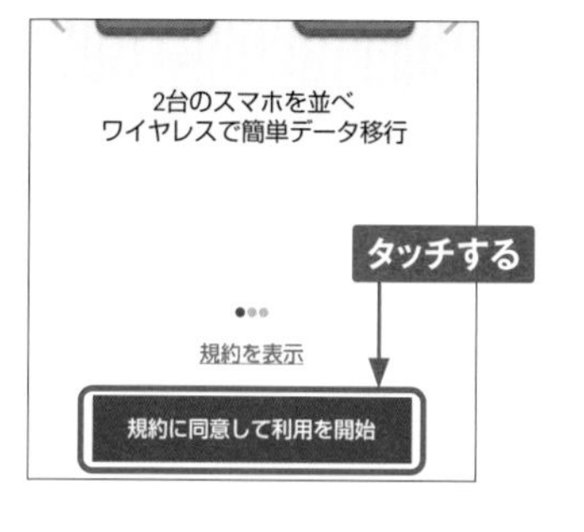
2台のスマホを並べ
ワイヤレスで簡単データ移行
タッチする
規約を表示
規約に同意して利用を開始

③ 「ドコモデータコピー」画面で［バックアップ&復元］をタッチします。

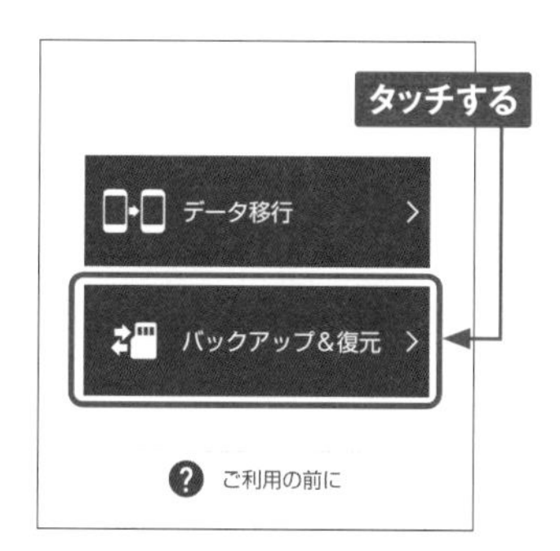
タッチする
データ移行
バックアップ&復元
ご利用の前に

④ 「アクセス許可」画面が表示されたら［スタート］をタッチし、［許可］を何回かタッチして進みます。

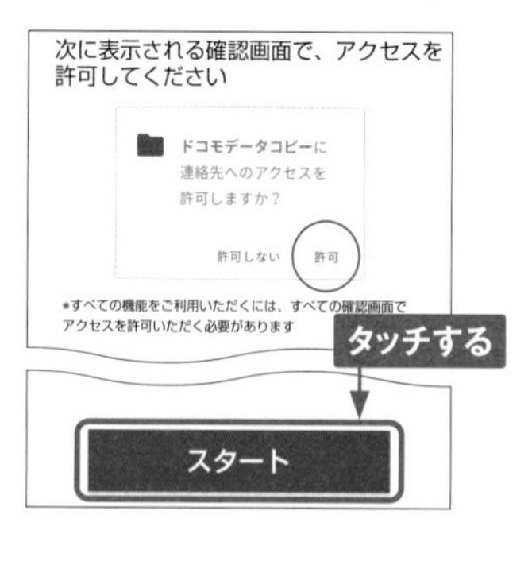
次に表示される確認画面で、アクセスを許可してください
ドコモデータコピーに
連絡先へのアクセスを
許可しますか？
許可しない
許可
*すべての機能をご利用いただくには、すべての確認画面でアクセスを許可いただく必要があります
タッチする
スタート

5 「暗号化設定」画面が表示されたら、ここではそのまま［設定］をタッチします。

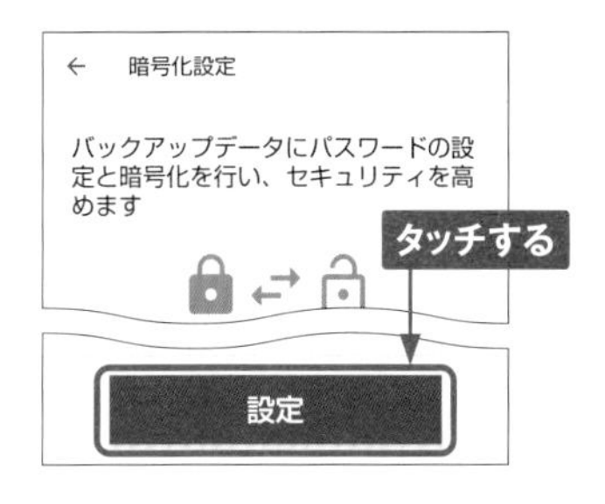

← 暗号化設定
バックアップデータにパスワードの設定と暗号化を行い、セキュリティを高めます
タッチする
設定

6 「バックアップ・復元」画面が表示されたら、［バックアップ］をタッチします。

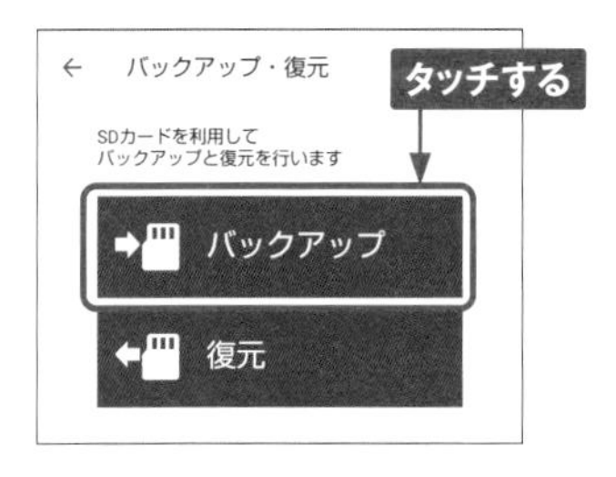

← バックアップ・復元
タッチする
SDカードを利用して
バックアップと復元を行います
バックアップ
復元

7 「バックアップ」画面でバックアップする項目をタッチしてチェックを付け、［バックアップ開始］をタッチします。

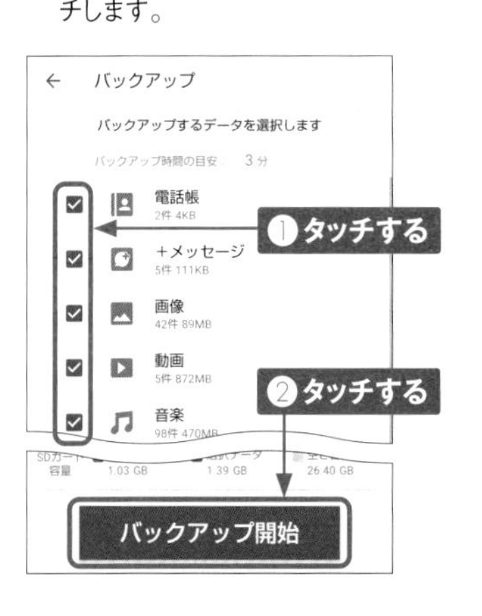

← バックアップ
バックアップするデータを選択します
バックアップ時間の目安 3分
電話帳
2件 4KB
①タッチする
+メッセージ
5件 111KB
画像
42件 89MB
動画
5件 872MB
②タッチする
音楽
98件 470MB
容量
1.03 GB
1.39 GB
26.40 GB
バックアップ開始

8 「確認」画面で［開始する］をタッチします。

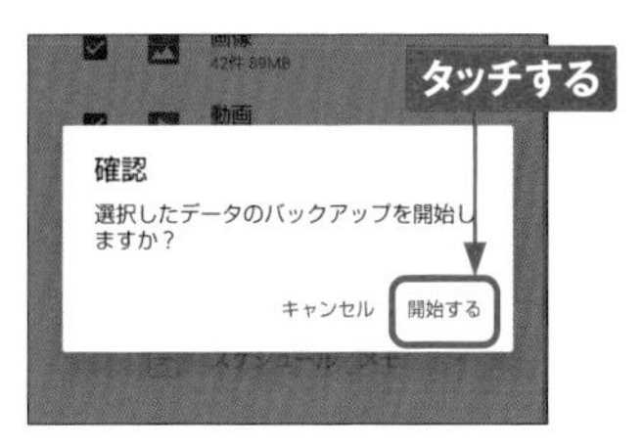

タッチする
確認
選択したデータのバックアップを開始しますか？
キャンセル
開始する

9 バックアップが開始します。

バックアップ実行中
SDカードを抜かないでください
完了までおよそ
3分
電話帳
+メッセージ
実行中...
画像
動画

10 バックアップが完了したら、［トップに戻る］をタッチします。

バックアップ完了
バックアップが完了しました
バックアップの結果をご確認ください
電話帳
2 / 2件
+メッセージ
5 / 5件
画像
42 / 42件
動画
5 / 5件
音楽
98 / 98件
タッチする
トップに戻る

ドコモデータコピーでデータを復元する

① P.153手順⑥の画面で［復元］をタッチします。

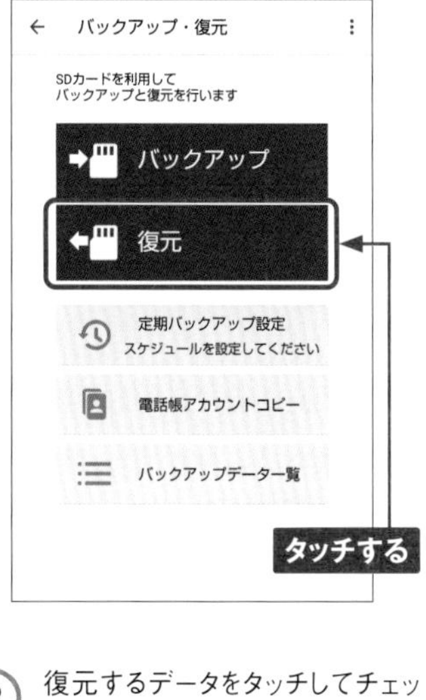

バックアップ・復元
SDカードを利用して
バックアップと復元を行います
バックアップ
復元
定期バックアップ設定
スケジュールを設定してください
電話帳アカウントコピー
バックアップデータ一覧
タッチする

② 復元するデータをタッチしてチェックを付け、［次へ］をタッチします。

復元するデータを選択してください
復元時間の目安： 1 分未満
電話帳 2022/12/16 14:16 2件 1KB
＋メッセージ 2022/12/16 14:16 5件 225KB
画像 2022/12/16 14:16 42件 89MB
動画 2022/12/16 14:16 5件 872MB
音楽 2022/12/16 14:16 98件 470MB
通話履歴 2022/12/16 14:16 15件 1KB
スケジュール／メモ
端末容量 使用中 11.51 GB 復元データ 1.39 GB 空き容量 94.81 GB
次へ
①タッチする
②タッチする

③ データの復元方法を確認して［復元開始］をタッチします。［復元方法を変更する場合はこちら］をタッチすると、データを上書きするか追加するかを選べます（初期状態は「上書き」）。

復元の最終確認
下記の方法で復元を行います
復元方法を変更する場合はこちら≫
上書き スマートフォンのデータを消去してから、復元
電話帳
通話履歴
復元開始
タッチする

④ 「確認」画面が表示されるので、［開始する］をタッチします。

確認
上書き処理が選択されています。上書き処理を選択したデータは、現在の端末内データが削除されます。
選択したデータの復元を開始しますか？
キャンセル 開始する
タッチする

⑤ データの復元が開始します。

復元中
SDカードを抜かないでください
完了までおよそ 1分
電話帳
＋メッセージ
画像
実行中...

Chapter 7

SH-54Dを使いこなす

Section 53 ホーム画面をカスタマイズする
Section 54 壁紙を変更する
Section 55 不要な通知を表示しないようにする
Section 56 画面ロックに暗証番号を設定する
Section 57 指紋認証で画面ロックを解除する
Section 58 顔認証で画面ロックを解除する
Section 59 スクリーンショットを撮る
Section 60 スリープモードになるまでの時間を変更する
Section 61 リラックスビューを設定する
Section 62 電源キーの長押しで起動するアプリを変更する
Section 63 アプリのアクセス許可を変更する
Section 64 エモパーを活用する
Section 65 画面のダークモードをオフにする
Section 66 おサイフケータイを設定する
Section 67 バッテリーや通信量の消費を抑える
Section 68 Wi-Fiを設定する
Section 69 Wi-Fiテザリングを利用する
Section 70 Bluetooth機器を利用する
Section 71 SH-54Dをアップデートする
Section 72 SH-54Dを初期化する

Section 53

ホーム画面をカスタマイズする

Application

ホーム画面には、アプリアイコンを配置したり、フォルダを作成してアプリアイコンをまとめることができます。よく使うアプリのアイコンをホーム画面に配置して、使いやすくしましょう。

アプリアイコンをホーム画面に追加する

1 アプリ一覧画面を表示します。ホーム画面に追加したいアプリアイコンをロングタッチして、[ホーム画面に追加]をタッチします。

2 ホーム画面にアプリアイコンが追加されます。

ドコモ電話帳
未読メールがあります

3 アプリアイコンをロングタッチしてそのままドラッグすると、好きな場所に移動することができます。

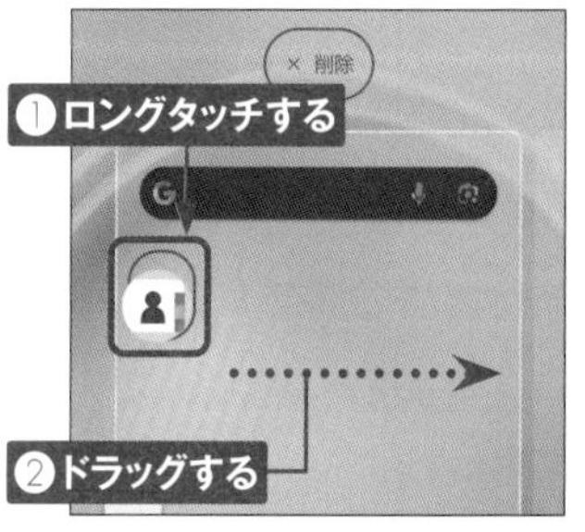
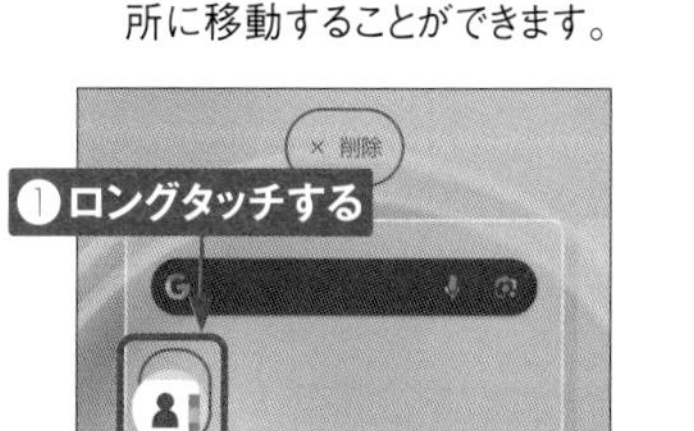
× 削除
①ロングタッチする
②ドラッグする

4 アプリアイコンをロングタッチして、画面上部に表示される[削除]までドラッグすると、アプリアイコンをホーム画面から削除することができます。

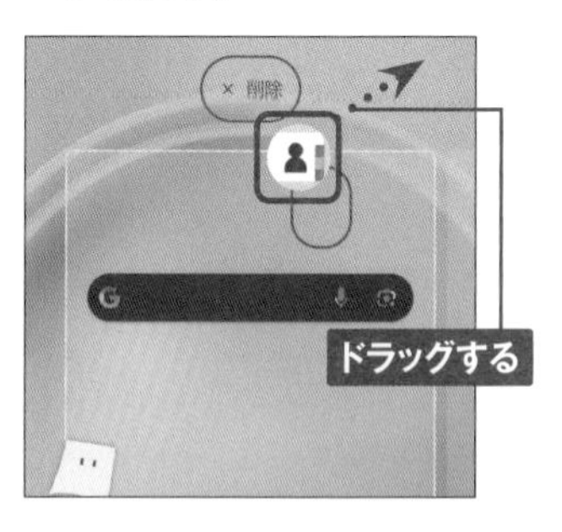
× 削除
ドラッグする

フォルダを作成する

1 ホーム画面のアプリアイコンをロングタッチして、フォルダに追加したいほかのアプリアイコンの上にドラッグします。

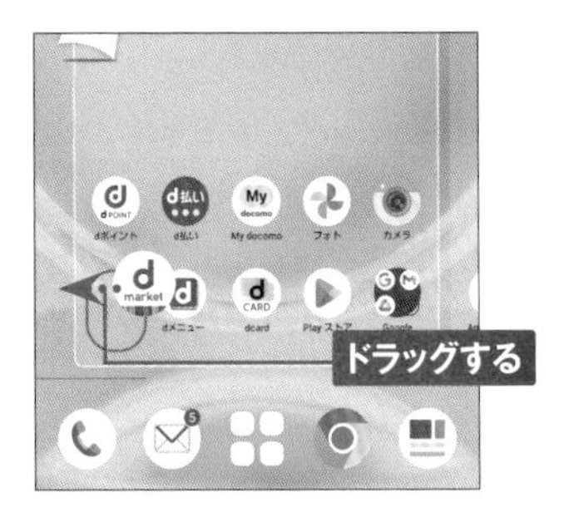
ドラッグする

2 確認画面が表示されるので、[作成する] をタッチします。

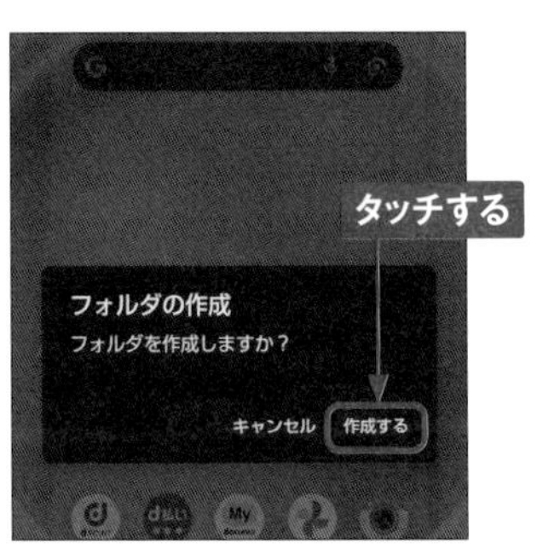
タッチする
フォルダの作成
フォルダを作成しますか？
キャンセル
作成する

3 フォルダが作成されます。

4 フォルダをタッチすると開いて、フォルダ内のアプリアイコンが表示されます。

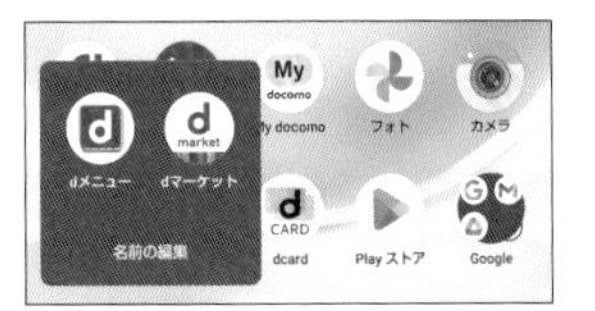
dメニュー
dマーケット
名前の編集

5 手順④で [名前の編集] をタッチすると、フォルダに名前を付けることができます。

MEMO ドックのアイコンの入れ替え

ホーム画面下部にあるドックのアイコンは、入れ替えることができます。アイコンを任意の場所にドラッグし、代わりに配置したいアプリのアイコンを移動します。

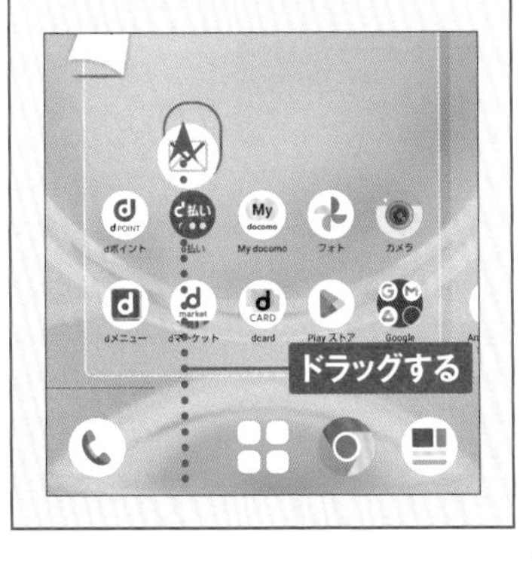
ドラッグする

Section 54

Application

壁紙を変更する

ホーム画面では、撮影した写真など、SH-54D内に保存されている画像を壁紙に設定することができます。ロック画面の壁紙も同様の操作で変更することができます。

壁紙を変更する

① ホーム画面の何もないところをロングタッチします。

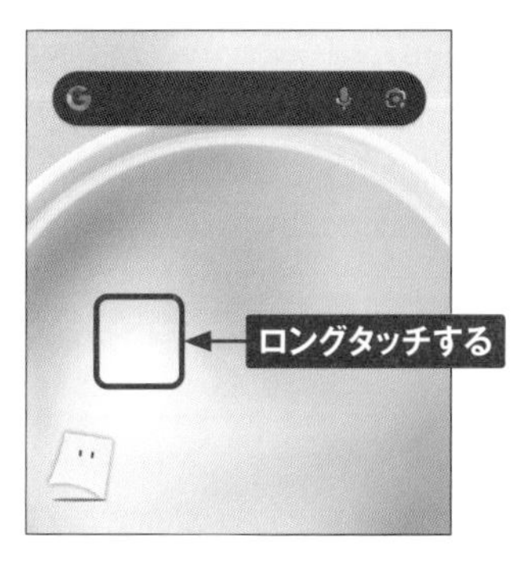
ロングタッチする

② 表示されたメニューの［壁紙］をタッチします。許可に関する画面が表示されたら、［次へ］→［許可］の順でをタッチします。

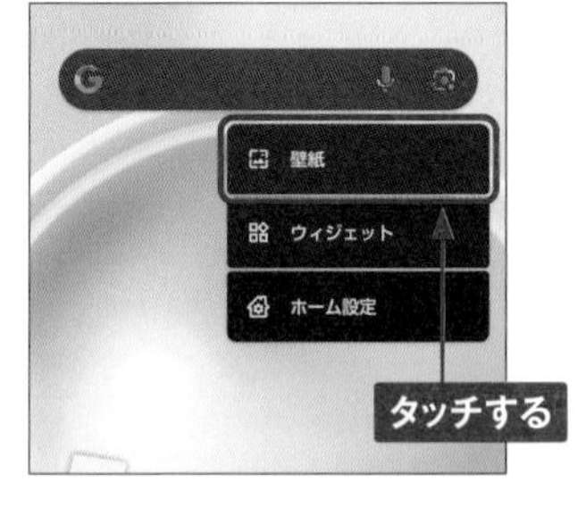
壁紙
ウィジェット
ホーム設定
タッチする

③ ［フォト］をタッチし、［1回のみ］または［常時］をタッチします。

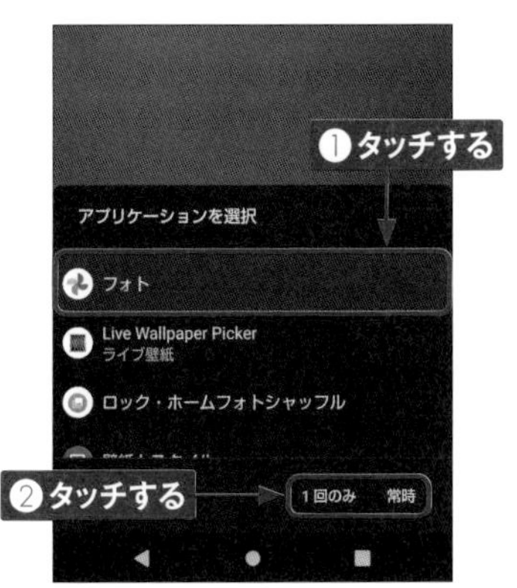
①タッチする
アプリケーションを選択
フォト
Live Wallpaper Picker
ライブ壁紙
ロック・ホームフォトシャッフル
②タッチする
1回のみ
常時

④ 「写真を選択」画面では、ここでは［カメラ］をタッチします。

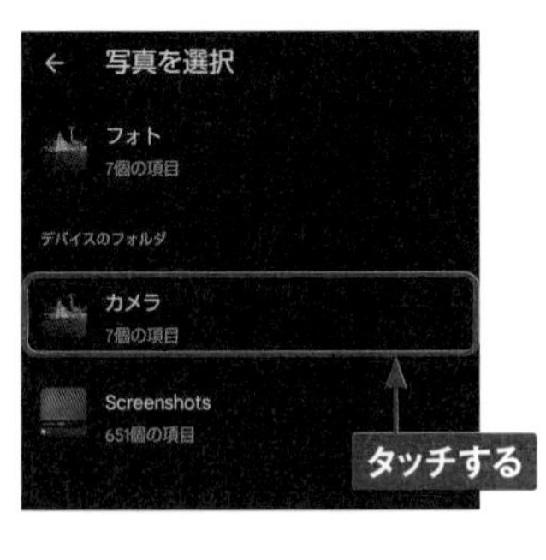
写真を選択
フォト
7個の項目
デバイスのフォルダ
カメラ
7個の項目
Screenshots
651個の項目
タッチする

5 壁紙にする写真を選んでタッチします。

8:54
5G 92%
写真を選択
タッチする
昨日
12月8日(金)

6 表示された写真上を左右にドラッグして位置を調整し、[保存]をタッチします。

①ドラッグする
②タッチする
保存

7 ここではホーム画面に壁紙を設定するので、[ホーム画面] をタッチします。[ロック画面] や [ホーム画面とロック画面]をタッチして、ロック画面の壁紙を設定することもできます。

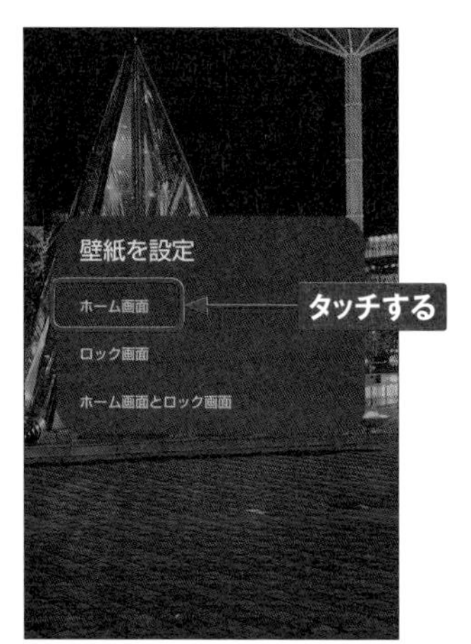
壁紙を設定
ホーム画面
タッチする
ロック画面
ホーム画面とロック画面

8 ホーム画面の壁紙に写真が表示されます。

7

Section 55

不要な通知を表示しないようにする

Application

通知はホーム画面やロック画面に表示されますが、アプリごとに通知のオン／オフを設定することができます。また、ステータスパネルから通知を選択して、通知をオフにすることもできます。

アプリからの通知をオフにする

① 設定メニューで［通知］→［アプリの設定］の順でタッチします。

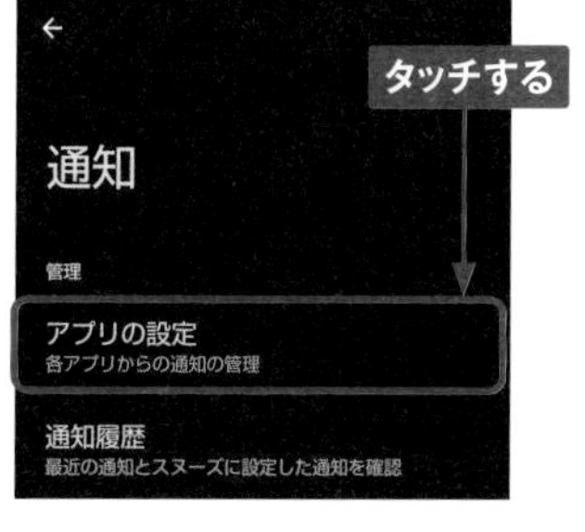
タッチする
通知
管理
アプリの設定
各アプリからの通知の管理
通知履歴
最近の通知とスヌーズに設定した通知を確認

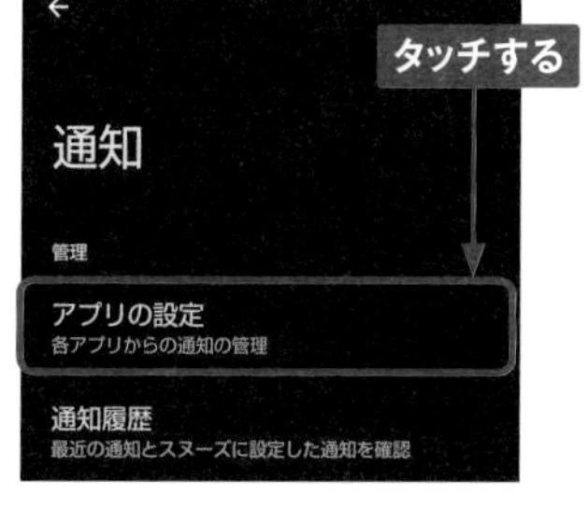

② 「アプリの通知」画面で［新しい順］→［すべてのアプリ］の順でタッチします。

アプリの通知
①タッチする
新しい順
新しい順
通知件数の多い順
すべてのアプリ
通知 OFF
61 分前
②タッチする

③ 通知をオフにしたいアプリ（ここでは［+メッセージ］）をタッチします。

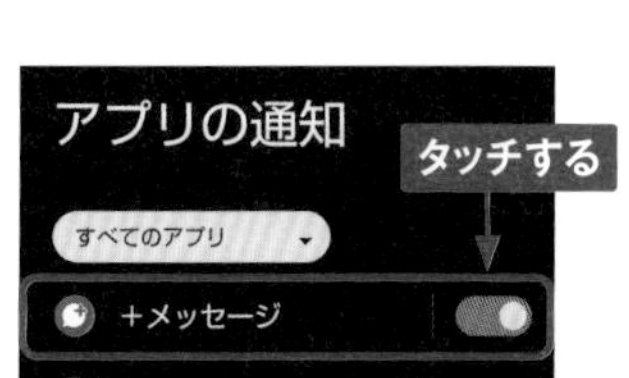

アプリの通知
タッチする
すべてのアプリ
+メッセージ
アシスタント
あんしんセキュリティ
エモパー

④ ［〜のすべての通知］をタッチすると が に切り替わり、すべての通知が表示されなくなります。各項目をタッチして、個別に設定することもできます。

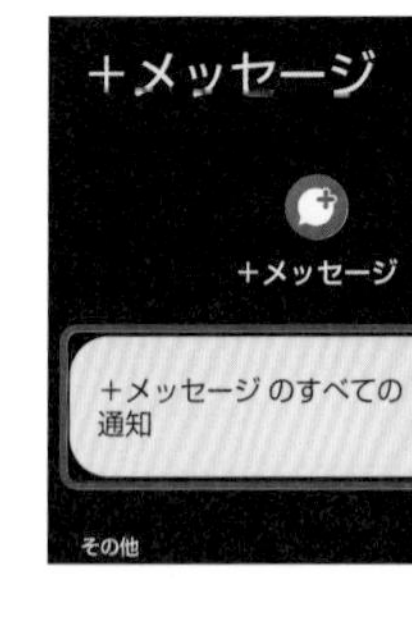
+メッセージ
タッチする
+メッセージ
+メッセージ のすべての通知
その他

ステータスパネルで通知をオフにする

① ステータスバーを下方向にドラッグします。

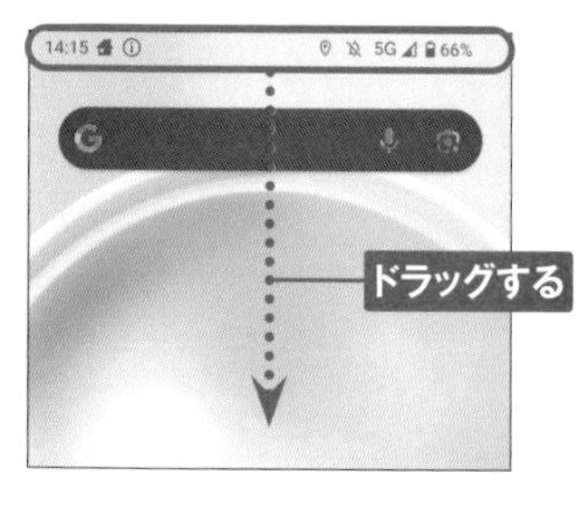
14:15
5G 66%
ドラッグする

② 通知をオフにしたいアプリの通知を左方向にフリックします。

Wi-Fi
Bluetooth
マナーモード
ライト
マイマガジン・1日
【クイズ】12/5生まれの有名人は誰？
「ナースのお仕事」朝倉いずみ役といえば
「ゴールド免許... ・2日
軽微な違反もNG！難
フリックする

③ ［通知をOFFにする］をタッチします。

速報ニュース
dメニュー
デフォルト
スマートフォンの設定を基に着信音またはバイブレーションが有効になります
サイレント
タッチする
通知を OFF にする
完了

④ ［～のすべての通知］をタッチして を に切り替え、［完了］をタッチします。

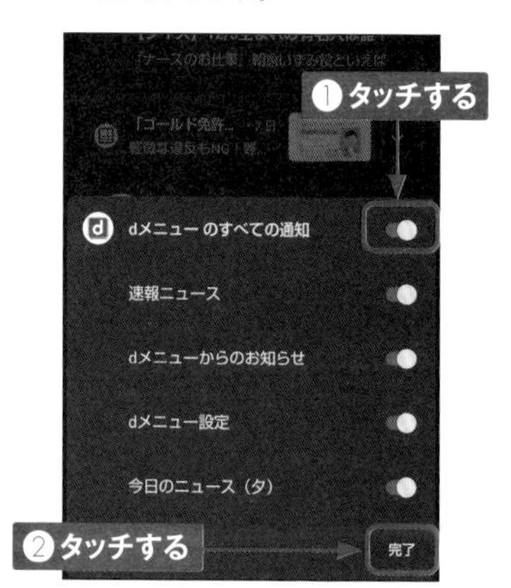
①タッチする
「ゴールド免許... ・2日
dメニュー のすべての通知
速報ニュース
dメニューからのお知らせ
dメニュー設定
今日のニュース（夕）
②タッチする
完了

MEMO ロック画面での通知の非表示

P.160手順①の画面で［ロック画面上の通知］をタッチして、［通知を表示しない］をタッチすると、ロック画面に通知が表示されなくなります。

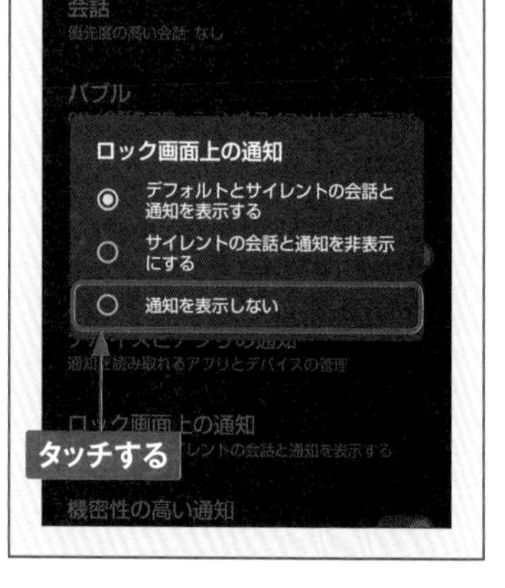
会話
優先度の高い会話: なし
バブル
ロック画面上の通知
デフォルトとサイレントの会話と通知を表示する
サイレントの会話と通知を非表示にする
通知を表示しない
タッチする
機密性の高い通知

Section 56

画面ロックに暗証番号を設定する

Application

SH-54Dは「PIN」（暗証番号）を使用して画面にロックをかけることができます。なお、ロック画面の通知の設定が行われるので、変更する場合はP.161MEMOを参照してください。

画面ロックに暗証番号を設定する

1 設定メニューを開いて、［セキュリティとプライバシー］→［デバイスのロック］→［画面ロックを設定］の順にタッチします。

セキュリティとプライバシー
タッチする
画面ロックの設定
セキュリティを強化するために、このデバイスのPIN、パターン、またはパスワードを設定してください。
画面ロックを設定

2 ［PIN］をタッチします。「PIN」とは画面ロックの解除に必要な暗証番号のことです。

画面ロックの選択
なし
スワイプ
現在の画面ロック
パターン
PIN
タッチする

3 テンキーボードで4桁以上の数字を入力し、→|をタッチします。次の画面でも再度同じ数字を入力し、［確認］をタッチします。

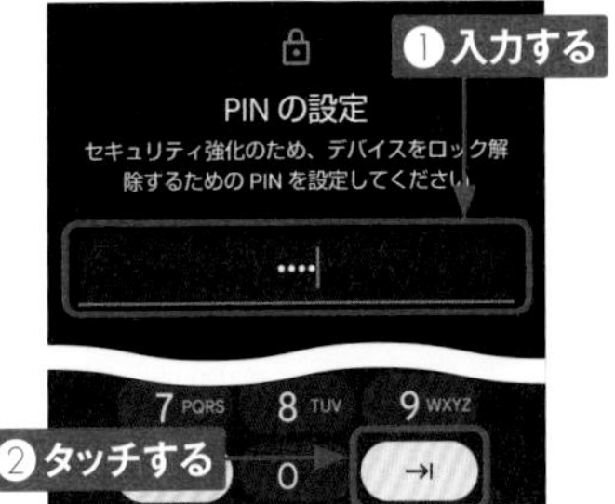
①入力する
PIN の設定
セキュリティ強化のため、デバイスをロック解除するための PIN を設定してください
7 PQRS
8 TUV
9 WXYZ
0
②タッチする

4 ロック画面の通知についての設定が表示されます。表示する内容をタッチしてオンにし、［完了］をタッチすると、設定完了です。

①タッチする
ロック画面
ロック画面に通知をどのように表示しますか？
すべての通知の内容を表示する
通知は表示するがプライベートな内容はロック解除後にのみ表示する
通知を一切表示しない
②タッチする
完了

暗証番号で画面のロックを解除する

① スリープモード（P.10参照）の状態で、電源キーを押します。

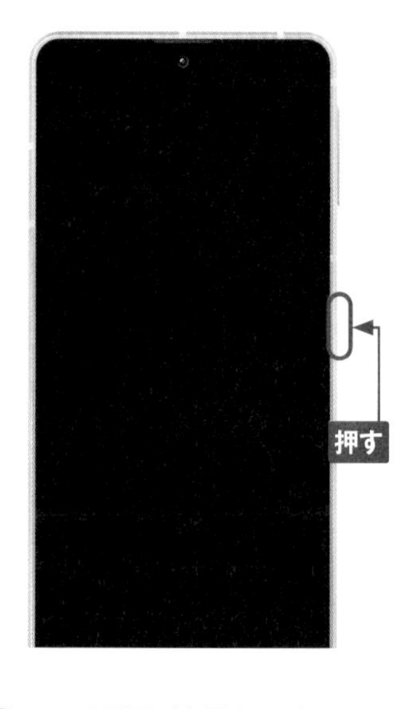

押す

② ロック画面が表示されます。画面を上方向にスワイプします。

14:18
12/4 月曜日
スワイプする

③ P.162手順③で設定した暗証番号（PIN）を入力して→|をタッチすると、画面のロックが解除されます。

①入力する
1
2
3
4
5
6
7
8
9
0
緊急通報
②タッチする

MEMO 暗証番号の変更

設定した暗証番号を変更するには、P.162手順①で［画面ロック］をタッチし、現在の暗証番号を入力して［次へ］をタッチします。表示される画面で［PIN］をタッチすると、暗証番号を再設定できます。暗証番号が設定されていない初期の状態に戻すには、［スワイプ］をタッチします。

新しい画面ロックの選択
スワイプ
パターン
タッチする

Section 57

指紋認証で画面ロックを解除する

Application

SH-54Dは「指紋センサー」を使用して画面ロックを解除することができます。指紋認証の場合は、予備の解除方法を併用する必要があります。

指紋を登録する

① 設定メニューを開いて、［セキュリティーとプライバシー］をタッチします。

② ［デバイスのロック］→［指紋］の順でタッチします。

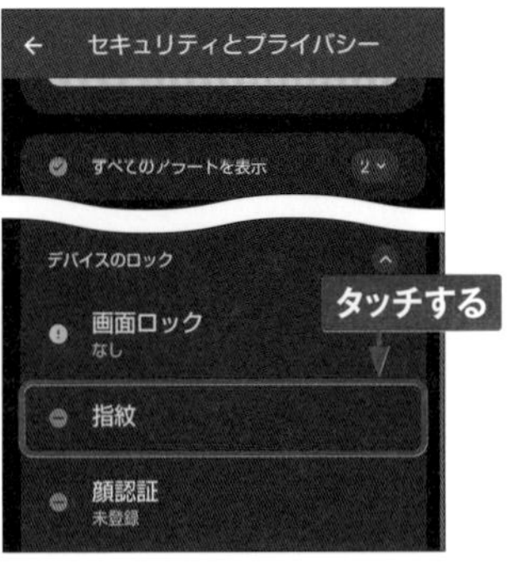
セキュリティとプライバシー
すべてのアラートを表示
デバイスのロック
画面ロック
なし
指紋
顔認証
未登録
タッチする

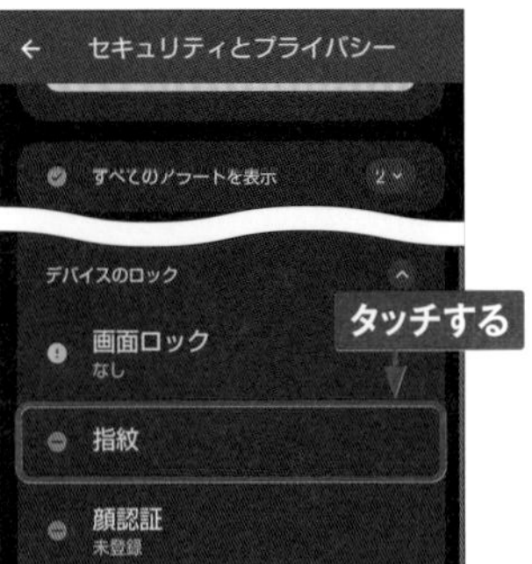

③ 指紋は予備のロック解除方法と合わせて登録する必要があります。ロック解除方法を設定していない場合は、いずれかの解除方法を選択します。ここでは［指紋+PIN］をタッチします。

画面ロックの選択
タッチする
指紋 + パターン
指紋 + PIN
指紋 + パスワード

④ P.162手順③を参考に、暗証番号（PIN）を設定します。

5 ロック画面に表示させる通知の種類をタッチして選択し、［完了］をタッチします。

ロック画面
ロック画面に通知をどのように表示しますか？
すべての通知の内容を表示する
通知は表示するがプライベートな内容はロック解除後にのみ表示する
通知を一切表示しない
①タッチする
②タッチする
完了

6 ［同意する］→［次へ］の順にタッチします。

指紋の設定
スマートフォンのロック解除や本人確認（アプリへのログインや購入の承認など）に、指紋を使えるようにします。
影します。
指紋認証を使用すると、画像を基に指紋モデルが更新されます。指紋モデルの作成に使用された画像が保存されることはありませんが、指紋モデルはスマート
全に保存されます。この情報が
されることは一切なく、処理はすべてスマートフォン上で安全に行われます。
タッチする
同意する

7 指紋センサーに指を押し当て、本体が振動するまで静止します。

指をタッチして離す
指を何度か離して、あらゆる角度から指紋を登録します。

8 「指紋の登録完了」と表示されたら、［完了］をタッチします。

9 スリープ中やロック中の画面で、指紋を登録した指で指紋センサーに触れると、画面ロックが解除されます。

MEMO **Payトリガー**

Payトリガーは、指紋センサーを長押しすると電子決済アプリを起動できるAQUOSの独自機能です。ホーム画面を左方向にフリックし、［AQUOSトリック］→［指紋センサーとPayトリガー］→［Payトリガー］→［起動アプリ］の順でタッチして、使用する決算系アプリを選択して設定します。

Section 58

Application

顔認証で画面ロックを解除する

SH-54Dでは顔認証を利用してロックの解除などを行うこともできます。ロック画面を見るとすぐに解除するか、時計や通知を見てから解除するかを選択できます。

顔データを登録する

① 設定メニューを開いて、[セキュリティーとプライバシー] → [デバイスのロック] → [顔認証] の順にタッチします。PINなど、予備の解除方法を設定していない場合は、P.162を参考に設定します。

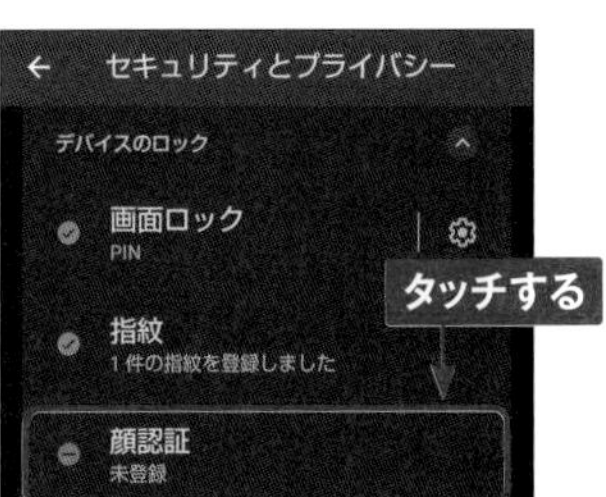
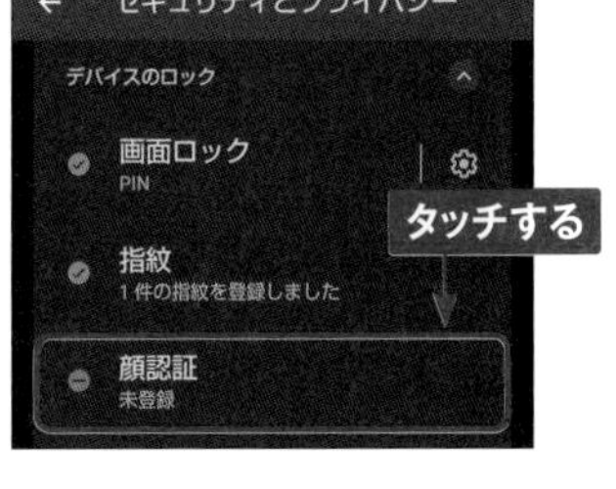
セキュリティとプライバシー
デバイスのロック
画面ロック
PIN
指紋
1 件の指紋を登録しました
顔認証
未登録
タッチする

② 「顔認証によるロック解除」画面が表示されます。[次へ] [OK] [アプリの使用時のみ] などをタッチして進みます。

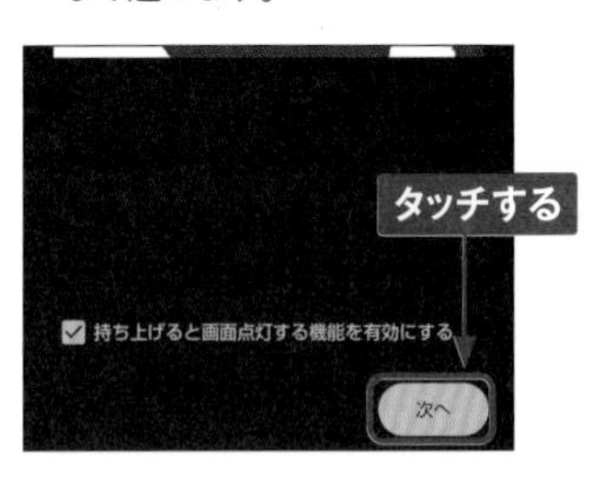
タッチする
持ち上げると画面点灯する機能を有効にする
次へ

③ SH-54Dに顔をかざすと、自動的に認識されます。「マスクをしたままでも顔認証」画面が表示されたら、[有効にする] または [スキップ] をタッチします。

④ 「ロック解除後の動作」画面が表示されたら、[OK] をタッチします。

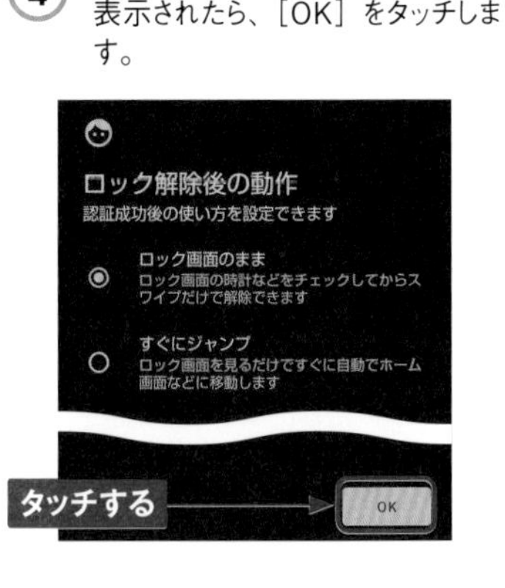
ロック解除後の動作
認証成功後の使い方を設定できます
ロック画面のまま
ロック画面の時計などをチェックしてからスワイプだけで解除できます
すぐにジャンプ
ロック画面を見るだけですぐに自動でホーム画面などに移動します
タッチする
OK

顔認証の設定を変更する

① P.166手順①の画面を表示し、［顔認証］をタッチします。ロック解除の操作を行います。

② 「顔認証」画面が表示され、ロックの解除タイミングの設定や顔データの削除を行えます。

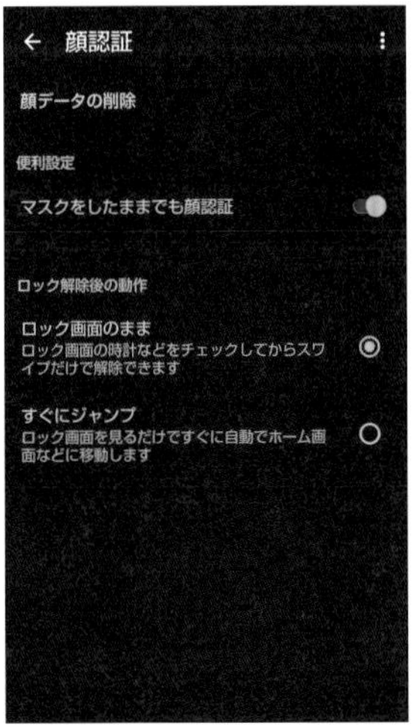

③ ここでは［すぐにジャンプ］をタッチします。

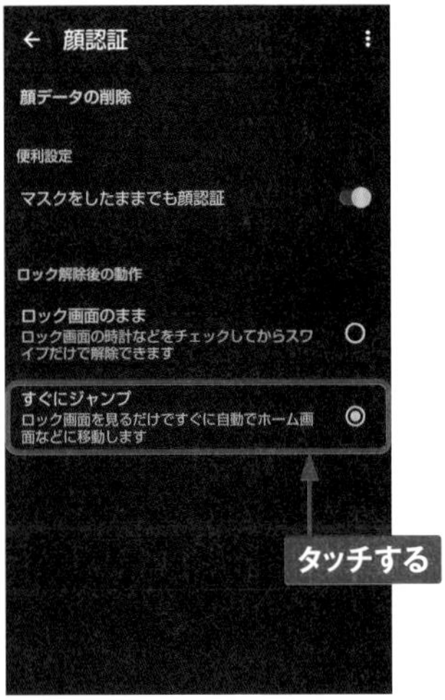

MEMO 顔データの削除

顔データは1つしか登録できないので、顔データを更新したい場合は、前のデータを先に削除する必要があります。手順②の画面で［顔データの削除］→［はい］の順にタッチすることで、顔データが削除されます。

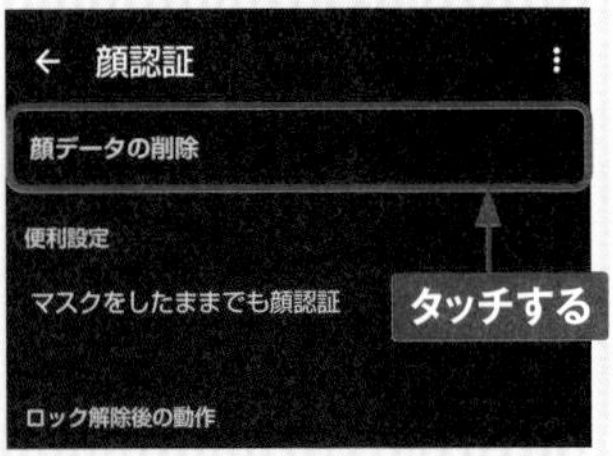

Section 59

スクリーンショットを撮る

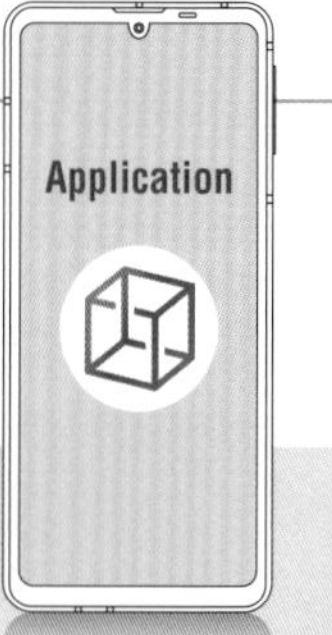
Application

「Clip Now」を利用すると、画面をスクリーンショットで撮影（キャプチャ）して、そのまま画像として保存できます。画面の縁をなぞるだけでよいので、手軽にスクリーンショットが撮れます。

Clip Nowをオンにする

1 ホーム画面を左方向に1回フリックし、［AQUOSトリック］をタッチします。

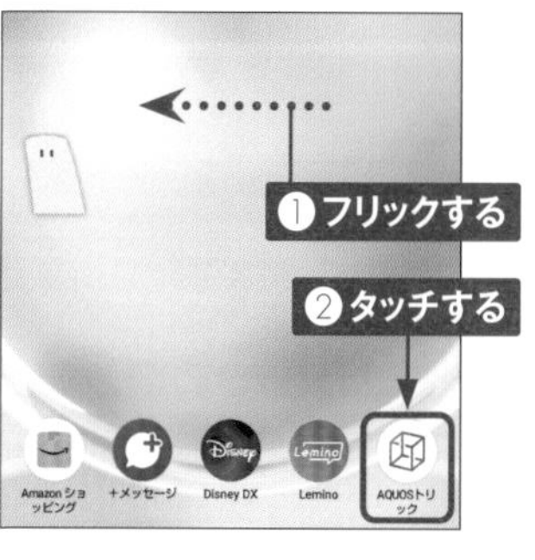
❶フリックする
❷タッチする
Amazon ショッピング
+メッセージ
Disney DX
Lemino
AQUOSトリック

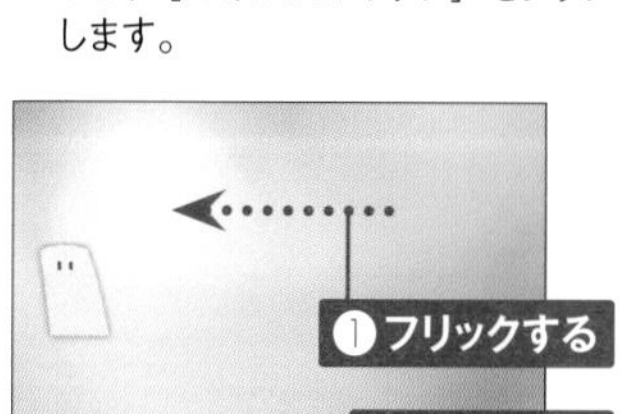

2 「AQUOSトリック」画面で［Clip Now］をタッチします。説明が表示されたら［閉じる］をタッチします。

3 ［Clip Now］をタッチしてオンにします。アクセス許可に関する画面が表示されたら、［次へ］や［許可］をタッチします。

Clip Now
タッチする
画面の左上隅または右上隅を長押しするとスクリーンショットが撮れます
Clip Now
使い方ガイド

MEMO キーを押してスクリーンショットを撮る

音量キーの下側と電源キーを同時に1秒以上長押しして、画面のスクリーンショットを撮ることもできます。スクリーンショットは、SH-54D内の「Pictures」－「Screenshots」フォルダに画像ファイルとして保存され、「フォト」アプリなどで見ることができます。

スクリーンショットを撮る

① 画面の上端をタッチします。

〒140-0012 東京都品川区...
近くの観光スポットを表示
タッチする
しながわ水族館
大森パークハイツ
大森ハイツ
ライブ

② 一瞬ブルっと震えたら、画面の中心に向かってスライドします。

長押ししてキャプチャ
スライドする

③ 画面下方にキャプチャした画像のサムネイルが表示されます。[編集] をタッチします。「フォトで編集」の確認画面が表示されるので、ここでは [1回のみ] をタッチします。

タッチする

④ 「フォト」アプリで画像が表示されます。その後も、通常の写真と同様に「フォト」アプリで見ることができます。

Section 60

スリープモードになるまでの時間を変更する

Application

初期設定では、SH-54Dは何も操作をしないと30秒でスリープモード（P.10）になるよう設定されています。スリープモードになるまでの時間は変更できます。

スリープモードになるまでの時間を変更する

1 設定メニューで［ディスプレイ］をタッチします。

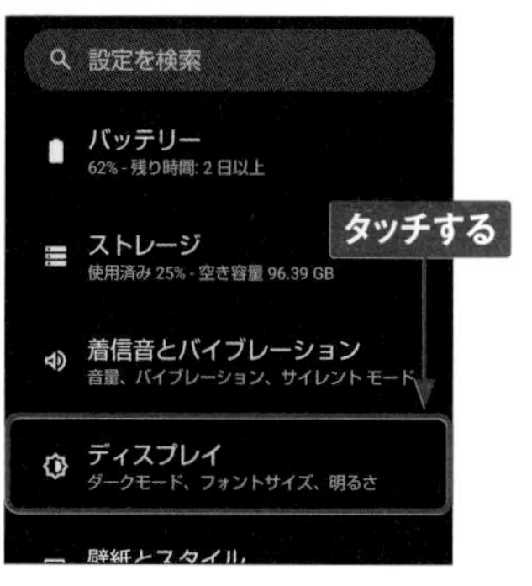
設定を検索
バッテリー
62% - 残り時間: 2 日以上
ストレージ
使用済み 25% - 空き容量 96.39 GB
着信音とバイブレーション
音量、バイブレーション、サイレント モード
ディスプレイ
ダークモード、フォントサイズ、明るさ
タッチする

2 ［画面消灯（スリープ）］をタッチします。

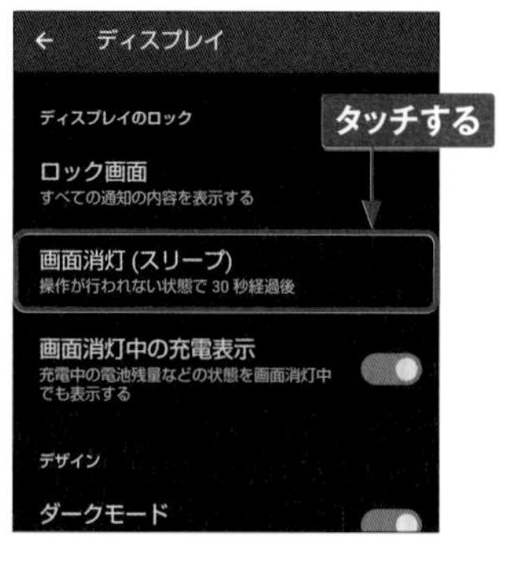
ディスプレイ
ディスプレイのロック
ロック画面
すべての通知の内容を表示する
画面消灯 (スリープ)
操作が行われない状態で 30 秒経過後
画面消灯中の充電表示
充電中の電池残量などの状態を画面消灯中でも表示する
デザイン
ダークモード
タッチする

3 スリープモードになるまでの時間は7段階から選択できます。

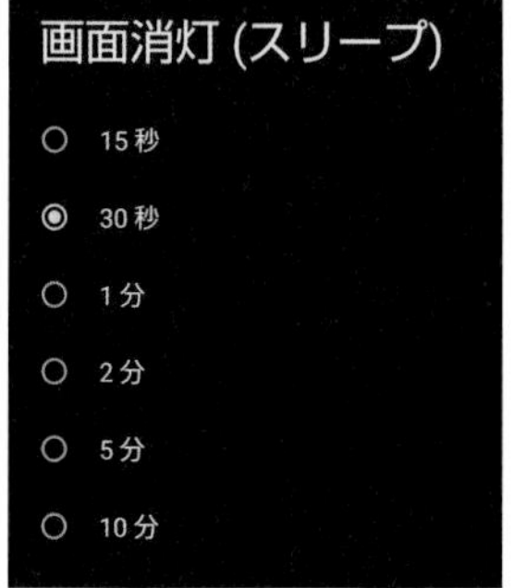
画面消灯 (スリープ)
15 秒
30 秒
1 分
2 分
5 分
10 分

4 スリープモードに移行するまでの時間をタッチして設定します。

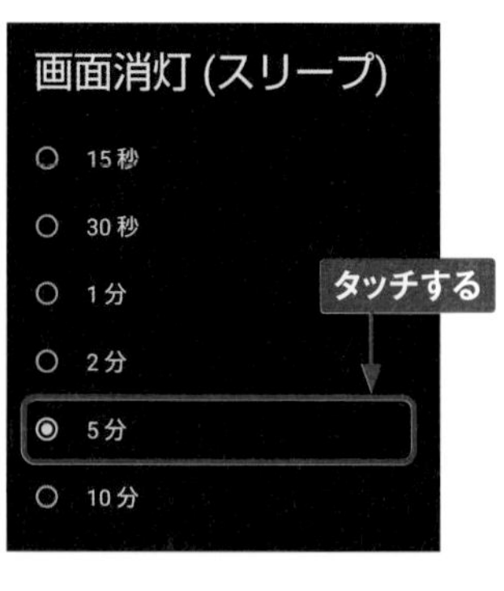
画面消灯 (スリープ)
15 秒
30 秒
1 分
2 分
5 分
10 分
タッチする

Section 61

リラックスビューを設定する

Application

「リラックスビュー」を設定すると、画面が黄色味がかった色合いになり、薄明りの中でも画面が見やすくなって、目が疲れにくくなります。暗い室内で使うと効果的です。

リラックスビューを設定する

1 P.170手順②の画面で［リラックスビュー］をタッチします。

← ディスプレイ
画質
基本設定
おススメ
HDR動画
HDR標準
バーチャルHDR
標準動画をHDR動画のような表情豊かな画質にする
リラックスビュー
自動で ON にしない
タッチする

2 表示された画面で［リラックスビューを使用］をタッチすると、リラックスビューが有効になります。

リラックスビュー
リラックスビューを利用すると画面が黄味がかった色になります。薄明かりの下でも画面を見やすくなり、寝付きを良くする効果も期待できます。
リラックスビューを使用
黄味の強さ
スケジュール
使用しない
タッチする

3 「輝度」の◯を左右にドラッグすることで、色合いを調節できます。

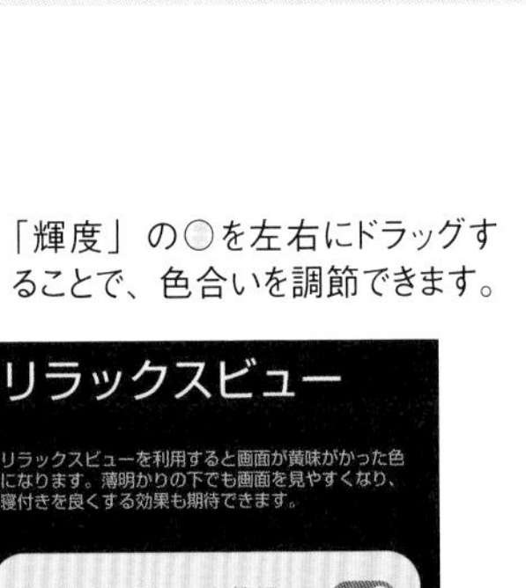
リラックスビュー
リラックスビューを利用すると画面が黄味がかった色になります。薄明かりの下でも画面を見やすくなり、寝付きを良くする効果も期待できます。
リラックスビューを使用
ドラッグする
黄味の強さ

MEMO リラックスビューの自動設定

手順②の画面で［スケジュール］をタッチすると、リラックスビューに自動的に切り替わる時間を設定できます。また、［指定した時間にON］をタッチして時間を設定することもできます。

スケジュール
使用しない
指定した時間に ON
日の入りから日の出まで ON

Section 62

電源キーの長押しで起動するアプリを変更する

Application

SH-54Dの操作中に電源キーを長押しすると、初期状態では「アシスタント」アプリが起動します。設定を変更して、よく使うアプリを電源キーから起動できるようにすると便利です。

クイック操作を設定する

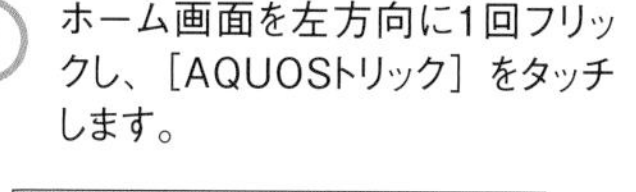

1 ホーム画面を左方向に1回フリックし、［AQUOSトリック］をタッチします。

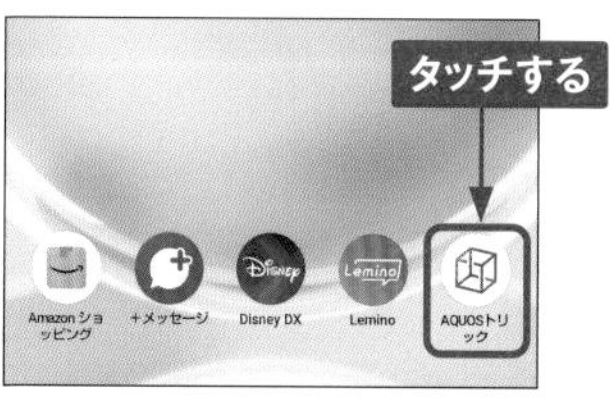
タッチする
Amazon ショッピング
+メッセージ
Disney DX
Lemino
AQUOSトリック

2 「AQUOSトリック」画面で［クイック操作］をタッチします。

AQUOSトリック
タッチする
ゲーミングメニュー
ゲーム中に役立つ機能が設定できます
クイック操作
やりたいことがすぐできる操作設定です
AQUOSの基本的な使い方

3 ［長押しでアプリ起動］をタッチします。

端末の電源キーやナビゲーションなどの操作設定を、すばやく操作できる様にカスタマイズできます
電源キー
長押しでアプリ起動
アシスタント
2回押しでカメラの起動
OFF
タッチする
ナビゲーションキー
システム ナビゲーション

4 電源キーを長押しすると起動するアプリを選んでタッチします。

長押しでアプリ起動
お支払い時に便利なアプリ
楽天Edy
dポイントクラブ
d払い
iDアプリ
その他のアプリ
タッチする
+メッセージ
アシスタント

Section 63

アプリのアクセス許可を変更する

Application

アプリの初回起動時にアクセスを許可していない場合、アプリが正常に動作しないことがあります（P.20MEMO参照）。ここでは、アプリのアクセス許可を変更する方法を紹介します。

アプリのアクセスを許可する

1 設定メニューを開いて、［アプリ］をタッチします。「アプリ」画面で［××個のアプリをすべて表示］をタッチします。

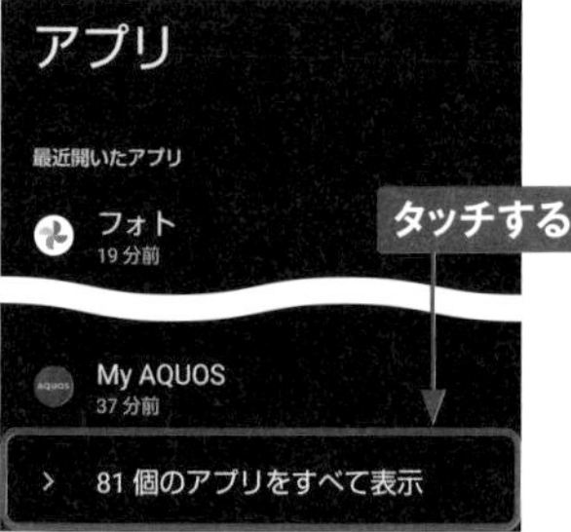

アプリ
最近開いたアプリ
フォト
19 分前
タッチする
My AQUOS
37 分前
81 個のアプリをすべて表示

2 「すべてのアプリ」画面が表示されたら、アクセス許可を変更したいアプリ（ここでは［＋メッセージ］）をタッチします。

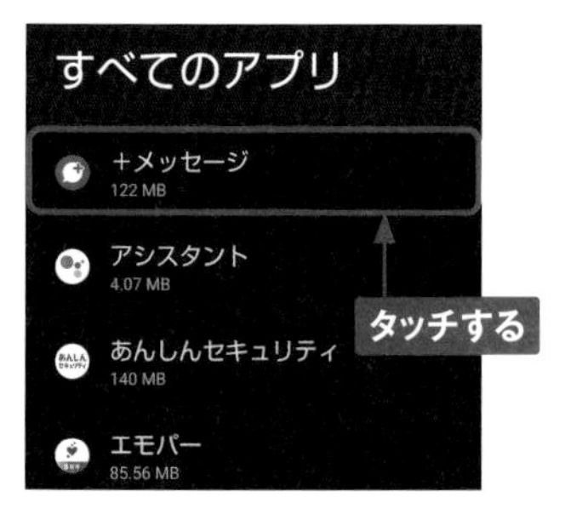

すべてのアプリ
＋メッセージ
122 MB
アシスタント
4.07 MB
タッチする
あんしんセキュリティ
140 MB
エモパー
85.56 MB

3 「アプリ情報」画面が表示されたら、［権限］をタッチします。

アプリ情報
＋メッセージ
タッチする
開く
強制停止
権限
カメラ、マイク、音楽とオーディオ、写真と動画、通...

4 「アプリの権限」画面が表示されたら、アクセスを許可する項目をタッチしてオンに切り替えます。

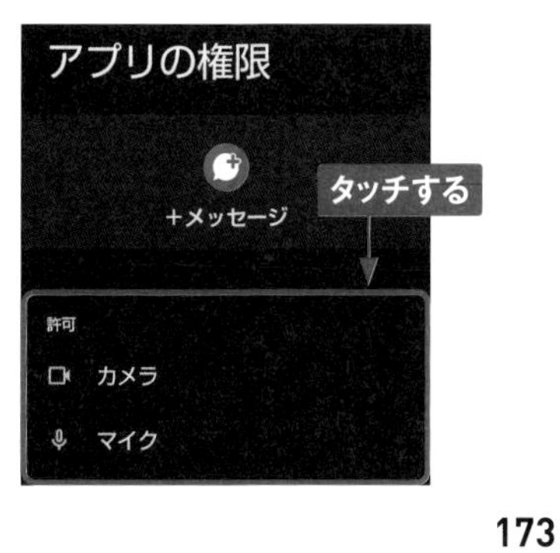

アプリの権限
＋メッセージ
タッチする
許可
カメラ
マイク

Section 64

エモパーを活用する

Application

SH-54Dには、天気やイベントの情報などを話したり、画面に表示したりして伝えてくれる「エモパー」機能が搭載されています。エモパーを使って音声でメモをとることもできます。

エモパーの初期設定をする

1. アプリ画面から［エモパー］をタッチして起動します。画面を左方向に4回フリックし、［エモパーを設定する］をタッチします。「エモパーを選ぼう」画面が表示されたら、性別やキャラクターの1つをタッチします。

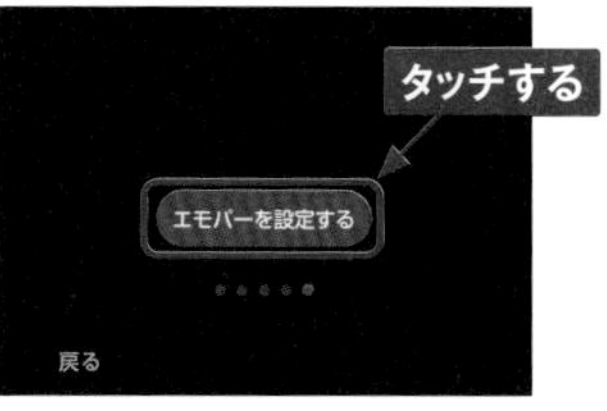

タッチする
エモパーを設定する
戻る

2. ひらがなで名前を入力し、［次へ］をタッチします。

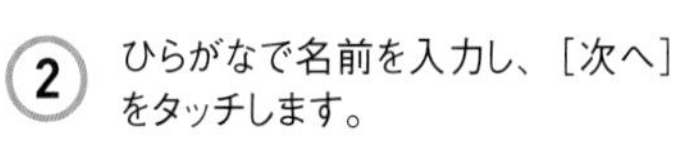
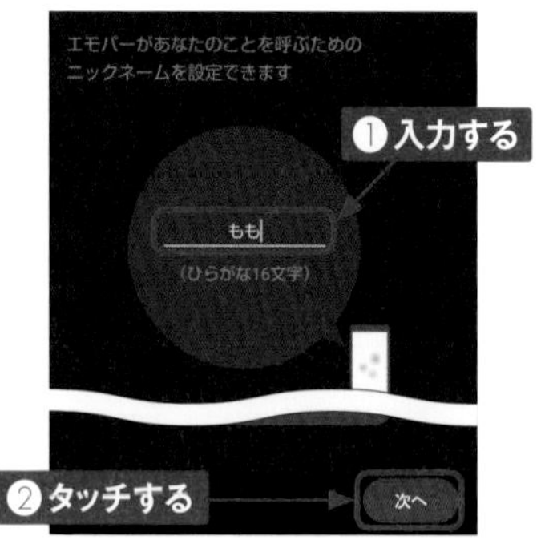
エモパーがあなたのことを呼ぶためのニックネームを設定できます
①入力する
もも
（ひらがな16文字）
②タッチする
次へ

3. あなたのプロフィールを設定し、［次へ］をタッチします。

4. 興味のある話題をタッチしてチェックを付け、［次へ］をタッチします。アクセス許可に関する画面が表示されたら、［アプリの使用時のみ］をタッチします。

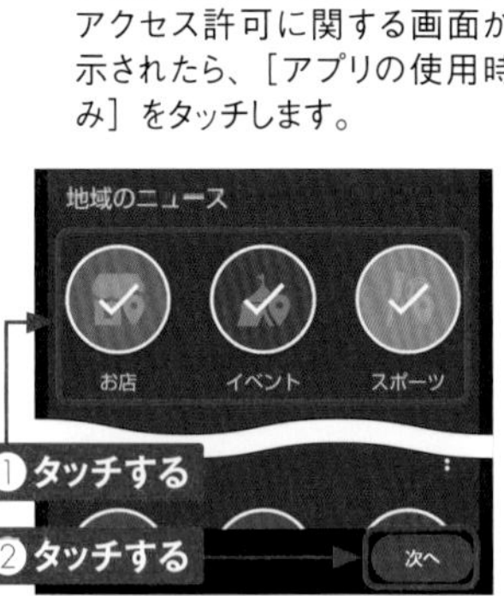
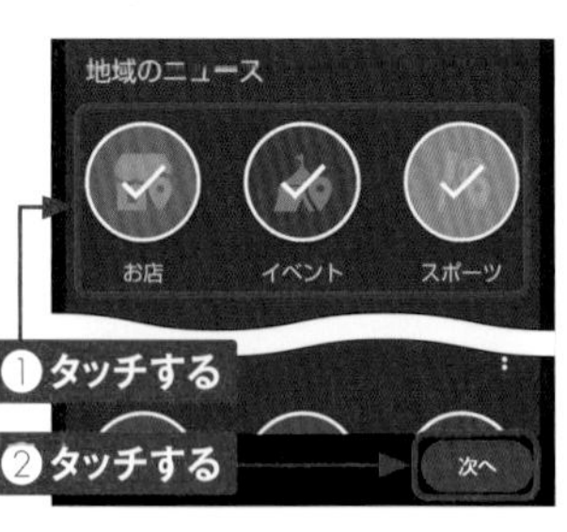
地域のニュース
お店
イベント
スポーツ
①タッチする
②タッチする
次へ

5 自宅を設定します。住所や郵便番号を入力して🔍をタッチします。

自宅の設定
設定した自宅でエモパーがお話しします。
あとで変更することができます。
162-0846
タクシー乗り場
①入力する
②タッチする
陸軍大
参議院別館
出入口
参議院
1丁目
永田町バイパス
国会議事堂
見学も可能な政府の象徴的な建物
永田町
国会議事堂
山王坂
衆議院第一別館
茱萸坂
国会議事堂前

6 自宅の位置をタッチし、[次へ]をタッチします。以降は、画面の指示に従って設定を進めます。

自宅の設定
設定した自宅でエモパーがお話しします。
あとで変更することができます。
162-0846
DNP市谷左内町ビル
①タッチする
市谷左内町
更科丸屋
市谷長延
②タッチする
左内坂ハイム
Google
戻る
次へ

7 「利用規約」画面で[同意する]→[完了]の順でタッチします。COCORO MEMBERSに関する画面で[いますぐ使う(スキップ)]をタッチし、以降は画面の指示に従って許可設定を行います。

ログイン/新規登録
タッチする
COCORO MEMBERSとは
いますぐ使う(スキップ)

8 ロック画面に天気やニュースが表示されるようになります。

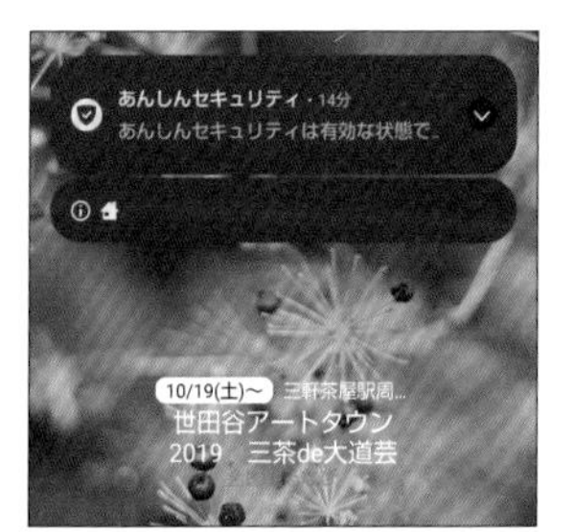

あんしんセキュリティ・14分
あんしんセキュリティは有効な状態で。
10/19(土)~
世田谷アートタウン
2019　三茶de大道芸

MEMO

エモパーのしゃべるタイミング

エモパーは、「自宅で、ロック画面中や画面消灯中に端末を水平に置いたとき」「ロック画面で2秒以上振ったとき」「充電を開始／終了したとき」などにしゃべります。基本的にはエモパーがしゃべる場所は自宅のみです。
なお、エモパーの話を止めたいときは、話している最中に端末を裏返すか、近接センサー／明るさセンサー（P.8参照）に手を近づけます。

7

エモパーを利用する

1 ロック画面の天気やイベントなどの表示をロングタッチします。

【ウェルパーク】対象商品お買い上げでdポイント・ウェルパークポイントそれぞれ最大10倍分たまる！
USB デバッグが接続されました
USB デバッグを無効にするにはここを…
おすすめ使い方ヒント
あなたの操作に最適なヒントを表示し…
あんしんセキュリティ・14分
あんしんセキュリティは有効な状態で…
ロングタッチする
THE FIRST SLAM DUNK
話題の映画　12月3日公開
73%・低速充電中・完了まで 3 時間

2 情報がプレビュー表示されます。手順①で天気やイベントを2回タッチすると、詳細な情報を見ることができます。

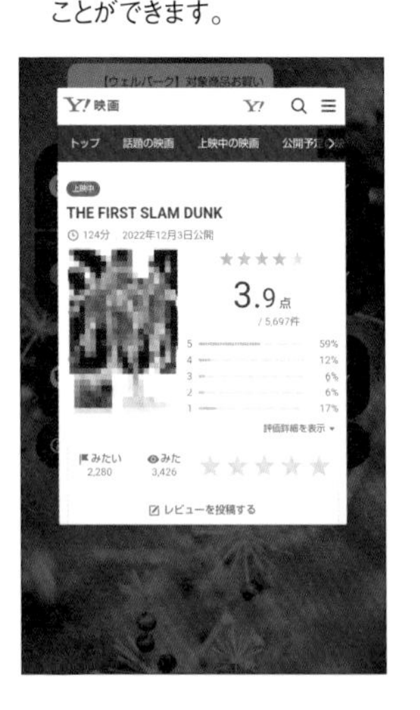
Y! 映画
トップ
話題の映画
上映中の映画
公開予定
上映中
THE FIRST SLAM DUNK
124分　2022年12月3日公開
3.9点
/ 5,697件
評価詳細を表示
みたい 2,280
みた 3,426
レビューを投稿する

3 P.175手順⑤～⑥で自宅に設定した場所で、ロック画面を右方向にフリックすると、「エモパー」画面が表示されます。

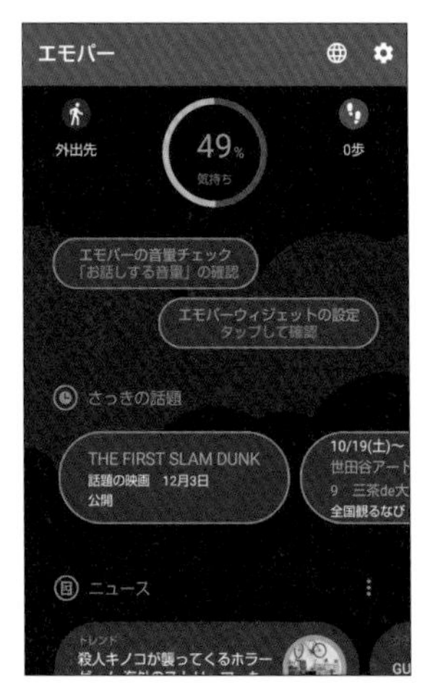
エモパー
外出先
49%
気持ち
0歩
エモパーの音量チェック
「お話しする音量」の確認
エモパーウィジェットの設定
タップして確認
さっきの話題
THE FIRST SLAM DUNK
話題の映画　12月3日公開
ニュース
殺人キノコが襲ってくるホラー

4 画面を上方向にフリックし、バブルをタッチすると詳しい情報を見ることができます。

今日
明日
21(水)
22(木)
晴れ
晴れ
曇り時々晴
晴れ一時雨
9℃/0℃
10℃/1℃
10℃/3℃
15℃/6℃
10%
10%
30%
50%
①フリックする
急上昇ワード
エムワン優勝
鎌倉殿の13人最終回
FIFA
PSG
おでかけスポット
②タッチする
市谷鷹匠町
TKP市ヶ谷カンファレンスセンター
地図アプリで見る

Section 65

画面のダークモードをオフにする

Application

初期状態のSH-54Dでは、黒基調のダークモードが適用されています。目にやさしく、消費電力も抑えられます。黒基調の画面が好みでない場合は、ダークモードをオフにしましょう。

ダークモードをオフにする

1 設定メニューで［ディスプレイ］をタッチします。

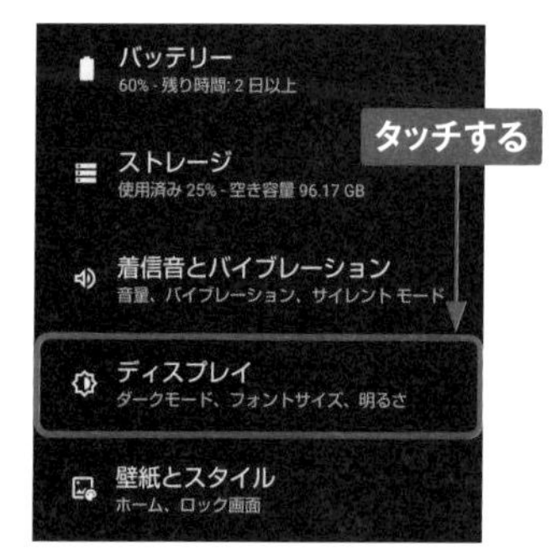
バッテリー
60% - 残り時間: 2 日以上
タッチする
ストレージ
使用済み 25% - 空き容量 96.17 GB
着信音とバイブレーション
音量、バイブレーション、サイレント モード
ディスプレイ
ダークモード、フォントサイズ、明るさ
壁紙とスタイル
ホーム、ロック画面

2 「デザイン」の［ダークモード］のをタッチします。

3 スイッチがに切り替わり、ダークモードがオフになります。

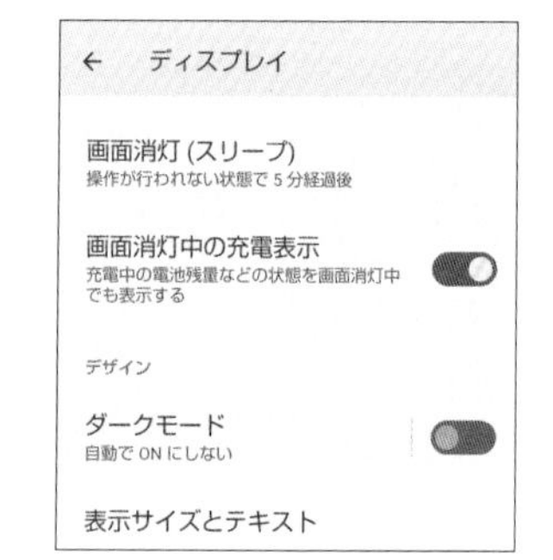
ディスプレイ
画面消灯 (スリープ)
操作が行われない状態で 5 分経過後
画面消灯中の充電表示
充電中の電池残量などの状態を画面消灯中でも表示する
デザイン
ダークモード
自動で ON にしない
表示サイズとテキスト

4 ダークモードがオフになると、設定メニュー、クイック検索ボックス、フォルダの背景、対応したアプリの画面などが白地で表示されます。

Section 66

おサイフケータイを設定する

Application

SH-54Dはおサイフケータイ機能を搭載しています。電子マネーの楽天Edy、WAON、QUICPay、モバイルSuica、各種ポイントサービス、クーポンサービスに対応しています。

おサイフケータイの初期設定をする

1 アプリ一覧画面の「ツール」フォルダを開き、［おサイフケータイ］をタッチします。

タッチする

2 初回起動時はアプリの案内が表示されるので、［次へ］をタッチします。続いて、利用規約が表示されるので、「同意する」にチェックを付け、［次へ］をタッチします。「初期設定完了」と表示されたら［次へ］をタッチします。

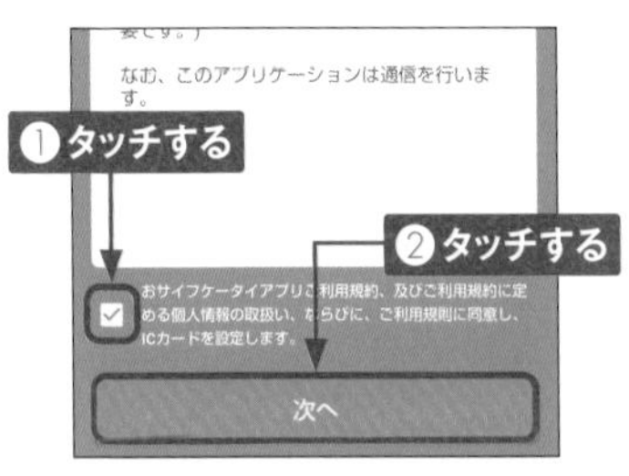
なお、このアプリケーションは通信を行います。
①タッチする
②タッチする
おサイフケータイアプリご利用規約、及びご利用規約に定める個人情報の取扱い、ならびに、ご利用規則に同意し、ICカードを設定します。
次へ

3 「Googleでログイン」についての画面が表示されたら、［次へ］をタッチします。

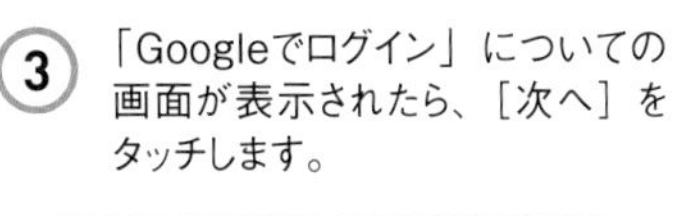
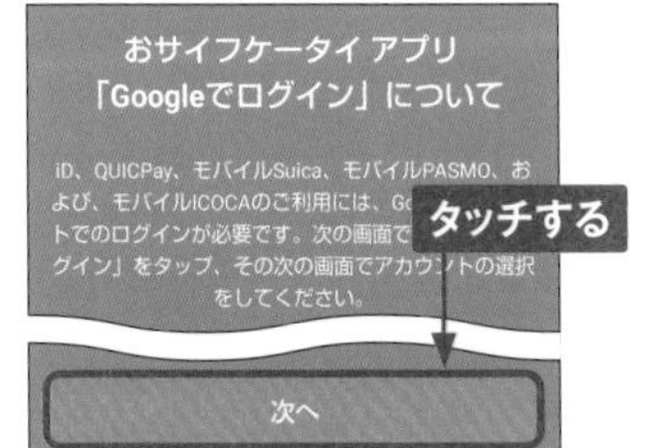
おサイフケータイ アプリ
「Googleでログイン」について
タッチする
次へ

4 Googleアカウントでのログインを促す画面が表示されたら、［ログインはあとで］をタッチします。

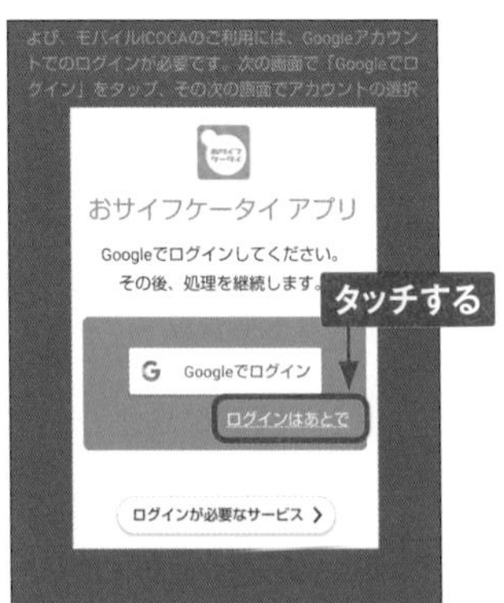
おサイフケータイ アプリ
Googleでログインしてください。
その後、処理を継続します。
タッチする
Googleでログイン
ログインはあとで
ログインが必要なサービス

5 サービスの一覧が表示されます。ここでは、[楽天Edy] をタッチします。

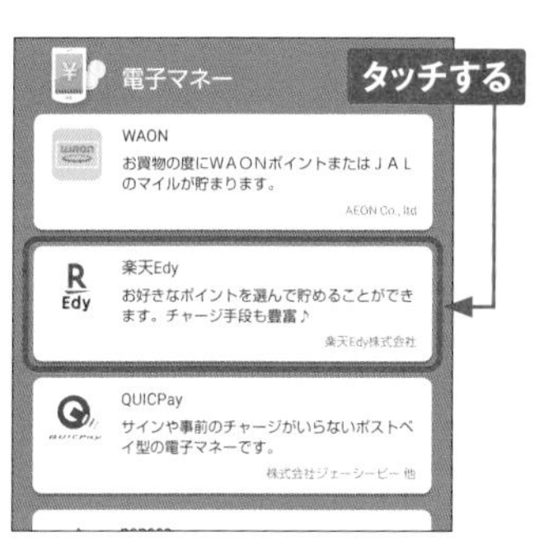
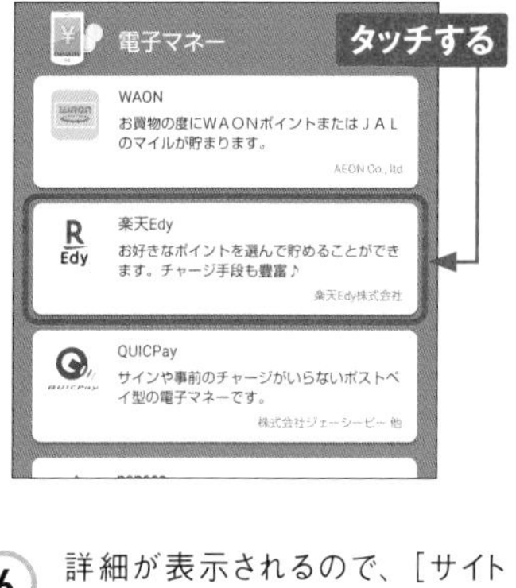
電子マネー
タッチする
WAON
お買物の度にWAONポイントまたはＪＡＬのマイルが貯まります。
AEON Co., ltd
楽天Edy
お好きなポイントを選んで貯めることができます。チャージ手段も豊富♪
楽天Edy株式会社
QUICPay
サインや事前のチャージがいらないポストペイ型の電子マネーです。
株式会社ジェーシービー 他

6 詳細が表示されるので、[サイトへ接続] をタッチします。

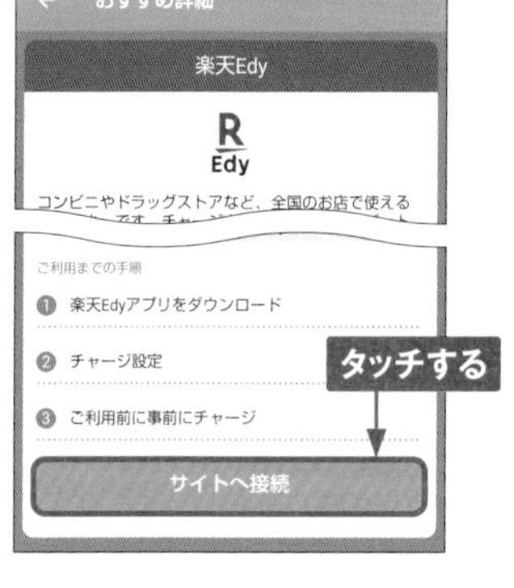
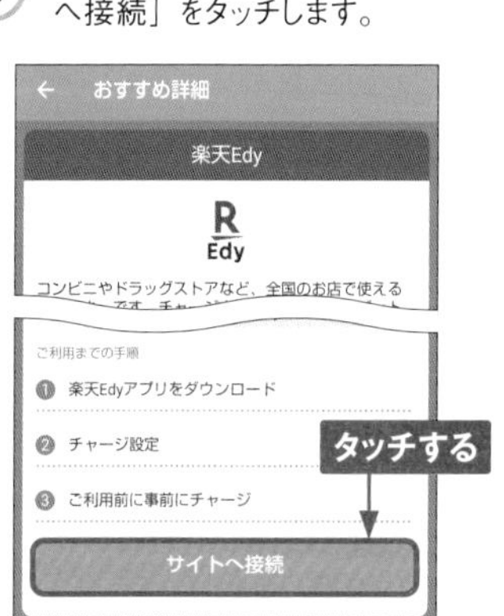
おすすめ詳細
楽天Edy
コンビニやドラッグストアなど、全国のお店で使える
ご利用までの手順
楽天Edyアプリをダウンロード
チャージ設定
ご利用前に事前にチャージ
タッチする
サイトへ接続

7 「Playストア」 アプリの画面が表示されます。[インストール] をタッチします。

楽天Edyでキャッシュレス！ポイントが貯まる便利な電子マネー
楽天Edy株式会社
広告を含む
タッチする
4.0★
6万件のレビュー
500万以上
ダウンロード数
3歳以上
インストール
かざすだけで、サッとお買い物

8 インストールが完了したら、[開く] をタッチします。

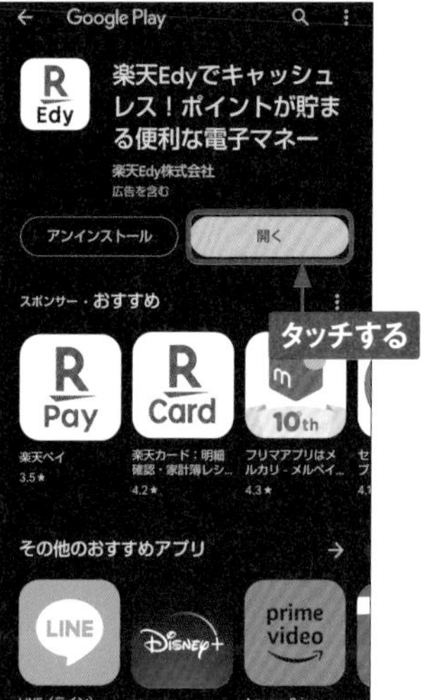

Google Play
楽天Edyでキャッシュレス！ポイントが貯まる便利な電子マネー
楽天Edy株式会社
広告を含む
アンインストール
開く
タッチする
スポンサー・おすすめ
その他のおすすめアプリ

9 「楽天Edy」 アプリの初期設定画面が表示されます。画面の指示に従って初期設定を行います。

Section 67

バッテリーや通信量の消費を抑える

Application

「長エネスイッチ」や「データセーバー」をオンにすると、バッテリーや通信量の消費を抑えることができます。状況に応じて活用し、肝心なときにSH-54Dが使えないということがないようにしましょう。

長エネスイッチをオンにする

① 設定メニューを開いて、[バッテリー]をタッチします。

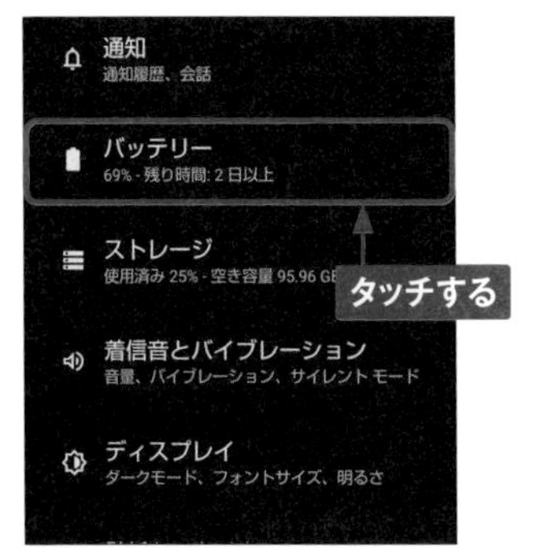
通知
通知履歴、会話
バッテリー
69% - 残り時間: 2 日以上
ストレージ
使用済み 25% - 空き容量 95.96 GB
タッチする
着信音とバイブレーション
音量、バイブレーション、サイレント モード
ディスプレイ
ダークモード、フォントサイズ、明るさ

② [長エネスイッチ]をタッチします。

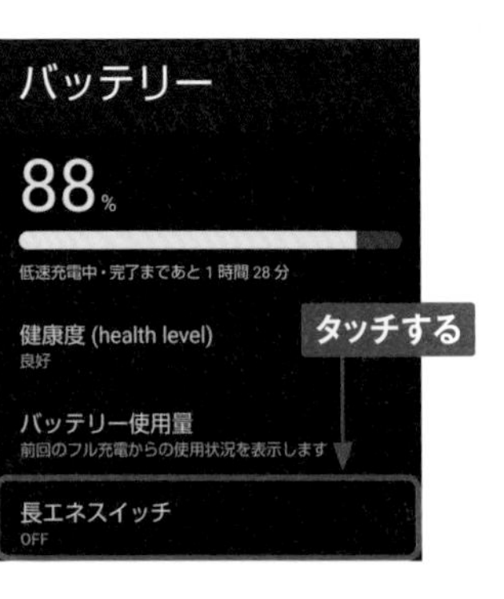
バッテリー
88%
低速充電中・完了まであと 1 時間 28 分
健康度 (health level)
良好
タッチする
バッテリー使用量
前回のフル充電からの使用状況を表示します
長エネスイッチ
OFF

③ [長エネスイッチの使用]をタッチしてオンにします。

長エネスイッチ
長エネスイッチの使用
スケジュールの設定
スケジュールなし
タッチする
充電時に OFF にする
スマートフォンの充電率が 90% を超えると、長エネスイッチが OFF になります
画面の明るさを最小にする

④ 必要に応じて、制限したくない項目をタッチしてオフにします。

長エネスイッチ
長エネスイッチの使用
スケジュールの設定
スケジュールなし
タッチする
充電時に OFF にする
スマートフォンの充電率が 90% を超えると、長エネスイッチが OFF になります
画面の明るさを最小にする

データセーバーをオンにする

① 設定メニューを開いて、[ネットワークとインターネット]をタッチします。

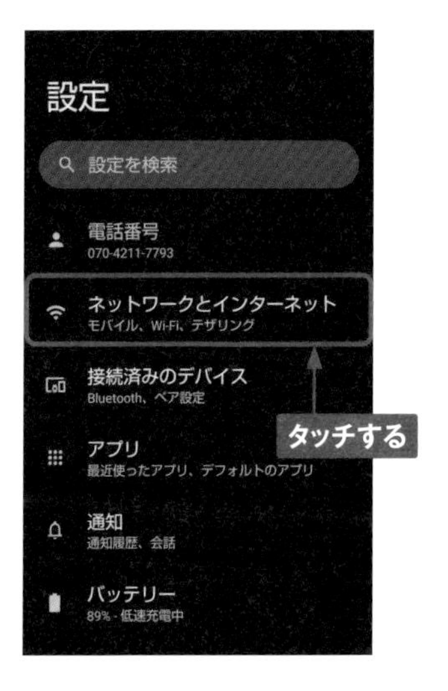

設定
設定を検索
電話番号
070-4211-7793
ネットワークとインターネット
モバイル、Wi-Fi、テザリング
接続済みのデバイス
Bluetooth、ペア設定
アプリ
最近使ったアプリ、デフォルトのアプリ
通知
通知履歴、会話
バッテリー
89% - 低速充電中
タッチする

② [データセーバー]をタッチします。

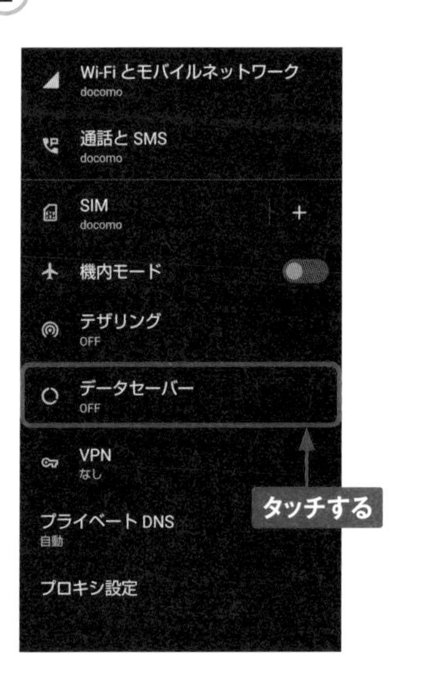

Wi-Fi とモバイルネットワーク
docomo
通話と SMS
docomo
SIM
docomo
機内モード
テザリング
OFF
データセーバー
OFF
VPN
なし
プライベート DNS
自動
プロキシ設定
タッチする

③ [データセーバーを使用]をタッチしてオンにします。[モバイルデータの無制限利用]をタッチします。

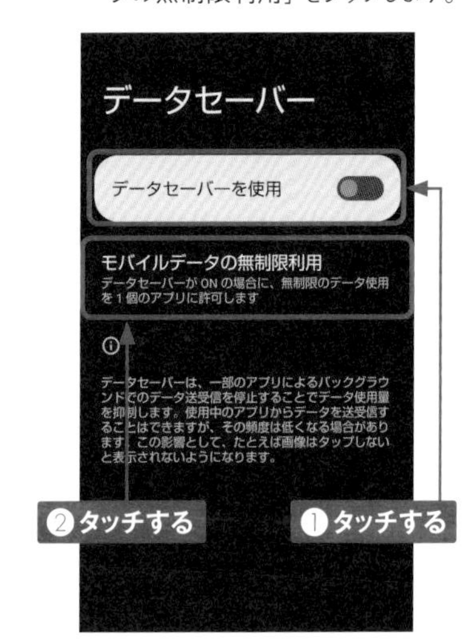

データセーバー
データセーバーを使用
モバイルデータの無制限利用
データセーバーが ON の場合に、無制限のデータ使用を 1 個のアプリに許可します
データセーバーは、一部のアプリによるバックグラウンドでのデータ送受信を停止することでデータ使用量を抑制します。使用中のアプリからデータを送受信することはできますが、その頻度は低くなる場合があります。この影響として、たとえば画像はタップしないと表示されないようになります。
②タッチする
①タッチする

④ バックグラウンドでの通信を停止するアプリが表示されます。常に通信を許可するアプリがある場合は、アプリ名をタッチしてオンにします。

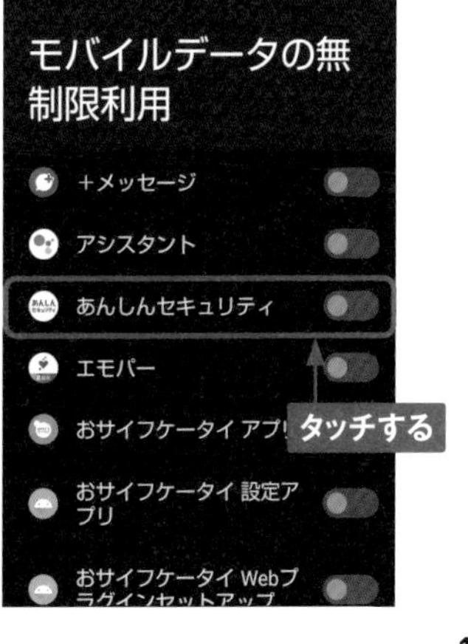

モバイルデータの無制限利用
+メッセージ
アシスタント
あんしんセキュリティ
エモパー
おサイフケータイ アプリ
おサイフケータイ 設定アプリ
おサイフケータイ Webプラグインセットアップ
タッチする

7

Section 68

Application

Wi-Fiを設定する

自宅のアクセスポイントや公衆無線LANなどのWi-Fiネットワークがあれば、5G/4G（LTE）回線を使わなくてもインターネットに接続できます。Wi-Fiを利用することで、より快適にインターネットが楽しめます。

Wi-Fiに接続する

1 設定メニューを開いて、[ネットワークとインターネット] → [Wi-Fiとモバイルネットワーク] をタッチします。

Wi-Fi とモバイルネットワーク
docomo
接続済み / 4G
Wi-Fi
ネットワーク設定
Wi-Fi は自動的に ON になります
保存済みネットワーク
2 件
モバイルデータ以外の通信量

2 [Wi-Fi] が「OFF」の場合は、（スイッチ）をタッチして（スイッチ）に切り替えます。[Wi-Fi] タッチします。

Wi-Fi とモバイルネットワーク
②タッチする
①タッチする
docomo
接続済み / 4G
Wi-Fi
ネットワーク設定
Wi-Fi は自動的に ON になります

3 接続先のWi-Fiネットワークをタッチします。

4 パスワードを入力し、[接続] をタッチすると、Wi-Fiネットワークに接続できます。

Wi-Fiネットワークを追加する

1 Wi-Fiネットワークに手動で接続する場合は、P.182手順③の画面を上方向にスライドし、画面下部にある［ネットワークを追加］をタッチします。

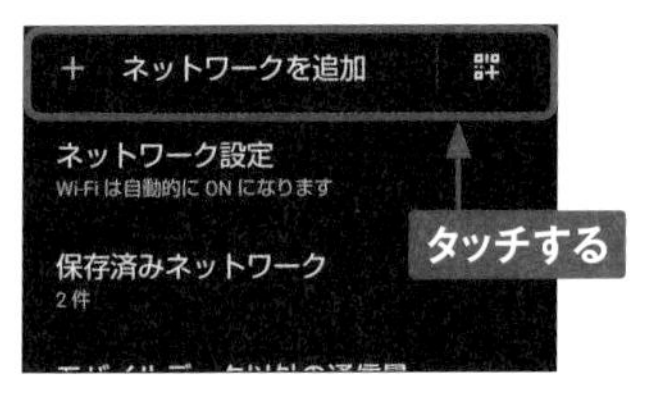

＋ ネットワークを追加
ネットワーク設定
Wi-Fi は自動的に ON になります
保存済みネットワーク
2 件
タッチする

2 「ネットワーク名」にSSIDを入力し、「セキュリティ」の項目をタッチします。

3 適切なセキュリティの種類をタッチして選択します。

4 「パスワード」を入力して［保存］をタッチすると、Wi-Fiネットワークに接続できます。

MEMO 本体のMACアドレスを使用する

Wi-Fiに接続する際、標準でランダムなMACアドレスが使用されます。アクセスポイントの制約などで、本体の固有のMACアドレスで接続する場合は、手順④の画面で［詳細設定］をタッチし、［ランダムMACを使用］→［デバイスのMACを使用］の順でタッチして切り替えます。固有のMACアドレスは設定メニューの［デバイス情報］をタッチし、「デバイスのWi-Fi MACアドレス」の表示で確認できます。

Section 69

Wi-Fiテザリングを利用する

Application

Wi-Fiテザリングは「モバイルWi-Fiルーター」とも呼ばれる機能です。SH-54Dを経由して、同時に最大10台までのパソコンやゲーム機などをインターネットにつなげることができます。

Wi-Fiテザリングを設定する

① 設定メニューを開いて、[ネットワークとインターネット]をタッチします。

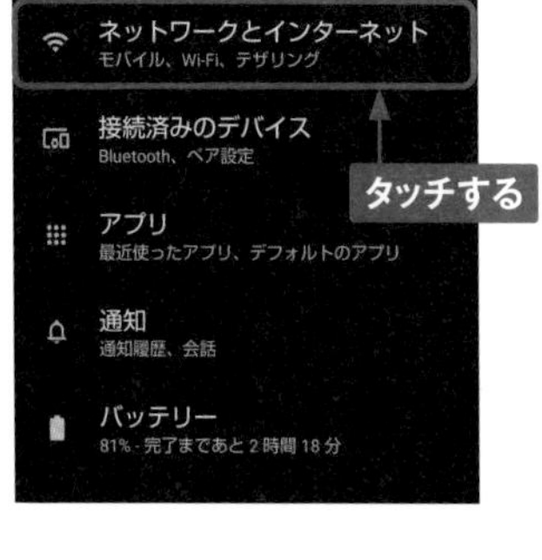
ネットワークとインターネット
モバイル、Wi-Fi、テザリング
接続済みのデバイス
Bluetooth、ペア設定
タッチする
アプリ
最近使ったアプリ、デフォルトのアプリ
通知
通知履歴、会話
バッテリー
81% - 完了まであと 2 時間 18 分

② [テザリング]をタッチします。

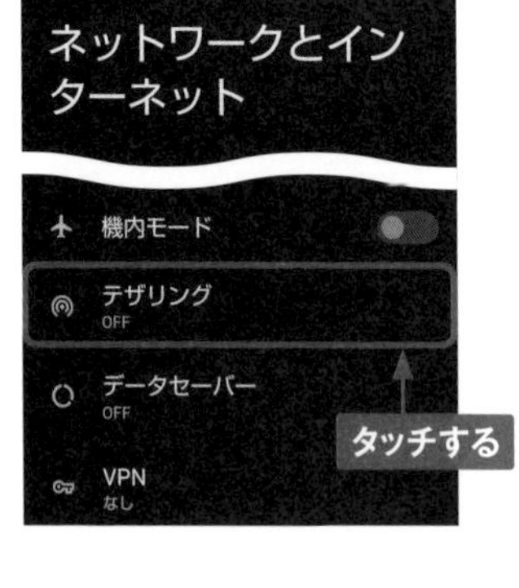
ネットワークとインターネット
機内モード
テザリング
OFF
データセーバー
OFF
タッチする
VPN
なし

③ [Wi-Fiテザリング]をタッチします。

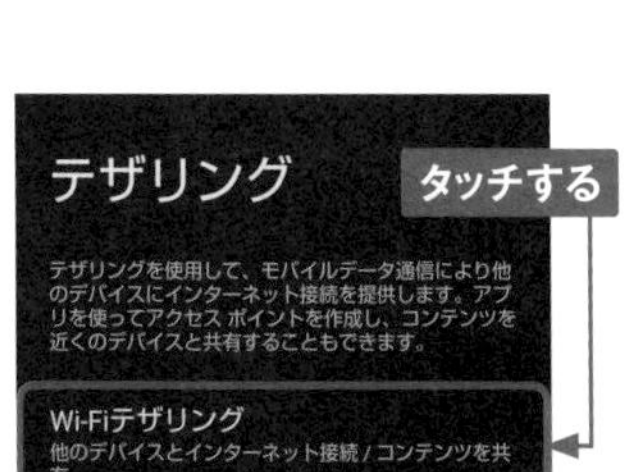
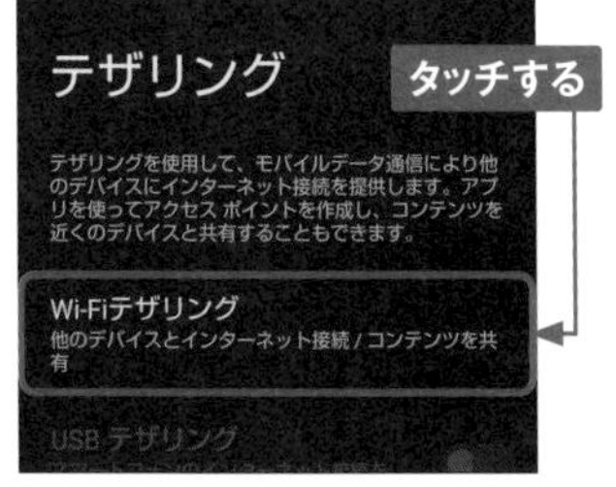
テザリング
タッチする
テザリングを使用して、モバイルデータ通信により他のデバイスにインターネット接続を提供します。アプリを使ってアクセス ポイントを作成し、コンテンツを近くのデバイスと共有することもできます。
Wi-Fiテザリング
他のデバイスとインターネット接続 / コンテンツを共有
USB テザリング

④ [ネットワーク名]と[Wi-Fiテザリングのパスワード]をタッチして、任意のネットワーク名とパスワードを入力します。

Wi-Fiテザリング
①入力する
Wi-Fiテザリングの使用
ネットワーク名
AQUOS sense8
セキュリティ
WPA2/WPA3-Personal
②入力する
Wi-Fiテザリングのパスワード

5 [Wi-Fiテザリングの使用] をタッチして、オンに切り替えます。なお、データセーバーがオンの状態では切り替えができません (P.181参照)。

Wi-Fiテザリング
Wi-Fiテザリングの使用
ネットワーク名
AQUOS sense8
セキュリティ
WPA2/WPA3-Personal
Wi-Fiテザリングのパスワード
Wi-Fiテザリングを自動的にOFFにする
デバイスが接続されていない場合、自動的にOFFにします。
タッチする

6 Wi-Fiテザリングがオンになると、ステータスバーにWi-Fiテザリング中であることを示すアイコンが表示されます。

14:50
Wi-Fiテザリング
Wi-Fiテザリングの使用
ネットワーク名
AQUOS sense8
セキュリティ
WPA2/WPA3-Personal
Wi-Fiテザリングのパスワード
Wi-Fiテザリングを自動的にOFFにする
デバイスが接続されていない場合、自動的にOFFにします。
アイコンが表示される

7 Wi-Fiテザリング中は、ほかの機器からSH-54DのSSIDが見えます。SSIDをタッチして、P.184手順④で設定したパスワードを入力して接続すると、SH-54D経由でインターネットにつなげることができます。

設定　Wi-Fi　編集
Wi-Fi
ISC2113
プライバシーに関する警告
公開ネットワーク
Shinjuku_Free_Wi-Fi
ほかのネットワーク
AQUOS sense8
aruba
aruba-mobile
SH-54DのSSID

MEMO テザリングオート

自宅などのあらかじめ設定した場所を認識して、自動的にテザリングのオン／オフを切り替えてくれる機能です。AQUOSトリックから設定できます (P.172参照)。

テザリングオート
設定した場所にいる時のみWi-Fiテザリングが自動でONになり、いない時にはOFFになります。または、ONとOFFを逆に設定することもできます。
基本設定

7

Section 70

Bluetooth機器を利用する

Application

SH-54DはBluetoothとNFCに対応しています。ヘッドセットやスピーカーなどのBluetoothやNFCに対応している機器と接続すると、SH-54Dを便利に活用できます。

Bluetooth機器とペアリングする

① あらかじめ接続したいBluetooth機器をペアリングモードにしておきます。アプリ一覧画面で［設定］をタッチして、設定メニューを開きます。

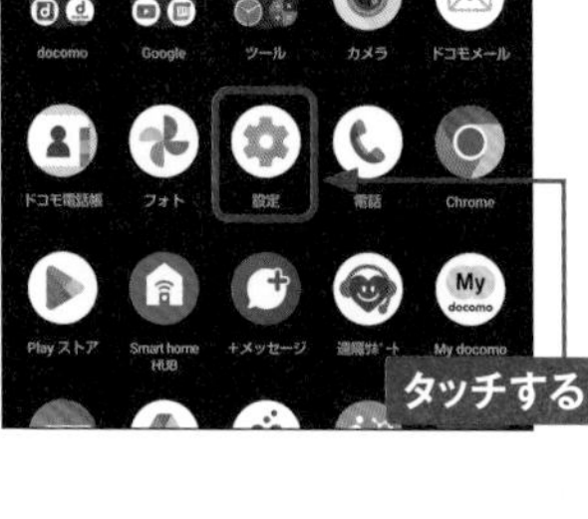
docomo
Google
ツール
カメラ
ドコモメール
ドコモ電話帳
フォト
設定
電話
Chrome
Play ストア
Smart home HUB
+メッセージ
My docomo
タッチする

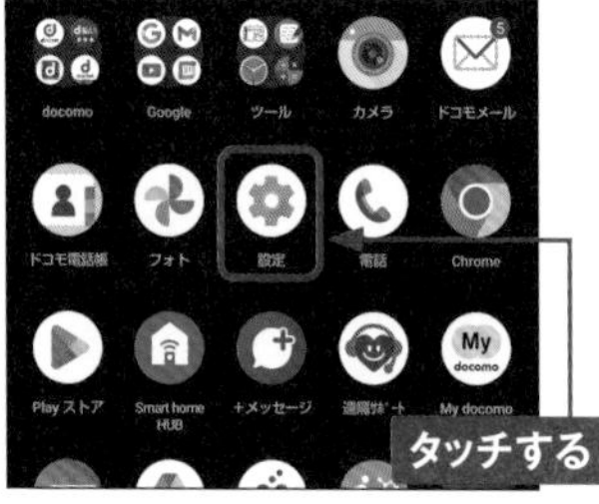

② ［接続済みのデバイス］をタッチします。

ネットワークとインターネット
モバイル、Wi-Fi、テザリング
接続済みのデバイス
Bluetooth、ペア設定
アプリ
最近使ったアプリ、デフォルトのアプリ
通知
通知履歴、会話
バッテリー
88%・完了まであと 1 時間 34 分
ストレージ
使用済み 21%・空き容量 101 GB
タッチする

③ ［新しいデバイスとペア設定］をタッチします。

接続済みのデバイス
新しいデバイスとペア設定
ペア設定できるよう Bluetooth が ON になります
保存済みのデバイス
すべて表示
Bluetooth が ON になります
接続の設定
Bluetooth、Android Auto、NFC/おサイフケータイ
Bluetoothコーデック設定
タッチする

④ 周囲にあるBluetooth対応機器が表示されます。ペアリングする機器をタッチします。

新しいデバイスとペア設定
OPPO Reno5 A
CX 400BT TW
oura_A038F82F9208
TABLET-PQGVJFHJ
のiPad
タッチする

5 キーボードやモバイル端末などを接続する場合は、表示されたペアリングコードを相手側から入力します。

6 機器との接続が完了します。機器名の右の⚙をタッチします。

接続済みのデバイス
その他のデバイス
USB
ファイル転送 / Android Auto
タッチする
新しいデバイスとペア設定
ペア設定済みのデバイス
のiPad
すべて表示
接続の設定
Bluetooth、Android Auto、NFC/おサイフケータイ
Bluetoothコーデック設定

7 利用可能な機能を確認できます。接続を解除するには、[接続]をタッチします。

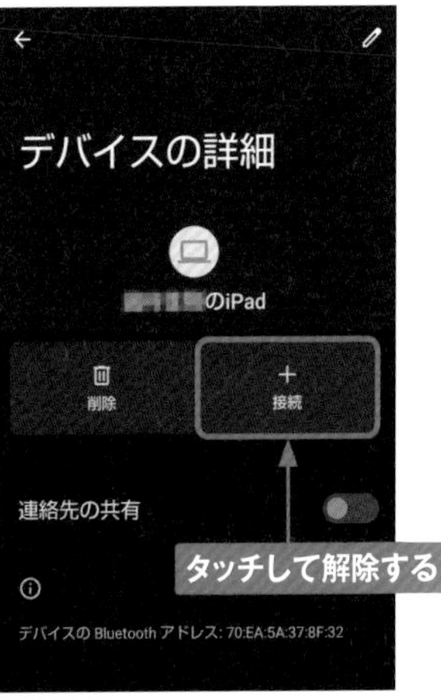

デバイスの詳細
のiPad
削除
接続
連絡先の共有
タッチして解除する
デバイスの Bluetooth アドレス: 70:EA:5A:37:8F:32

MEMO NFC対応のBluetooth機器を利用する

SH-54Dに搭載されているNFC（近距離無線通信）機能を利用すれば、NFCに対応したBluetooth機器とかんたんにペアリングできます。NFC機能をオンにして（標準でオン）SH-54Dの背面にあるNFC/Felicaのマークを近づけると、ペアリングの確認画面が表示されるので、[はい]などをタッチすれば完了です。SH-54Dを対応機器に近づけるだけで、接続／切断とBluetooth機能のオン／オフが自動で行なわれます。なお、NFC機能を使ってペアリングする場合は、Bluetooth機能をオンにする必要はありません。

Section 71

SH-54Dを アップデートする

Application

SH-54Dは本体のソフトウェアを更新することができます。システムアップデートを行う際は、万一の事態に備えて、Sec.52を参考にデータのバックアップを実行しておきましょう。

システムアップデートを確認する

① 設定メニューを開いて、[システム]をタッチします。

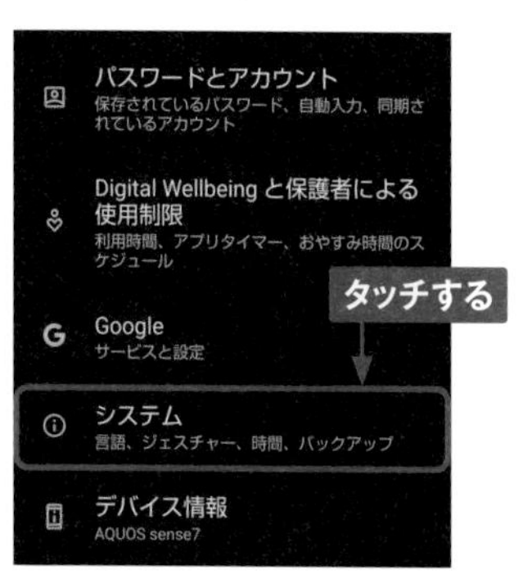

パスワードとアカウント
保存されているパスワード、自動入力、同期されているアカウント
Digital Wellbeing と保護者による使用制限
利用時間、アプリタイマー、おやすみ時間のスケジュール
Google
サービスと設定
タッチする
システム
言語、ジェスチャー、時間、バックアップ
デバイス情報
AQUOS sense7

② [システムアップデート] をタッチします。

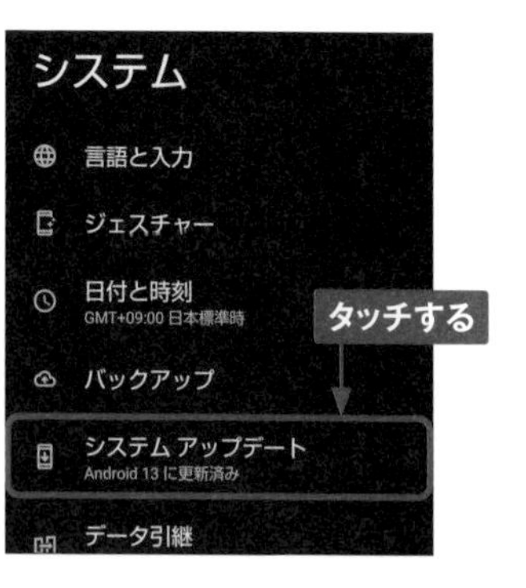

システム
言語と入力
ジェスチャー
日付と時刻
GMT+09:00 日本標準時
タッチする
バックアップ
システム アップデート
Android 13 に更新済み
データ引継

③ [アップデートをチェック] をタッチすると、システムアップデートの有無が確認されます。

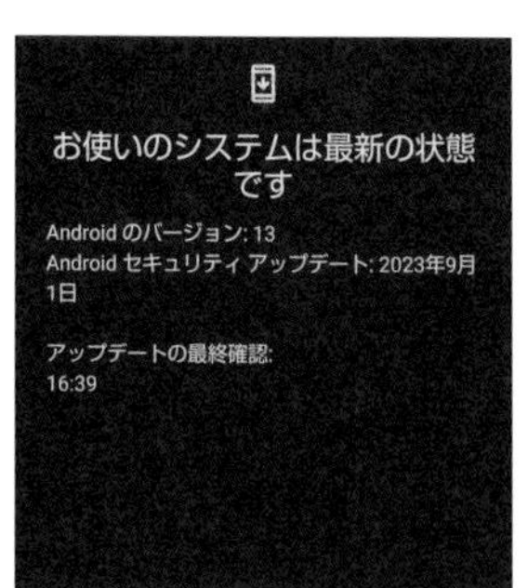

お使いのシステムは最新の状態です
Android のバージョン: 13
Android セキュリティ アップデート: 2023年9月1日
アップデートの最終確認:
16:39

④ アップデートがある場合、画面の指示に従い、アップデートを開始します。アップデートの完了後、本体を再起動します。

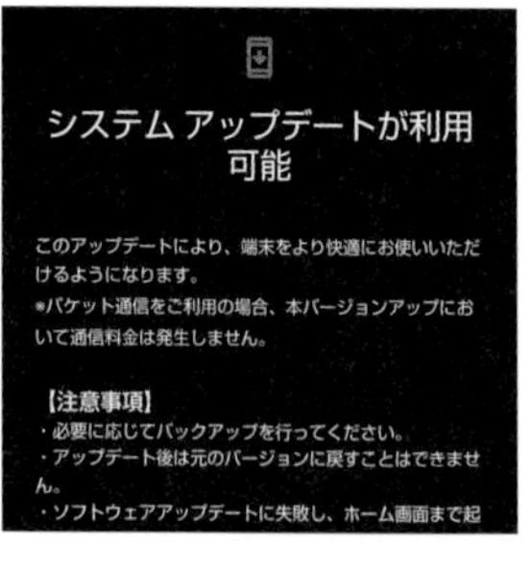

システム アップデートが利用可能
このアップデートにより、端末をより快適にお使いいただけるようになります。
*パケット通信をご利用の場合、本バージョンアップにおいて通信料金は発生しません。
【注意事項】
・必要に応じてバックアップを行ってください。
・アップデート後は元のバージョンに戻すことはできません。
・ソフトウェアアップデートに失敗し、ホーム画面まで起

Section 72

Application

SH-54Dを初期化する

SH-54Dの動作が不安定なときは、本体を初期化すると改善する場合があります。重要なデータを残したい場合は、事前にSec.52を参考にデータのバックアップを実行しておきましょう。

SH-54Dを初期化する

1 設定メニューを開いて、[システム]→[リセットオプション]の順にタッチします。

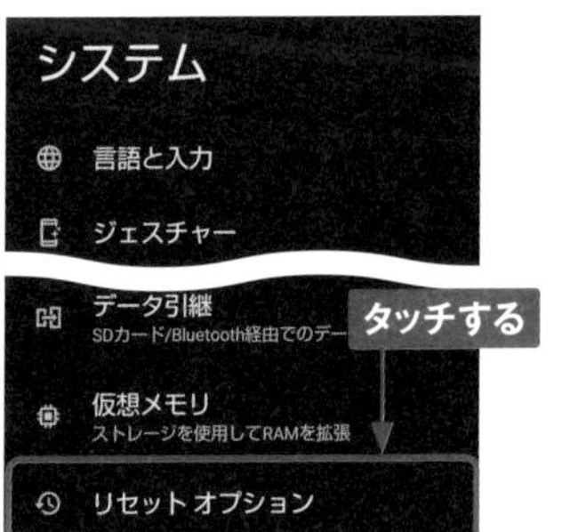
システム
言語と入力
ジェスチャー
データ引継
SDカード/Bluetooth経由でのデー
仮想メモリ
ストレージを使用してRAMを拡張
リセット オプション
タッチする

2 [全データを消去（出荷時リセット）]をタッチします。

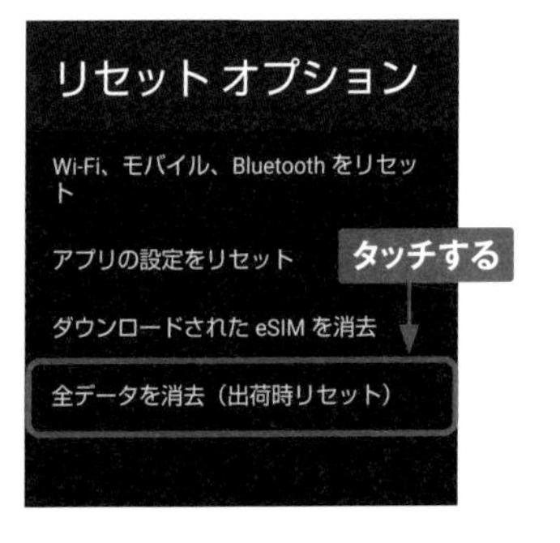
リセット オプション
Wi-Fi、モバイル、Bluetooth をリセット
アプリの設定をリセット
ダウンロードされた eSIM を消去
全データを消去（出荷時リセット）
タッチする

3 メッセージを確認して、[すべてのデータを消去]をタッチします。画面ロックにPINを設定している場合（Sec.56参照）、PINの確認画面が表示されます。

全データを消去（出荷時リセット）
この操作を行うと、以下のような撮影した写真などの内部ストレージの全データが消去されます。また、この端末で暗号化したSDカード内のデータは利用できなくなります。
SDカード内の全データ（音楽、画像など）を消去します
すべてのデータを消去
タッチする

4 この画面で[すべてのデータを消去]をタッチすると、SH-54Dが初期化されます。

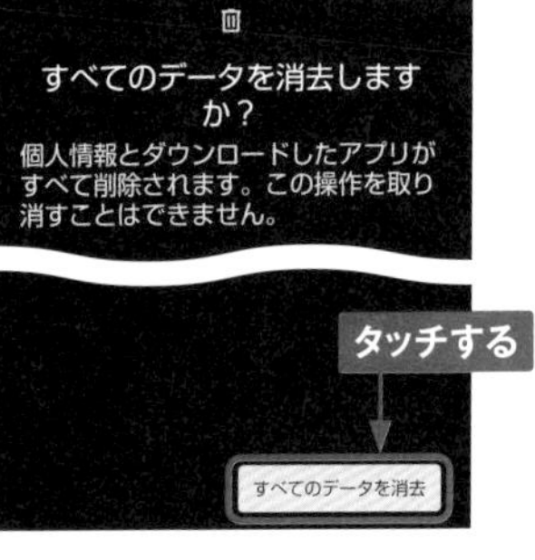
すべてのデータを消去しますか？
個人情報とダウンロードしたアプリがすべて削除されます。この操作を取り消すことはできません。
すべてのデータを消去
タッチする

索引

記号・数字・アルファベット

+メッセージ …… 75, 88
12キー …… 25
5G …… 9
AIの自動認識 …… 130
AIライブシャッター …… 130
Android …… 8
Bluetooth …… 186
Chromeアプリ …… 64
Clip Now …… 168
dアカウント …… 36
d払い …… 148
dポイントカード …… 149
dマーケット …… 36
dメニュー …… 140
Gboard …… 24
Gmail …… 92
Google …… 98
Google Keep …… 116
Google One …… 135
Google Play …… 102
Google Playギフトカード …… 106
Googleアカウント …… 32
Google音声入力 …… 24
Googleカレンダー …… 116
Googleドライブ …… 116
Google翻訳 …… 116
Googleフォト …… 132, 137
Googleマップ …… 108
Google レンズ …… 129
MACアドレス …… 183
my daiz …… 142
My docomo …… 144
NFC …… 187
Payトリガー …… 165
PCメール …… 94
PIN …… 162
QWERTY …… 25
SMS …… 44, 74, 88
spモードパスワード …… 36, 40
USB Type-C接続端子 …… 8
Webページを閲覧 …… 64
Webページを検索 …… 66
Wi-Fi …… 182
Wi-Fiテザリング …… 184
Yahoo!メール …… 94
YouTube …… 114
YouTube Music …… 120

あ行

アップデート …… 105, 147, 188
アプリ …… 20
アプリアイコン …… 14, 156
アプリ一覧画面 …… 20
アプリ一覧ボタン …… 14, 20
アプリ使用履歴キー …… 12
アプリのアクセス許可 …… 20, 173
アプリの切り替え …… 21
アプリの終了 …… 21
アプリを検索 …… 102
アンインストール …… 105
暗証番号 …… 162
位置情報 …… 108
インストール …… 104
ウィジェット …… 22
絵文字 …… 29
エモパー …… 174
おサイフケータイ …… 178
お知らせアイコン …… 16
音楽を聴く …… 120
音声入力 …… 24
音量の調整 …… 60

か行

顔認証 …… 166
顔文字 …… 29
壁紙 …… 158
カメラ …… 122
記号 …… 29
クイック検索ボックス …… 14
クイック操作 …… 172
コピー …… 30

さ行

指紋認証 …… 164
写真の検索 …… 138
写真の撮影 …… 122
写真の編集 …… 134
初期化 …… 189
スクリーンショット …… 168
ステータスアイコン …… 16
ステータスバー …… 14, 16
ステータスパネル …… 18
スライド …… 13
スリープモード …… 10, 170
スワイプ …… 13
設定画面 …… 126
設定メニュー …… 20, 32
操作音 …… 62

た行

ダークモード …… 177
タッチ …… 13
タッチパネル …… 8, 13
タブ …… 68
着信音 …… 59
着信拒否 …… 56
通知 …… 17
通知音 …… 58
通知をオフ …… 160
データセーバー …… 181
テザリングオート …… 185
デバイスを探す …… 112
電源キー …… 8, 10
電源を切る …… 11
伝言メモ …… 46
電話を受ける …… 43
電話をかける …… 42
動画のフォーカス再生 …… 136
動画の撮影 …… 123
動画の編集 …… 136
トグル入力 …… 26
ドコモアプリ …… 147
ドコモデータコピー …… 152
ドコモ電話帳 …… 50
ドコモメール …… 76
ドック …… 14, 157
ドラッグ …… 13

な・は行

長エネスイッチ …… 180
ナビゲーションバー …… 12
ネットワーク暗証番号 …… 36
パソコンと接続 …… 118
バックアップ …… 152
ピンチアウト／ピンチイン …… 13
フォトアプリ …… 132, 137
フォルダ …… 14, 157
復元 …… 154
ブックマーク …… 72
フリック …… 13
フリック入力 …… 26
ペースト …… 31
ホーム画面 …… 14, 156
ホームキー …… 12

ま・や・ら行

マイマガジン …… 150
マチキャラ …… 14
マナーモード …… 61
迷惑メール …… 86
メールの自動振分け …… 84
戻るキー …… 12
有料アプリ …… 106
ラジスマ …… 121
リラックスビュー …… 171
履歴 …… 44
ルートを検索 …… 110
留守番電話 …… 46
ロケーション履歴 …… 108
ロック画面 …… 10, 163
ロック画面の通知を非表示 …… 161
ロックを解除 …… 10
ロングタッチ …… 13

お問い合わせについて

本書に関するご質問については、本書に記載されている内容に関するもののみとさせていただきます。本書の内容と関係のないご質問につきましては、一切お答えできませんので、あらかじめご了承ください。また、電話でのご質問は受け付けておりませんので、必ずFAX か書面にて下記までお送りください。
なお、ご質問の際には、必ず以下の項目を明記していただきますようお願いいたします。

1 お名前
2 返信先の住所または FAX 番号
3 書名
(ゼロからはじめる　AQUOS sense8 SH-54D　スマートガイド［ドコモ完全対応版］)
4 本書の該当ページ
5 ご使用のソフトウェアのバージョン
6 ご質問内容

なお、お送りいただいたご質問には、できる限り迅速にお答えできるよう努力いたしておりますが、場合によってはお答えするまでに時間がかかることがあります。また、回答の期日をご指定なさっても、ご希望にお応えできるとは限りません。あらかじめご了承くださいますよう、お願いいたします。ご質問の際に記載いただきました個人情報は、回答後速やかに破棄させていただきます。

■ お問い合わせの例

FAX

1 お名前
技術　太郎

2 返信先の住所または FAX 番号
03-XXXX-XXXX

3 書名
ゼロからはじめる
AQUOS sense8 SH-54D
スマートガイド
［ドコモ完全対応版］

4 本書の該当ページ
20ページ

5 ご使用のソフトウェアのバージョン
Android 13

6 ご質問内容
手順３の画面が表示されない

お問い合わせ先

〒162-0846
東京都新宿区市谷左内町 21-13
株式会社技術評論社　書籍編集部
「ゼロからはじめる　AQUOS sense8 SH-54D　スマートガイド［ドコモ完全対応版］」質問係
FAX 番号　03-3513-6167
URL：https://book.gihyo.jp/116/

ゼロからはじめる AQUOS sense8 SH-54D スマートガイド［ドコモ完全対応版］

2024年　2月　9日　初版　第1刷発行
2024年　5月11日　初版　第2刷発行

著者……………技術評論社編集部
発行者…………片岡　巌
発行所…………株式会社　技術評論社
東京都新宿区市谷左内町 21-13
電話……………03-3513-6150　販売促進部
03-3513-6160　書籍編集部
編集……………原田　崇靖（技術評論社）
装丁……………菊池　祐（ライラック）
本文デザイン…リンクアップ
DTP……………BUCH⁺
製本／印刷……図書印刷株式会社

定価はカバーに表示してあります。

落丁・乱丁がございましたら、弊社販売促進部までお送りください。交換いたします。

ISBN978-4-297-13915-5 C3055

Printed in Japan